21 電気・電子工学基礎シリーズ

電子情報系の
応用数学

田中和之・林 正彦・海老澤丕道 [著]

朝倉書店

電気・電子工学基礎シリーズ　編集委員

編集委員長	宮城　光信	東北大学名誉教授
編集幹事	濱島高太郎	東北大学教授
	安達　文幸	東北大学教授
	吉澤　　誠	東北大学教授
	佐橋　政司	東北大学教授
	金井　　浩	東北大学教授
	羽生　貴弘	東北大学教授

序

　本書は，工学部電気情報・物理工学科の学生のための応用数学のテキストです．全学教育の 1 年次および 2 年次前半で習得する線形代数学，解析学，常微分方程式などを学習した後，電気情報・物理工学科における専門科目を学習するために必要となる応用数学のいくつかの項目をまとめております．

　第 1 章はディジタル信号処理，通信工学などで基本的な数学技法となるフーリエ級数，フーリエ積分，フーリエ変換について説明します．第 2 章は初等関数を中心として複素関数について説明し，複素関数の微分について述べます．第 3 章は複素関数の積分について定義を与え，さらに複素積分についてのいくつかの基本的な定理について説明します．第 4 章では解析学で学習する数列・級数とテイラー級数が複素関数にどのように拡張されるのかについて述べ，複素関数における級数展開とそこから生み出されるいくつかの基本定理について説明します．第 5 章では制御工学，システム工学において基本的な数学技法であるラプラス変換についてその数学的定義とラプラス逆変換のメカニズムについて説明します．第 6 章ではやはり解析学で学習する広義積分を複素関数へと拡張し，それを用いて定義されるガンマ関数とベータ関数について述べます．その一方で，微分方程式の解として定義されるルジャンドル関数とベッセル関数について述べます．第 7 章は工学における広い応用範囲をもつ偏微分方程式の解析的取り扱いについて説明します．

　全体を通して数学的定義を明確にすることに細心の注意を払いました．また，例題を多く入れ，その解法を可能な限り詳細に説明することにより，読者が具体的な問題に直面したときにその解法を考えるよりどころとなるように心がけました．その一方で高度な数学的準備を必要とする定理の証明の大部分を省略し，証明の詳細に興味のある読者のために参考文献として

　　　廣池和夫，守田徹，田中實: 応用解析学[1]

　　　堀口剛，海老澤丕道，福井芳彦: 応用数学講義[2]

をあげ，本書で省略した証明などがどこに記載されているかを明記するようにしました．文献 [1], [2] は 1983 年度から 2006 年度までの間に著者たちが東北

大学工学部電気・情報系で応用数学の講義において教科書として用いたもので，本書の執筆にあたり多くの部分で参考にさせていただきました．

本書を読み終えた後，さらに発展した内容を学習したいと考える読者には

 E. C. Titchmarsh: The Theory of Functions[3]

 E. T. Whittaker and G. N. Watson: A Course of Modern Analysis[4]

 L. V. Ahlfors: Complex Analysis: An Introduction to the Theory of One Complex Variable[5]

 高木貞治: 解析概論[6]

 寺沢寛一: 自然科学者のための数学概論 (増訂版)[7]

などに挑戦してみられることをおすすめします．これらはいずれも応用数学の古典的名著として知られるものです．また，最近出版されたもので著者が特に読みやすいと感じたもののひとつに

 福山秀敏，小形正男: 物理数学 I[8]

 塚田捷: 物理数学 II[9]

があります．これも本書を読み終えた後，より発展的な応用数学について学習してみたいと感じた読者におすすめできるものです．

近年，若い世代の解析計算の能力の低下がささやかれ，特に数学を大きな学問的基盤にもつ分野ではこの傾向が危惧されております．ICT (Information and Communication Technology; 情報通信技術) 社会における時代の最先端に立つ電気・情報系もその例外ではありません．講義をしながら学生と向き合っておりますとその原因が必ずしも学生自身だけにあるのではないと感じられます．近年の科学技術の急激な進歩は，我々の生活を豊かにする一方でそれを支えてゆく理工系学生のカリキュラム上の時間的余裕を奪いつつあります．技術の進歩は新たな学問体系を生み，学ばなければならない科目の増加につながり，ひとつひとつの学問体系を噛みしめる時間を奪ってしまっているように感じられます．とはいえ時間は後戻りできません．昔は良かったといってもそれは愚痴に過ぎないのです．「それじゃ，どのように我々の解析計算への興味をそそり，その能力をあげてくれるのか」と求めている学生の心中の訴えを最近感じるようになってきました．

カリキュラムに余裕が無い以上，与えられた時間の範囲で学生の要請に応える項目を如何に効果的に残すかが勝負の鍵というわけです．本書の執筆にあたり，その鍵は問題を論理的に考えるスキルを学生に必要十分だけ如何に提供

できるかにあると考えました．ひとつひとつの問題設定に対してその解決の筋道には決してとぎれることのない一本の論理が通っているはずです．その際，どの定義とどの定理または命題は既知であり，どの命題がその問題設定のなかで示されるべきものかを仕分けし，そのうえで示すべき命題を決して妥協せずに示してゆく姿勢とその接近法を明確に学生に指し示し，決して途切れることのない論理を展開して問題解決を行う姿勢を学生に我々がみせてゆくことが重要であると考えたわけです．本書ではこの問題解決のための接近法を示す場として例題を多く提示することにしました．これはまた，本書が対象とするのは電気情報系を中心とする工学系の学生であり，数学的な世界を構築するよりは各個人個人の興味やテーマに起因する問題設定を如何に解決するかに興味の中心がある読者を思い浮かべているからでもあります．本書は例題に多くの紙面を割いたために本来，応用数学において説明されているべきいくつかの重要な定理を省略している部分もあります．しかしながら読者がこの本で学んだ後に電気情報系を中心とする工学系の専門科目を学習する際に必要となる項目はすべて含まれるように執筆したつもりです．本書を読み進むことにより一人でも多くの学生が「解析計算っておもしろい」と思うようになってくれるよう願ってやみません．

　本書を執筆するにあたり東京工業大学の樺島祥介先生，京都大学の田中利幸先生に多くの助言，激励をいただきました．また，東北大学において研究室の大学院学生として所属した安田宗樹君，大久保潤君，倉沢光君には様々の助力をしていただきました．研究室秘書の大浦さとみさんには事務的な面で多大なる助力をお願いしました．また，朝倉書店編集部には最後まで根気強く本書の執筆にご尽力いただきました．これらすべての方々に深く感謝いたします[*1)]．

　最後に，常日頃から著者たちの教育・研究を陰で支えてくれている家族に「ありがとうございます」の一言を贈りたいと思います．

　　　2007年3月

田中和之

林　正彦

海老澤丕道

[*1)] 初版第1刷出版後に東北大学の川又政征先生，尾畑伸明先生，工藤栄亮先生，片山統裕先生，清水幸弘先生からは多くの修正点のご指摘をいただいた．

目　　次

1. フーリエ解析 1
   1.1 フーリエ級数 1
   1.2 リーマン・ルベーグの定理とフーリエ級数の収束 15
   1.3 フーリエ積分 20
   1.4 フーリエ変換 25
   1.5 デルタ関数とフーリエ変換 35
   1.6 2変数関数のフーリエ変換 37
   1.7 直交関数展開 38

2. 複 素 関 数 42
   2.1 複素数, 複素関数と写像 42
   2.2 初 等 関 数 50
     a. 指 数 関 数 50
     b. 三角関数と双曲線関数 52
     c. 対数関数とべき関数 55
   2.3 複素関数の連続性, 微分可能性, 正則性 60
   2.4 正則関数の性質 66

3. 複 素 積 分 70
   3.1 複素積分の定義 71
   3.2 コーシーの積分定理 79
   3.3 コーシーの積分公式 87
   3.4 コーシーの積分公式の実積分への応用 93

4. 複素関数の展開と留数定理 96
   4.1 複 素 数 列 96
   4.2 テイラー展開 102

- 4.3 ローラン展開 105
- 4.4 孤立特異点と留数 109
- 4.5 留 数 定 理 113
- 4.6 無限遠点のまわりのローラン展開 115
- 4.7 母関数と z 変換 118
- 4.8 複素積分と留数定理の実積分への応用 120
- 4.9 フーリエ変換と複素積分を用いた微分方程式と積分方程式の解法 130
- 4.10 一致の定理と解析接続 135

5. ラプラス変換 138
- 5.1 ラプラス積分とラプラス変換 138
- 5.2 ラプラス変換の反転公式 148
- 5.3 ラプラス変換を用いた微分方程式と積分方程式の解法 ... 157

6. 特 殊 関 数 163
- 6.1 ガンマ関数とベータ関数 163
  - a. ガンマ関数 163
  - b. ベータ関数 167
  - c. スターリングの公式とワイヤストラスの公式 171
- 6.2 ルジャンドル関数 175
- 6.3 ベッセル関数 188

7. 2 階線形偏微分方程式 197
- 7.1 3 次元のラプラスの方程式 197
  - a. 直交座標上のラプラスの方程式 197
  - b. 円柱座標上のラプラスの方程式 198
  - c. 極座標上のラプラスの方程式 201
- 7.2 2 次元のラプラスの方程式とポアッソンの方程式 203
  - a. 2 次元のラプラスの方程式とフーリエ級数 204
  - b. 2 次元のラプラスの方程式とフーリエ変換 208
  - c. 2 次元のポアッソンの方程式とフーリエ級数 210
  - d. 2 次元のポアッソンの方程式とフーリエ変換 212

7.3　1次元の熱伝導方程式 214
　　a. 1次元の熱伝導方程式とフーリエ級数 214
　　b. 1次元の熱伝導方程式とフーリエ変換 216
7.4　1次元の波動方程式 219
　　a. 1次元の波動方程式とフーリエ級数 219
　　b. 1次元の波動方程式とフーリエ変換 221
7.5　より一般的な2階線形偏微分方程式 223

A. 積分の定義の広義積分への拡張 227

B. 斉次線形常微分方程式の級数表示 229

参 考 文 献 231

索　　　引 233

1 フーリエ解析

本章ではフーリエ級数とフーリエ変換について説明する.フーリエ級数,フーリエ変換はいずれも通信工学[10~12],ディジタル信号処理[13,14] から量子力学[15,16],電子物性[17,18] にいたるまで電気・通信・電子工学分野における重要な数学のツールである.前半ではフーリエ級数の定義と基本定理について紹介し,後半はまずフーリエ積分について述べ,これをもとにしながらフーリエ変換の説明へと展開してゆく.

1.1 フーリエ級数

本節ではフーリエ級数の定義について説明する.まず,2π の周期をもつ関数のフーリエ級数について説明し,フーリエ余弦級数,フーリエ正弦級数,複素形のフーリエ級数などについて述べた後,一般の周期をもつ関数の場合へと発展させる[*1]。

本書では実変数の変域を表すために,実数 a, b に対して必要に応じて**区間** (interval) の記号 $[a,b], (a,b), (a,b], [a,b)$ などを用いるが,これらは $a \leq x \leq b$, $a < x < b$, $a < x \leq b$, $a \leq x < b$ などをそれぞれ表す.$[a,b]$ を**閉区間** (closed interval), (a,b) を**開区間** (open interval) といい,a と b の両方が有限値の場合に $[a,b], (a,b), (a,b], [a,b)$ はいずれも**有限区間** (finite interval) という.また,$(-\infty, +\infty)$ は有限の値をもつすべての実数からなる区間を表す.区間 $(-\infty, +\infty)$ に属する任意の実数からなる集合を **R** という記号で表すこととする.

1) 正弦波の重ね合わせ

3 種類の正弦関数 $\sin(x)$, $\sin(2x)$, $\sin(15x)$ の線形結合により構成される $f(x) = \frac{4}{5}\sin(x) + \frac{2}{5}\sin(2x) + \frac{1}{5}\sin(15x)$ という関数を考えてみよう.図 1.1(a)-

---
[*1] フーリエ級数については本シリーズ第 8 巻「通信システム工学[12]」の第 2 章 2.1 節でも信号波形と周波数という視点で説明されている.

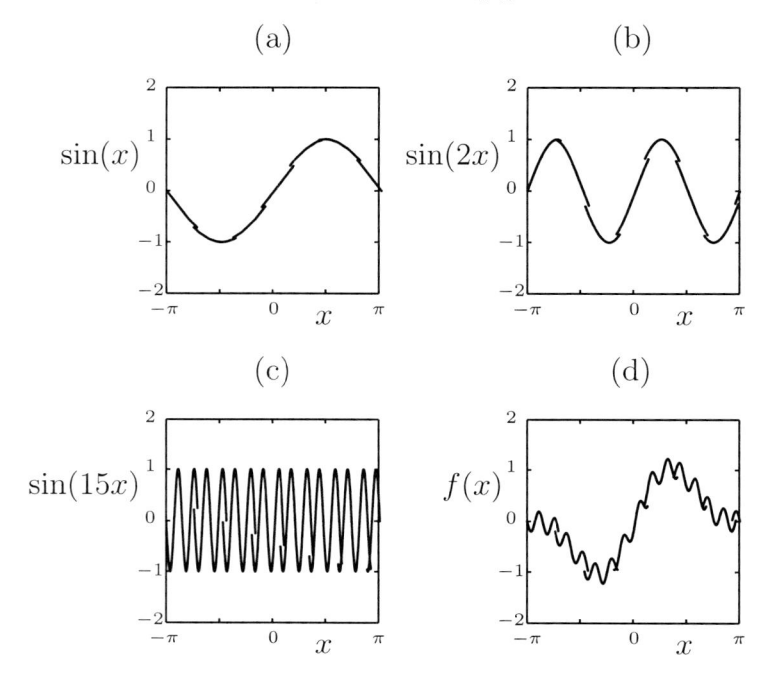

図 1.1 正弦関数の線形結合 (重ね合わせ) により構成された関数
(a) $\sin(x)$, (b) $\sin(2x)$, (c) $\sin(15x)$, (d) $f(x) = \frac{4}{5}\sin(x) + \frac{2}{5}\sin(2x) + \frac{1}{5}\sin(15x)$.

(c) の正弦波が $4:2:1$ の割合で重ね合わせられ，図 1.1(d) の波が生成されていることを意味する．

与えられた関数 $f(x)$ がどのような正弦波の線形結合によって表されているかを求めるということを考えてみよう．例としては，関数 $f(x)$ の関数値が区間 $[-\pi, +\pi]$ の任意の実数に対して与えられていて，定数 A, B, C を用いて

$$f(x) = A\sin(x) + B\sin(2x) + C\sin(15x) \tag{1.1}$$

という形に表されるという状況で「定数 A, B, C を $f(x)$ を用いて書けますか?」ということになる．まず，この関数は任意の実数 x に対して $f(x) = f(x+2\pi)$ が成り立つので 2π の周期をもつ関数になっていることに注意する．式 (1.1) の両辺に $\sin(x)$ を掛け，区間 $[-\pi, +\pi]$ で積分してみる．このとき $\int_{-\pi}^{+\pi} \sin(x)\sin(x)dx = \pi$, $\int_{-\pi}^{+\pi} \sin(x)\sin(2x)dx = \int_{-\pi}^{+\pi} \sin(x)\sin(15x)dx = 0$ なので

$$A = \frac{1}{\pi}\int_{-\pi}^{+\pi} f(x)\sin(x)dx \tag{1.2}$$

が導かれる．同様にして，式 (1.1) の両辺に $\sin(2x)$ および $\sin(15x)$ を掛け，区間 $[-\pi, +\pi]$ で積分すると，それぞれ次の等式が導かれる．

$$B = \frac{1}{\pi}\int_{-\pi}^{+\pi} f(x)\sin(2x)dx, \quad C = \frac{1}{\pi}\int_{-\pi}^{+\pi} f(x)\sin(15x)dx \tag{1.3}$$

一般的な話に移る前に，解析学において実関数に対して知られている以下の重要な性質を確認しておこう．

【補助定理 1.1】 有限区間 $[a,b]$ で連続な関数 $f(x)$ はその区間 $[a,b]$ 上で有界かつ積分可能である[*1)]．

この性質は今後，本書を通しての様々な議論をするうえでの基礎となる．

話を一気に一般化しよう．ある自然数 N をひとつ設定し，区間 $(-\infty, +\infty)$ の任意の実数 x に対して有界な実数列 $\{a_n | n = 0, 1, 2, \cdots, N\}$ と $\{b_n | n = 1, 2, 3, \cdots, N\}$ を用いて

$$f(x) = \frac{1}{2}a_0 + \sum_{n=1}^{N}\{a_n\cos(nx) + b_n\sin(nx)\} \tag{1.4}$$

と表される関数 $f(x)$ を考え，その a_n と b_n を $f(x)$ で表せるかどうかを考えてみよう．

この計算には以下の公式が重要な役割を果たす．

【公式】 任意の正の整数 m, n に対して以下の等式が成り立つ[*2)]．

$$\int_{-\pi}^{+\pi} \sin(mx)\cos(nx)dx = 0 \tag{1.5}$$

$$\int_{-\pi}^{+\pi} \sin(mx)\sin(nx)dx = \int_{-\pi}^{+\pi} \cos(mx)\cos(nx)dx = \pi\delta_{m,n} \tag{1.6}$$

$$\int_{-\pi}^{+\pi} \cos(nx)dx = 2\pi\delta_{n,0}, \quad \int_{-\pi}^{+\pi} \sin(nx)dx = 0 \tag{1.7}$$

例えば式 (1.5) の導出を説明する．まず，$m = 0$ の場合は自明である．そして，$m \neq 0$ の場合には，$m \neq n$ および $m = n$ に対してそれぞれ以下のように成り立つことが示される．

$$\int_{-\pi}^{+\pi} \sin(mx)\cos(nx)dx = \frac{1}{2}\int_{-\pi}^{+\pi}\Big(\sin\{(m+n)x\} + \sin\{(m-n)x\}\Big)dx$$

[*1)] 関数 $f(x)$ が有限区間 $[a,b]$ 上で有界であるとはその区間に $f(x)$ が最大値および最小値を有限の値としてもつということである．

[*2)] 式 (1.7) は任意の整数について成り立つ．

$$= \frac{1}{2}\Big[-\frac{\cos\{(m+n)x\}}{m+n} - \frac{\cos\{(m-n)x\}}{m-n}\Big]_{-\pi}^{+\pi} = 0 \qquad (m \neq n) \quad (1.8)$$

$$\int_{-\pi}^{+\pi} \sin(mx)\cos(nx)dx = \frac{1}{2}\int_{-\pi}^{+\pi} \Big(\sin\{(m+n)x\}\Big)dx$$

$$= \frac{1}{2}\Big[-\frac{\cos\{(m+n)x\}}{m+n}\Big]_{-\pi}^{+\pi} = 0 \qquad (m = n) \quad (1.9)$$

問 1.1 式 (1.6) と式 (1.7) が成り立つことを同様にして示せ.

準備ができたところで式 (1.4) の a_n を求めてみよう. 手順は簡単である. 式 (1.4) の両辺に $\cos(mx)$ を掛けて区間 $[-\pi, \pi]$ での定積分を実行する.

$$\int_{-\pi}^{+\pi} f(x)\cos(mx)dx$$

$$= \frac{1}{2}a_0 \int_{-\pi}^{+\pi} \cos(mx)dx + \sum_{n=1}^{N}\Big(a_n\int_{-\pi}^{+\pi} \cos(nx)\cos(mx)dx$$

$$+ b_n \int_{-\pi}^{+\pi} \sin(nx)\cos(mx)dx\Big) \quad (1.10)$$

ここで $\int_{-\pi}^{+\pi}$ と $\sum_{n=1}^{N}$ の交換を行っているが, これは N が有限値である限り問題はないことに注意する. 右辺に式 (1.5)-(1.7) の結果を代入したうえで n についての和をとることにより

$$a_m = \frac{1}{\pi}\int_{-\pi}^{+\pi} f(x)\cos(mx)dx \qquad (m=0,1,2,3,\cdots,N) \quad (1.11)$$

が得られる. 式 (1.4) の両辺に $\sin(mx)$ を掛けて区間 $[-\pi, \pi]$ での定積分を実行し, 同様の手続きを実行することで

$$b_m = \frac{1}{\pi}\int_{-\pi}^{+\pi} f(x)\sin(mx)dx \qquad (m=1,2,\cdots,N) \quad (1.12)$$

が導かれる. 有界な実数列 $\{a_n|n=0,1,2,\cdots,N\}$ と $\{b_n|n=1,2,3,\cdots,N\}$ を用いて閉区間 $[-\pi, +\pi]$ で式 (1.4) が成り立つということはその閉区間で $f(x)$ が連続関数 (continuous function) であるということを意味する. 補助定理 1.1 により式 (1.11) と式 (1.12) は関数 $f(x)$ として閉区間 $[-\pi, +\pi]$ における連続関数を考えている範囲では右辺の積分は存在するということになる.

簡単な例でみてみよう. 関数 $f(x) = \sin^2(x)$ という関数を考えてみる. 三角関数の倍角公式を使うと $f(x) = \frac{1}{2} - \frac{1}{2}\cos(2x)$ と書き換えられる. このことは式 (1.4) で $N=2$, $a_0 = \frac{1}{2}$, $a_1 = 0$, $a_2 = -\frac{1}{2}$, $b_0 = b_1 = b_2 = 0$ であることを意味している.

問 1.2 区間 $[-\pi, +\pi]$ で次の式で与えられる $f(x)$ に対して式 (1.11) と

式 (1.12) の a_n と b_n を求めよ.
$$(1)\ f(x) = \cos^2(x), \qquad (2)\ f(x) = \cos^3(x).$$

2） 閉区間での積分と絶対積分

閉区間 $[a,b]$ で $f(x)$ が有界であり，高々有限個しか不連続点をもたない関数を想定する．このような関数に対する積分 $\int_a^b f(x)dx$ は広義積分として定義される．広義積分についての基本的な知識は付録 A に要約して与える．積分 $\int_a^b f(x)dx$ が広義積分であるとき，「閉区間 $[a,b]$ で関数 $f(x)$ が**積分可能** (integrable) である」とはその広義積分 $\int_a^b f(x)dx$ が収束することを自動的に意味するものとする．「閉区間 $[a,b]$ で関数 $f(x)$ が積分可能である」ことを本書では単に「積分 $\int_a^b f(x)dx$ が存在する」ともいうことにする.

区間 $[a,b]$ で定義された関数 $f(x)$ に対して $\int_a^b |f(x)|dx < +\infty$ であるとき，$f(x)$ はその区間 $[a,b]$ で**絶対積分可能**または**絶対可積分** (absolutely integrable) であるという．絶対可積分についての重要な 2 つの定理を以下に与える．

【補助定理 1.2】 区間 $[a,b]$ で定義された関数 $f(x)$ がその区間 $[a,b]$ で高々有限個しか不連続点をもたず，絶対積分可能であれば，関数 $f(x)$ は区間 $[a,b]$ で積分可能である.

【補助定理 1.3】 区間 $[a,b]$ で定義された 2 つの関数 $f(x)$ および $g(x)$[*1)] について，$f(x)$ が高々有限個しか不連続点をもたず，絶対積分可能であり，$g(x)$ が連続かつ有界ならば，$f(x)g(x)$ は $[a,b]$ で絶対積分可能である.

任意の整数 n に対して $\cos(nx)$ と $\sin(nx)$ はいずれも有限区間 $[a,b]$ で連続なので，区間 $[a,b]$ で $f(x)$ が高々有限個の不連続点しかもたず，絶対積分可能な関数であれば，補助定理 1.3 から区間 $[a,b]$ で関数 $f(x)\cos(nx)dx$ と $f(x)\sin(nx)$ は積分可能であるのみならず絶対積分可能になる.

問 1.3 区間 $[-\pi, +\pi]$ において次の式で与えられる $f(x)$ がその区間で絶対積分可能であることを示せ.
$$(1)\ f(x) = \begin{cases} 1 & (0 \leq x \leq \pi) \\ -1 & (-\pi \leq x < 0), \end{cases}$$
$$(2)\ f(x) = x^2, \qquad (3)\ f(x) = \sin\left(\tfrac{x}{2}\right)$$

[*1)] $f(x), g(x)$ ともに変数は実数値に限定されるが，関数値は複素数であってもよい.

3) 2π の周期をもつ関数のフーリエ級数の定義

ここまでは与えられた関数が有限のある自然数 N に対して式 (1.4) の表現により与えられるとしたらという前提で話を進めてきたが, 今度は区間 $(-\infty, +\infty)$ において定義された関数 $f(x)$ に対して

$$s_N(x) \equiv \frac{1}{2}a_0 + \sum_{n=1}^{N}\{a_n\cos(nx) + b_n\sin(nx)\} \qquad (1.13)$$

という関数を導入する. a_n と b_n は式 (1.11) と式 (1.12) により定義される. このとき $f(x)$ が少なくともどのような性質をもてば $\lim_{N\to+\infty} s_N(x)$ は与えられた区間の任意の実数 x に対して収束するのだろうか? 収束するとしたらその極限 $s(x) = \lim_{N\to+\infty} s_N(x)$ の連続性はどうか? そしてどのような性質をもつときその極限 $s(x)$ は $f(x)$ に一致するのか? また一致しないにしても $f(x)$ と $s(x)$ の間に何か関係が成立するのか? $f(x)$ には連続関数という性質が要請されなければならないのか? ということを議論してみよう.

区間 $[-\pi, +\pi]$ で高々有限個しか不連続点をもたず, 絶対積分可能な関数 $f(x)$ に対して, 係数 a_n, b_n を

$$a_n \equiv \frac{1}{\pi}\int_{-\pi}^{\pi} f(x)\cos(nx)dx \qquad (n = 0, 1, 2, \cdots) \qquad (1.14)$$

$$b_n \equiv \frac{1}{\pi}\int_{-\pi}^{\pi} f(x)\sin(nx)dx \qquad (n = 1, 2, 3, \cdots) \qquad (1.15)$$

と定義する. このとき, 級数

$$\frac{1}{2}a_0 + \sum_{n=1}^{+\infty}\Big(a_n\cos(nx) + b_n\sin(nx)\Big)$$

$$= \frac{1}{2}a_0 + \lim_{N\to+\infty}\sum_{n=1}^{N}\Big(a_n\cos(nx) + b_n\sin(nx)\Big) \qquad (1.16)$$

を区間 $[-\pi, \pi]$ における $f(x)$ の**フーリエ級数** (Fourier series) といい, このことを次のように表す.

$$f(x) \sim \frac{1}{2}a_0 + \sum_{n=1}^{+\infty}\Big(a_n\cos(nx) + b_n\sin(nx)\Big) \qquad (-\pi \leq x \leq \pi) \qquad (1.17)$$

また, a_n および b_n は**フーリエ係数** (Fourier coefficient) と呼ばれる. さらに, 関数 $f(x)$ が $(-\infty, +\infty)$ の任意の実数に対して定義され, 2π の周期をもち, $[-\pi, \pi]$ で高々有限個しか不連続点をもたず, 絶対積分可能であるとき, 級数 (1.17) を $f(x)$ のフーリエ級数といい, このことを次のように表す.

$$f(x) \sim \frac{1}{2}a_0 + \sum_{n=1}^{+\infty}\Big(a_n\cos(nx) + b_n\sin(nx)\Big) \qquad (1.18)$$

4) 複素形のフーリエ級数

任意の実数 x に対して，虚数単位を i として $e^{ix} = \exp(ix)$ は

$$e^{ix} \equiv \cos(x) + i\sin(x) \qquad (1.19)$$

により与えられる[*1]．式 (1.19) は**オイラーの公式** (Euler formula) と呼ばれ，さらに

$$\cos(x) = \frac{1}{2}\big(e^{ix} + e^{-ix}\big) \qquad (1.20)$$

$$\sin(x) = \frac{1}{2i}\big(e^{ix} - e^{-ix}\big) \qquad (1.21)$$

という等式が導かれる．これを用いると式 (1.17) および式 (1.18) の三角関数を指数関数を使って書き換えることができる．つまり，式 (1.18) は次のような形に書き換えられる．

$$f(x) \sim \lim_{N \to +\infty} \sum_{n=-N}^{+N} c_n e^{inx} \qquad (1.22)$$

$$c_n \equiv \frac{1}{2\pi}\int_{-\pi}^{\pi} f(x)e^{-inx}dx \qquad (1.23)$$

これを $f(x)$ の**複素形のフーリエ級数**という．

問 1.4 式 (1.18) から式 (1.20)-(1.21) を用いて式 (1.22) を導出せよ．

5) フーリエ余弦級数とフーリエ正弦級数

$f(x)$ が $[0,\pi]$ で与えられ，$[0,\pi]$ で高々有限個しか不連続点をもたず，絶対積分可能であるとする．$[-\pi,0]$ において，$f(x) \equiv f(-x)$ と定義して作られる偶関数のフーリエ級数は $b_n = 0$ により

$$f(x) \sim \frac{1}{2}a_0 + \sum_{n=1}^{+\infty} a_n\cos(nx) \qquad (1.24)$$

$$a_n = \frac{2}{\pi}\int_0^{\pi} f(x)\cos(nx)dx \quad (n=0,1,2,\cdots) \qquad (1.25)$$

と与えられる．これを $f(x)$ の**フーリエ余弦級数** (Fourier cosine series) という．同様に $[-\pi,0]$ において，$f(x) \equiv -f(-x)$ と定義して作られる奇関数のフー

[*1] 何故，このことを言及するかというと本書では読者は指数関数はその変数が実数であるときには微分積分学，解析学において学習してきていることは想定している．しかし変数が複素数である場合を学習している読者は本章を学ぶ時期にはそれほど多くないと思う．変数として複素数まで想定した場合の指数関数については第 2 章で改めて詳細に説明する．

リエ級数は $a_n = 0$ により

$$f(x) \sim \sum_{n=1}^{+\infty} b_n \sin(nx) \tag{1.26}$$

$$b_n = \frac{2}{\pi} \int_0^\pi f(x) \sin(nx) dx \quad (n = 1, 2, 3, \cdots) \tag{1.27}$$

と与えられる．これを $f(x)$ の**フーリエ正弦級数** (Fourier sine series) という．

問 1.5 $f(x)$ が区間 $[-\pi, +\pi]$ において偶関数として与えられるとき式 (1.25) が，奇関数として与えられるとき式 (1.27) がそれぞれ成り立つことを示せ．

6) 一般の周期をもつ関数のフーリエ級数

一般に，関数 $f(x)$ が $(-\infty, +\infty)$ の任意の実数に対して定義され，2λ の周期をもち，$[-\lambda, \lambda]$ で高々有限個しか不連続点をもたず，絶対積分可能であるとき，

$$\frac{1}{2}a_0 + \sum_{n=1}^{+\infty} \left\{ a_n \cos\left(\frac{n\pi}{\lambda}x\right) + b_n \sin\left(\frac{n\pi}{\lambda}x\right) \right\} \tag{1.28}$$

$$a_n = \frac{1}{\lambda} \int_{-\lambda}^{+\lambda} f(x) \cos\left(\frac{n\pi}{\lambda}x\right) dx, \quad b_n = \frac{1}{\lambda} \int_{-\lambda}^{+\lambda} f(x) \sin\left(\frac{n\pi}{\lambda}x\right) dx$$

を $f(x)$ のフーリエ級数といい，このことを次のように表す．

$$f(x) \sim \frac{1}{2}a_0 + \sum_{n=1}^{+\infty} \left\{ a_n \cos\left(\frac{n\pi}{\lambda}x\right) + b_n \sin\left(\frac{n\pi}{\lambda}x\right) \right\} \tag{1.29}$$

さらに，この場合の複素形のフーリエ級数は次のように書くことができる．

$$f(x) \sim \lim_{N \to +\infty} \sum_{n=-N}^{+N} c_n e^{i\frac{n\pi}{\lambda}x} \tag{1.30}$$

$$c_n \equiv \frac{1}{2\lambda} \int_{-\lambda}^{\lambda} f(x) e^{-i\frac{n\pi}{\lambda}x} dx \tag{1.31}$$

例題をいくつか解いてみよう．計算を実行するうえで必要なものは三角関数と与えられた関数の積の定積分であることから，微分積分学で学習する部分積分が有効な武器となる．

例 1.1 2π の周期をもち，区間 $[-\pi, \pi]$ で $f(x) = |x|$ により与えられる関数 $f(x)$ のフーリエ級数を求めよ．

(解答例) $f(x)$ のグラフは図 1.2 に与えられる．$f(x)$ は偶関数なので任意の自然数 n に対して b_n は常に 0 である．

$$b_n = \frac{1}{\pi} \int_{-\pi}^{\pi} |x| \sin(nx) dx = 0 \quad (n = 1, 2, 3, \cdots) \tag{1.32}$$

a_0 は次のように求められる．

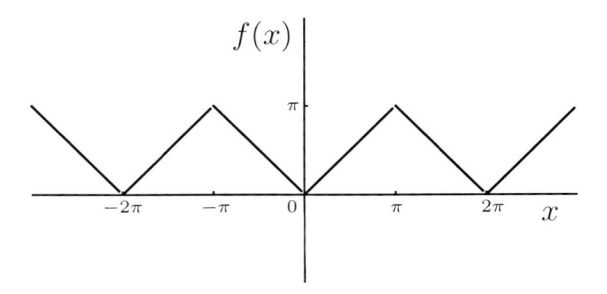

図 1.2 例 1.1 の関数 $f(x)$ のグラフ

$$a_0 = \frac{1}{\pi}\int_{-\pi}^{\pi}|x|dx = \pi \tag{1.33}$$

$n = 1, 2, 3, \cdots$ に対して a_n は以下のように表される.

$$\begin{aligned}a_n &= \frac{1}{\pi}\int_{-\pi}^{\pi}|x|\cos(nx)dx \\ &= \frac{1}{\pi}\int_{0}^{\pi}x\cos(nx)dx - \frac{1}{\pi}\int_{-\pi}^{0}x\cos(nx)dx\end{aligned} \tag{1.34}$$

ここで, 第 1 項は部分積分により以下のように求められる.

$$\begin{aligned}\int_{0}^{\pi}x\cos(nx)dx &= \frac{1}{n}\Big[x\sin(nx)\Big]_0^{\pi} - \frac{1}{n}\int_0^{\pi}\sin(nx)dx \\ &= \frac{1}{n}\Big[x\sin(nx)\Big]_0^{\pi} + \frac{1}{n^2}\Big[\cos(nx)\Big]_0^{\pi} \\ &= \frac{1}{n^2}\{\cos(n\pi) - 1\} = \frac{1}{n^2}\{(-1)^n - 1\}\end{aligned} \tag{1.35}$$

第 2 項の積分も同様に以下のように得られる.

$$\int_{-\pi}^{0}x\cos(nx)dx = \frac{1}{n^2}\Big(1 - (-1)^n\Big) \tag{1.36}$$

従って, この 2 つの結果からフーリエ係数 a_n は

$$a_n = \frac{2}{n^2\pi}\Big((-1)^n - 1\Big) \quad (n = 1, 2, 3, \cdots) \tag{1.37}$$

と与えられ, さらに n が奇数である場合と偶数である場合に分けて考えて以下のように整理される.

$$a_{2n-1} = -\frac{4}{(2n-1)^2\pi} \quad (n = 1, 2, 3, \cdots) \tag{1.38}$$

$$a_{2n} = 0 \quad (n = 1, 2, 3, \cdots) \tag{1.39}$$

従って, フーリエ係数 a_n, b_n に対して得られた結果をフーリエ級数の定義に代入することにより, $f(x)$ のフーリエ級数は以下のように与えられる.

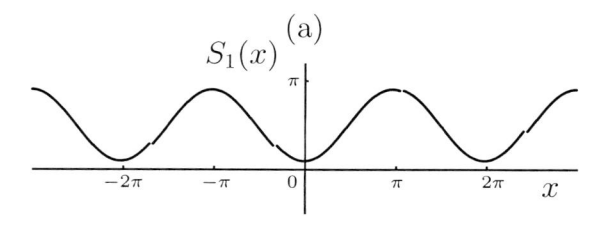

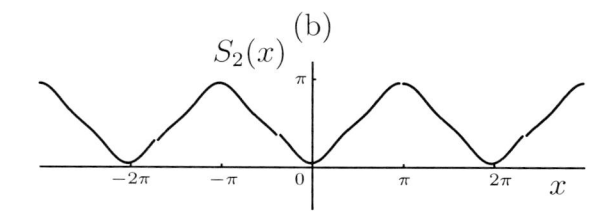

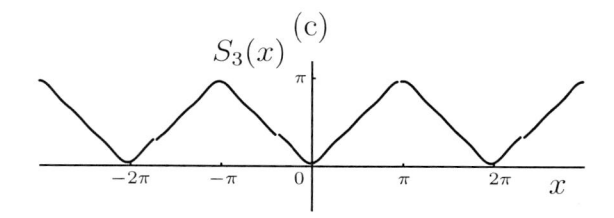

図 1.3 例 1.1 の関数 $f(x)$ に対して計算した $S_N(x)$ のグラフ
(a) $N=1$, (b) $N=2$, (c) $N=3$.

$$f(x) \sim \frac{\pi}{2} - \frac{4}{\pi}\sum_{n=1}^{+\infty}\frac{1}{(2n-1)^2}\cos\bigl((2n-1)x\bigr) \qquad (1.40)$$

例 1.1 の級数をもう少し細かくみるために

$$S_N(x) \equiv \frac{\pi}{2} - \frac{4}{\pi}\sum_{n=1}^{N}\frac{1}{(2n-1)^2}\cos\bigl((2n-1)x\bigr) \qquad (1.41)$$

を導入する．この S_N の $N=1,2,3$ に対するグラフを図 1.3 に示す．N が大きくなるにつれて $f(x)$ に収束する様子がみられる．

例 1.2 周期 2π をもち，$[-\pi,\pi]$ で $f(x)=x^2$ により定義される関数 $f(x)$ のフーリエ級数を求めよ．

(解答例) $f(x)$ のグラフは図 1.4 に与えられる．$f(x)$ は偶関数なので任意の自然数 n に対して b_n は常に 0 である．

1.1 フーリエ級数

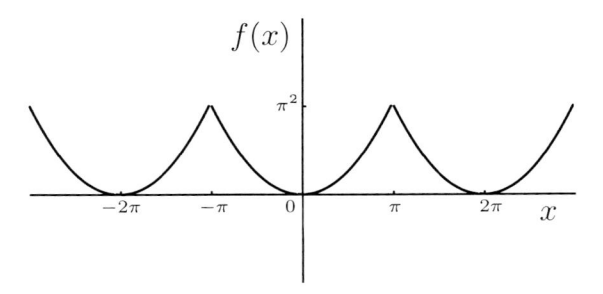

図 1.4 例 1.2 の関数 $f(x)$ のグラフ

$$b_n = \frac{1}{\pi}\int_{-\pi}^{\pi} x^2 \sin(nx)dx = 0 \quad (n=1,2,3,\cdots) \quad (1.42)$$

また, a_n は定義により以下のように表される.

$$a_0 = \frac{1}{\pi}\int_{-\pi}^{+\pi} x^2 dx = \frac{2}{3}\pi^2 \quad (1.43)$$

$$a_n = \frac{1}{\pi}\int_{-\pi}^{+\pi} x^2 \cos(nx)dx$$

$$= \frac{4}{n^2}(-1)^n \quad (n=1,2,3,\cdots) \quad (1.44)$$

従って, フーリエ係数 a_n, b_n に対して得られた結果をフーリエ級数の定義に代入することにより, $f(x)$ のフーリエ級数は以下の通りに与えられる.

$$f(x) \sim \frac{\pi^2}{3} + 4\sum_{n=1}^{+\infty}\frac{(-1)^n}{n^2}\cos(nx) \quad (1.45)$$

例 1.2 で式 (1.44) の導出には部分積分を 2 回実行することが必要である. 実は初心者にとっては暗算でできる計算ではないので読者は是非, 自分の手を動かしての導出を試みていただきたい. その手順は例 1.1 の式 (1.34)-(1.37) がプロトタイプとなるので参照していただきたい.

問 1.6 式 (1.44) を具体的に導出せよ.

級数 (1.45) についても細かくみるために例 1.2 に対して改めて

$$S_N(x) \equiv \frac{\pi^2}{3} + 4\sum_{n=1}^{N}\frac{(-1)^n}{n^2}\cos(nx) \quad (1.46)$$

を導入する. この $S_N(x)$ の $N=1,2,3,4$ に対するグラフを図 1.5 に示す. この場合も例 1.1 と同様に N が大きくなるにつれて $f(x)$ に収束する様子がみられる.

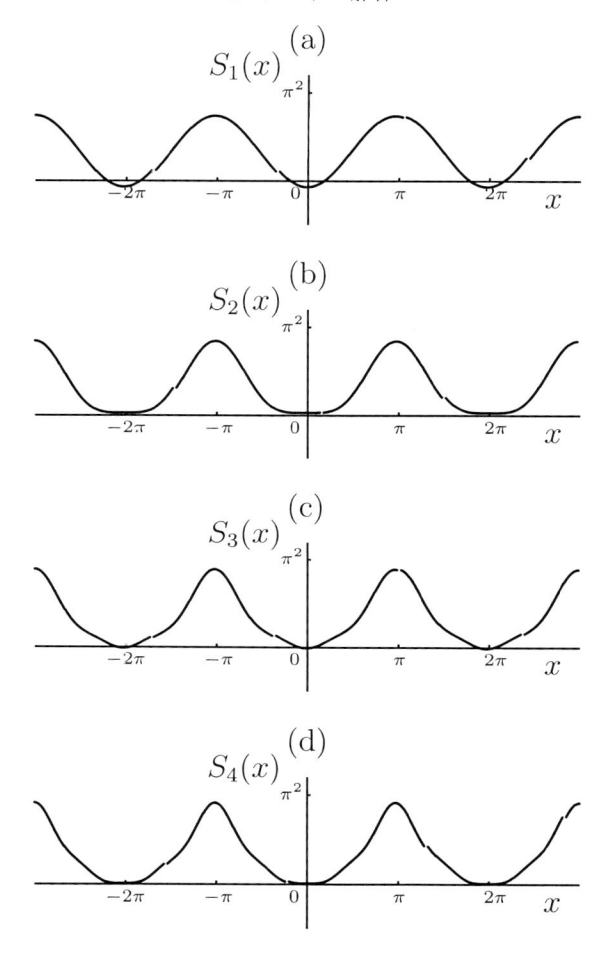

図 1.5 例 1.2 の関数 $f(x)$ に対して計算した $S_N(x)$ のグラフ
(a) $N=1$, (b) $N=2$, (c) $N=3$, (d) $N=4$.

例 1.3 周期 2 をもち，区間 $[-1,1)$ で $f(x) = \begin{cases} 1 & (-1 \leq x < 0) \\ x & (0 \leq x < 1) \end{cases}$ により与えられる関数 $f(x)$ のフーリエ級数を求めよ．

(解答例) $f(x)$ のグラフは図 1.6 に与えられる．フーリエ係数 a_n および b_n は定義により以下のように表される．

$$a_0 = \int_{-1}^0 dx + \int_0^1 x dx = 1 + \frac{1}{2} = \frac{3}{2} \tag{1.47}$$

1.1 フーリエ級数

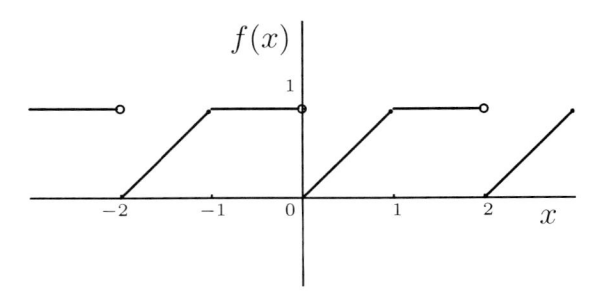

図 1.6 例 1.3 の関数 $f(x)$ のグラフ

$$a_n = \int_{-1}^{0} \cos(n\pi x)dx + \int_{0}^{1} x\cos(n\pi x)dx$$
$$= \begin{cases} 0 & (n=2,4,6,\cdots) \\ -\frac{2}{(n\pi)^2} & (n=1,3,5,\cdots) \end{cases} \quad (1.48)$$

$$b_n = \int_{-1}^{0} \sin(n\pi x)dx + \int_{0}^{1} x\sin(n\pi x)dx$$
$$= -\frac{1}{n\pi} \quad (n=1,2,3,\cdots) \quad (1.49)$$

従って，フーリエ係数 a_n, b_n に対して得られた結果をフーリエ級数の定義に代入することにより，$f(x)$ のフーリエ級数は次のように与えられる．

$$f(x) \sim \frac{3}{4} - \sum_{n=1}^{+\infty} \frac{2}{\pi^2(2n-1)^2}\cos\bigl((2n-1)\pi x\bigr) - \sum_{n=1}^{+\infty} \frac{1}{\pi n}\sin(n\pi x) \quad (1.50)$$

例 1.3 に対しても改めて

$$S_N(x) \equiv \frac{3}{4} - \sum_{n=1}^{N} \frac{2}{\pi^2(2n-1)^2}\cos\bigl((2n-1)\pi x\bigr) - \sum_{n=1}^{N} \frac{1}{\pi n}\sin(n\pi x) \quad (1.51)$$

を導入し，$N=1,2,3,9$ に対するグラフを図 1.7 に示す．この場合も例 1.1 と同様に N が大きくなるにつれて $f(x)$ に近づいてゆくが，例 1.1, 例 1.2 に比べてその近づき方は遅いことがわかる．

問 1.7 式 (1.48) と式 (1.49) を具体的に導出せよ．

問 1.8 式 (1.51) で与えられる $S_N(x)$ のグラフを $N=20,50,100$ の場合

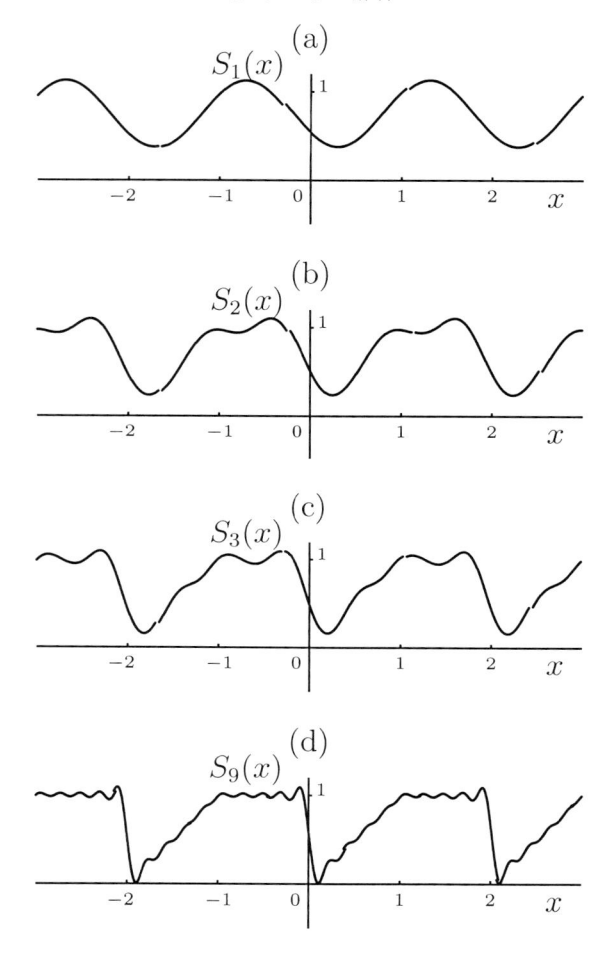

図 1.7 例 1.3 の関数 $f(x)$ に対して計算した $S_N(x)$ のグラフ
(a) $N = 1$, (b) $N = 2$, (c) $N = 3$, (d) $N = 9$.

について計算機を用いて書け.

問 1.9 周期 2π をもち, 区間 $[-\pi, \pi)$ で $f(x) = x$ により与えられる関数 $f(x)$ のフーリエ級数を求めよ.

(略解) $f(x) \sim \sum_{n=1}^{+\infty} \dfrac{2(-1)^{n-1}}{n} \sin(nx)$

1.2 リーマン・ルベーグの定理とフーリエ級数の収束

本節ではフーリエ級数の収束性と，与えられた関数とそのフーリエ級数との関係について述べる．平たくいえば与えられた関数とフーリエ級数がどのような場合に等号で結ばれるのかが最重要ポイントである．

1) リーマン・ルベーグの定理

【定理 1.1】 関数 $f(x)$ が区間 $[a,b]$ で高々有限個しか不連続点をもたず，絶対積分可能ならば

$$\lim_{\lambda \to \pm\infty} \int_a^b f(x)\sin(\lambda x)dx = 0 \tag{1.52}$$

$$\lim_{\lambda \to \pm\infty} \int_a^b f(x)\cos(\lambda x)dx = 0 \tag{1.53}$$

である．

【定理 1.2】 関数 $f(x)$ が区間 $[-\pi,\pi]$ で高々有限個しか不連続点をもたず，絶対積分可能ならば $f(x)$ のフーリエ係数 $a_n = \frac{1}{\pi}\int_{-\pi}^{\pi} f(x)\cos(nx)dx$ および $b_n = \frac{1}{\pi}\int_{-\pi}^{\pi} f(x)\sin(nx)dx$ に対して以下の等式が成り立つ．

$$\lim_{n \to +\infty} a_n = 0, \quad \lim_{n \to +\infty} b_n = 0 \tag{1.54}$$

定理 1.1 の証明は省略する．定理 1.2 は定理 1.1 を認めれば自動的に導かれる．この 2 つの定理はリーマン・ルベーグの定理 (Riemann-Lebesgue theorem) と呼ばれる．これらの定理の証明の詳細は文献 [1] の第 4 章 2.1 節または文献 [2] の第 4 章 4.1.3 項を参照されたい．

2) フーリエ級数の収束

周期 2π の周期をもつ関数 $f(x)$ が $[-\pi,\pi]$ で高々有限個しか不連続点をもたず，絶対積分可能であるとする．$f(x)$ のフーリエ級数の第 N 項までの部分和を $S_N(x)$ とする．

$$S_N(x) \equiv \frac{1}{2}a_0 + \sum_{n=1}^{N}\Big(a_n\cos(nx) + b_n\sin(nx)\Big) \tag{1.55}$$

a_n と b_n はフーリエ係数であり，式 (1.14) および式 (1.15) でそれぞれ与えられる．$N \to +\infty$ で $S_N(x)$ は $f(x)$ のフーリエ級数になる．

$$f(x) \sim \lim_{N \to +\infty} S_N(x) \tag{1.56}$$

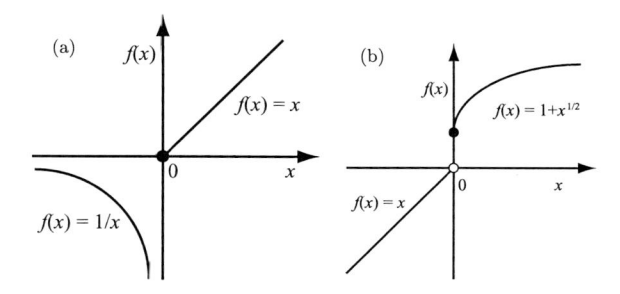

図 1.8 区分的に連続でない例 (a) と区分的に連続であるが区分的に滑らかでない例 (b)

フーリエ級数の応用においてこの極限 $\lim_{N\to+\infty} S_N(x)$ の収束および関数 $f(x)$ との関係が重要となる．

有限区間 $[a,b]$ で高々有限個しか不連続点をもたず，その不連続を除いて連続な関数 $f(x)$ を想定する．この関数 $f(x)$ が各不連続点 x_0 においては右極限 $f(x_0+0) \equiv \lim_{h\to+0} f(x_0+h)$ と左極限 $f(x_0-0) \equiv \lim_{h\to+0} f(x_0-h)$ が存在し，かつ $f(a+0)$ と $f(b-0)$ が存在するとき，$f(x)$ は $[a,b]$ で**区分的に連続**である (piecewise continuous) という．導関数 $f'(x)$ が区間 $[a,b]$ で区分的に連続であるとき，$f(x)$ はその区間 $[a,b]$ で**区分的に滑らかである** (piecewise smooth) という．例えば例 1.1、1.2、1.3 で与えられた関数 $f(x)$ はいずれも $[-\pi,+\pi]$ で区分的に滑らかである．区分的に連続でない例としては $[-\pi,0)$ (すなわち $-\pi \leq x < 0$) で $f(x) = \frac{1}{x}$, $[0,\pi]$ で $f(x) = x$ により定義される関数 $f(x)$ がある．この場合は $x=0$ での左極限 $f(x-0)$ が存在しないので $[-\pi,+\pi]$ で区分的に連続ではなくなる．さらに区分的に連続ではあるが区分的に滑らかではない例としては $[-\pi,0]$ で $f(x) = x$, $[0,\pi]$ で $f(x) = \sqrt{x}+1$ により定義される関数 $f(x)$ がある．この場合は $[-\pi,\pi]$ の任意の実数 x で右極限 $f(x+0)$ と左極限 $f(x-0)$ が常に存在する．しかし，1 階導関数 $f'(x)$ でみると $x=0$ での右極限 $f'(x+0)$ が $+\infty$ に発散しており，存在しないため，$[-\pi,+\pi]$ で区分的に滑らかではなくなってしまう (図 1.8)．

問 1.10 $[-\pi,0]$ で $f(x) = x$, $[0,\pi]$ で $f(x) = \sqrt{x}$ により定義される関数 $f(x)$ は $[-\pi,+\pi]$ において「連続か?」，および「区分的に滑らかであるか?」について答えよ．

この区分的に滑らかという性質を用いるとフーリエ級数の収束に対する最も実用的な以下の定理が導かれる．

【定理 1.3】 周期 2π をもつ関数 $f(x)$ が区間 $[-\pi,\pi]$ で区分的に滑らかであれば，$f(x)$ のフーリエ級数は任意の実数 x で収束し，等式

$$\frac{1}{2}\Big(f(x+0)+f(x-0)\Big)=\frac{1}{2}a_0+\sum_{n=1}^{+\infty}\Big(a_n\cos(nx)+b_n\sin(nx)\Big) \tag{1.57}$$

が成り立つばかりでなく，項別積分が可能であり，次の等式も成り立つ．

$$\int_0^x f(t)dt=\frac{1}{2}a_0 x+\sum_{n=1}^{+\infty}\int_0^x\Big(a_n\cos(nt)+b_n\sin(nt)\Big)dt \tag{1.58}$$

さらに，$f(x)$ が連続で区分的に滑らかであれば，項別微分が可能であり，さらに $f'(x)$ が区分的に滑らかであれば任意の実数 x に対して次の等式が成り立つ．

$$\frac{1}{2}\Big(f'(x+0)+f'(x-0)\Big)=\sum_{n=1}^{+\infty}\frac{d}{dx}\Big(a_n\cos(nx)+b_n\sin(nx)\Big) \tag{1.59}$$

定理 1.3 の証明にはかなりの解析学の知識を必要とする．証明の詳細は文献 [1] の第 4 章 2.2 節および 2.3 節または文献 [2] の第 4 章 4.1.4 項を参照されたい．

例 1.4 2π の周期をもち，区間 $[-\pi,+\pi]$ において $f(x)=|x|$ により定義される関数 $f(x)$ に対して得られたフーリエ級数と関数 $f(x)$ の関係を説明せよ．

(解答例) 例 1.1 により $f(x)$ のフーリエ級数は次のように与えられる．

$$f(x)\sim\frac{\pi}{2}-\frac{4}{\pi}\sum_{n=1}^{+\infty}\frac{1}{(2n-1)^2}\cos\Big((2n-1)x\Big) \tag{1.60}$$

$f(x)$ は任意の実数 x について連続かつ区分的に滑らかなので以下の等式が成り立つ．

$$f(x)=\frac{1}{2}\Big(f(x+0)+f(x-0)\Big)=\frac{\pi}{2}-\frac{4}{\pi}\sum_{n=1}^{+\infty}\frac{1}{(2n-1)^2}\cos\Big((2n-1)x\Big) \tag{1.61}$$

例 1.5 周期 2π をもち，$-\pi\leq x\leq\pi$ で $f(x)=x^2$ により定義される関数

$f(x)$ について得られたフーリエ級数に関する以下の設問に答えよ．
(1) フーリエ級数と $f(x)$ の関係について説明せよ．
(2) 得られたフーリエ級数の表式を利用して級数 $\sum_{n=1}^{+\infty}\frac{1}{n^2}$ の和を求めよ．

(解答例)
(1) 例 1.2 により $f(x)$ のフーリエ級数は以下の通りに与えられる．
$$f(x) \sim \frac{\pi^2}{3} + 4\sum_{n=1}^{+\infty}\frac{(-1)^n}{n^2}\cos(nx) \tag{1.62}$$
$f(x)$ は 2π の周期をもつ関数であり，任意の実数 x で連続かつ区分的に滑らかなので次の等式が成り立つ．
$$f(x) = \frac{\pi^2}{3} + 4\sum_{n=1}^{+\infty}\frac{(-1)^n}{n^2}\cos(nx) \tag{1.63}$$
(2) $x = \pi$ を設問 (1) で得られた等式 (1.63) に代入することにより，
$$\pi^2 = \frac{\pi^2}{3} + 4\sum_{n=1}^{+\infty}\frac{1}{n^2} \tag{1.64}$$
すなわち
$$\sum_{n=1}^{+\infty}\frac{1}{n^2} = \frac{\pi^2}{6} \tag{1.65}$$
が得られる．

問 1.11 周期 2π をもち，$-\pi \leq x < 0$ で $f(x) = 0$，$0 \leq x < \pi$ で $f(x) = 1$ により定義される関数 $f(x)$ についてフーリエ級数に関する以下の設問に答えよ．
(1) $f(x)$ が $-\pi \leq x \leq \pi$ で絶対積分可能であることを示せ．
(2) $f(x)$ のフーリエ級数を求めよ．
(3) 設問 (2) で得られたフーリエ級数と $f(x)$ の関係について説明せよ．
(略解) $\frac{1}{2}\Big(f(x+0) + f(x-0)\Big) = \frac{1}{2} + \frac{2}{\pi}\sum_{l=1}^{+\infty}\frac{1}{2l-1}\sin\Big((2l-1)x\Big)$

3) ベッセルの不等式とパーセバルの等式

【定理 1.4】 積分 $\int_{-\pi}^{\pi}|f(x)|^2 dx$ が有限の値をもつ（有限確定する）ならば $f(x)$ のフーリエ級数の係数 a_n, b_n について次の不等式が成り立つ．
$$\frac{1}{2}|a_0|^2 + \sum_{n=1}^{+\infty}\Big(|a_n|^2 + |b_n|^2\Big) \leq \frac{1}{\pi}\int_{-\pi}^{\pi}|f(x)|^2 dx \tag{1.66}$$

(証明) まず，$|f(x)| \leq \frac{1}{2}(|f(x)|^2 + 1)$ が任意の実数 x について成り立つ

ことから，積分 $\int_{-\pi}^{\pi}|f(x)|^2 dx$ が有限確定であれば積分 $\int_{-\pi}^{\pi}|f(x)|dx$ も有限確定であり，つまりは $f(x)$ は $[-\pi,\pi]$ で絶対積分可能である．
関数 $f(x)$ と式 (1.55) で与えられるその部分和 $S_N(x)$ に対して

$$\frac{1}{\pi}\int_{-\pi}^{\pi}|f(x)-S_N(x)|^2 dx$$

$$= -\frac{1}{2}|a_0|^2 - \sum_{n=1}^{N}\left(|a_n|^2+|b_n|^2\right) + \frac{1}{\pi}\int_{-\pi}^{\pi}|f(x)|^2 dx \quad (1.67)$$

が任意の自然数 N について成り立つ（この導出には少々の計算を要するが，各自の演習としたい）．しかも

$$\int_{-\pi}^{\pi}|f(x)-S_N(x)|dx \geq 0 \quad (1.68)$$

であることから

$$\frac{1}{2}|a_0|^2 + \sum_{n=1}^{N}\left(|a_n|^2+|b_n|^2\right) \leq \frac{1}{\pi}\int_{-\pi}^{\pi}|f(x)|^2 dx \quad (1.69)$$

であり，式 (1.69) で極限 $N\to+\infty$ をとることで不等式 (1.66) が導かれる．

式 (1.66) を**ベッセルの不等式** (Bessel inequality) と呼ぶ．

【定理 1.5】 周期 2π をもつ関数 $f(x)$ が区間 $[-\pi,\pi]$ で連続かつ区分的に滑らかであれば，

$$\frac{1}{2}|a_0|^2 + \sum_{n=1}^{+\infty}\left(|a_n|^2+|b_n|^2\right) = \frac{1}{\pi}\int_{-\pi}^{\pi}|f(x)|^2 dx \quad (1.70)$$

が成り立つ．

(証明) 関数 $f(x)$ が区間 $[-\pi,\pi]$ で連続かつ区分的に滑らかなので，定理 1.3 により

$$\lim_{N\to+\infty}|f(x)-S_N| = 0 \quad (1.71)$$

が成り立つ．つまり，

$$\lim_{N\to+\infty}\int_{-\pi}^{\pi}|f(x)-S_N(x)|^2 dx = 0 \quad (1.72)$$

である[*1]．これを極限 $N\to+\infty$ における式 (1.67) に代入することにより式 (1.70) が導かれる．

式 (1.70) を**パーセバルの等式** (Parseval equality) と呼ぶ．

[*1] $\lim_{N\to+\infty}\int_{-\pi}^{\pi}|f(x)-S_N(x)|^2 dx = \int_{-\pi}^{\pi}\left(\lim_{N\to+\infty}|f(x)-S_N(x)|^2\right)dx$ の証明は省略している．

1.3 フーリエ積分

本節ではフーリエ積分について説明する．フーリエ積分で扱える関数は定義域は区間 $(-\infty, +\infty)$ となり，フーリエ級数のときのような周期性は要請されないが，その代わり，区間 $(-\infty, +\infty)$ での絶対可積分性が要請される．つまりその適用範囲は $x \to \pm\infty$ において $f(x)$ が 0 に収束するような問題設定に限定されることになる．

1) フーリエ積分の定義

$f(x)$ が高々有限個しか不連続点をもたず，$(-\infty, +\infty)$ で絶対積分可能であるとき，この $f(x)$ に対して次の積分を定義する．

$$f(x) \sim \int_0^{+\infty} \Big(a(w)\cos(wx) + b(w)\sin(wx)\Big) dw \tag{1.73}$$

$$a(w) \equiv \frac{1}{\pi} \int_{-\infty}^{+\infty} f(x)\cos(wx) dx = \lim_{R \to +\infty} \frac{1}{\pi} \int_{-R}^{+R} f(x)\cos(wx) dx \tag{1.74}$$

$$b(w) \equiv \frac{1}{\pi} \int_{-\infty}^{+\infty} f(x)\sin(wx) dx = \lim_{R \to +\infty} \frac{1}{\pi} \int_{-R}^{+R} f(x)\sin(wx) dx \tag{1.75}$$

一般に，区間 $(-\infty, +\infty)$ での積分 $\int_{-\infty}^{+\infty} \cdots dx$ は，本書では以後は特に断らない限り $\lim_{R \to +\infty} \int_{-R}^{+R} \cdots dx$ を意味することにする．

式 (1.73) の右辺を**フーリエ積分** (Fourier integral) といい，記号 $\sim$ はその右辺により $f(x)$ のフーリエ積分が表されるということを意味する．式 (1.73) が存在するとき **$f(x)$ のフーリエ積分が収束する**という．

式 (1.73) は式 (1.74)-(1.75) を代入して整理することにより次の形に変形することができる．

$$\begin{aligned} f(x) &\sim \int_0^{+\infty} \Big\{ \Big(\frac{1}{\pi} \int_{-\infty}^{+\infty} f(u)\cos(wu) du\Big) \cos(wx) \\ &\quad + \Big(\frac{1}{\pi} \int_{-\infty}^{+\infty} f(u)\sin(wu) du\Big) \sin(wx) \Big\} dw \\ &= \frac{1}{\pi} \int_0^{+\infty} \int_{-\infty}^{+\infty} f(u) \Big(\cos(wu)\cos(wx) + \sin(wu)\sin(wx)\Big) du\, dw \end{aligned}$$

$$= \frac{1}{\pi} \int_0^{+\infty} \int_{-\infty}^{+\infty} f(u)\cos(w(u-x))dudw \tag{1.76}$$

式 (1.76) の右辺を**フーリエ 2 重積分**と呼ぶ.

問 1.12 関数 $f(x) = \begin{cases} \cos(x) & (|x| \leq \pi) \\ 0 & (|x| > \pi) \end{cases}$ に対して式 (1.74) および式 (1.75) で定義される $a(w), b(w)$ を求め, 式 (1.73) の形のフーリエ積分で表せ.

(略解) $a(w) = \frac{2w}{\pi(1-w^2)}\sin(\pi w)$, $b(w) = 0$,
$f(x) \sim \frac{1}{\pi} \int_0^{+\infty} \frac{2w}{(1-w^2)}\sin(\pi w)\cos(wx)dw$

式 (1.20) および式 (1.21) を用いると式 (1.76) は指数関数を使って次の形に書き換えられる.

$$f(x) \sim \frac{1}{\sqrt{2\pi}} \int_{-\infty}^{+\infty} F(w)e^{iwx} dw \tag{1.77}$$

$$F(w) \equiv \frac{1}{\sqrt{2\pi}} \int_{-\infty}^{+\infty} f(x)e^{-iwx} dx \tag{1.78}$$

これを $f(x)$ の**複素形のフーリエ積分**という.

問 1.13 式 (1.76) から式 (1.77) を導出せよ.

問 1.14 関数 $f(x) = \begin{cases} \cos(x) & (|x| \leq \pi) \\ 0 & (|x| > \pi) \end{cases}$ に対して式 (1.78) で定義される $F(w)$ を求め, 式 (1.77) で表される複素形のフーリエ積分で表せ.

(略解) $F(w) = \sqrt{\frac{2}{\pi}} \frac{w}{1-w^2}\sin(\pi w)$, $f(x) \sim \frac{1}{\pi} \int_{-\infty}^{+\infty} \frac{w}{1-w^2}\sin(\pi w)e^{iwx} dw$

$f(x)$ が $[0, +\infty]$ で与えられ, $[0, +\infty]$ で絶対積分可能とする. $[-\infty, 0]$ において, $f(x) \equiv f(-x)$ と定義して作られる偶関数のフーリエ積分は $b(w) = 0$ により

$$f(x) \sim \int_0^{+\infty} a(w)\cos(wx) dw \tag{1.79}$$

$$a(w) = \frac{2}{\pi} \int_0^{+\infty} f(x)\cos(wx) dx \tag{1.80}$$

と与えられる. これを $f(x)$ の**フーリエ余弦積分** (Fourier cosine integral) という. 問 1.12 の $f(x)$ に対するフーリエ積分はフーリエ余弦積分である. 同様に $[-\infty, 0]$ において, $f(x) \equiv -f(-x)$ と定義して作られる奇関数のフーリエ積分は $a(w) = 0$ により

$$f(x) \sim \int_0^{+\infty} b(w)\sin(wx) dw \tag{1.81}$$

$$b(w) = \frac{2}{\pi} \int_0^{+\infty} f(x)\sin(wx) dx \tag{1.82}$$

と与えられる．これを $f(x)$ の**フーリエ正弦積分** (Fourier sine integral) という．

問 1.15 式 (1.73)-(1.75) から関数 $f(x)$ が偶関数のときの式 (1.79)-(1.80) および関数 $f(x)$ が奇関数の時の式 (1.81)-(1.82) を導出せよ．

問 1.16 関数 $f(x) = \begin{cases} x & (|x| \leq \pi) \\ 0 & (|x| > \pi) \end{cases}$ に対して式 (1.74) および式 (1.75) で定義される $a(w)$, $b(w)$ を求め，式 (1.73) の形のフーリエ積分で表せ．（略解）$a(w) = 0$, $b(w) = \frac{2}{w}\cos(\pi w) - \frac{2}{\pi w^2}\sin(\pi w)$, $f(x) \sim 2\int_{-\infty}^{+\infty} \left(\frac{\cos(\pi w)}{w} - \frac{\sin(\pi w)}{\pi w^2}\right)\sin(wx)dw$

2) フーリエ積分の収束

【定理 1.6】(無限区間でのリーマン・ルベーグの定理) 関数 $f(x)$ が高々有限個の不連続点しかもたず，無限区間 $[a, +\infty)$ で絶対積分可能ならば

$$\lim_{\lambda \to \pm\infty} \int_a^{+\infty} f(x)\sin(\lambda x)dx = 0 \qquad (1.83)$$

$$\lim_{\lambda \to \pm\infty} \int_a^{+\infty} f(x)\cos(\lambda x)dx = 0 \qquad (1.84)$$

が成り立つ．このことは無限区間 $[a, +\infty)$ を $(-\infty, b]$，または，$(-\infty, +\infty)$ に置き換えても成り立つ．

証明の詳細は文献 [1] の第 4 章 2.1 節の定理 2.2 の無限区間の場合または文献 [2] の第 4 章 4.2.2 項を参照されたい．

関数 $f(x)$ が $(-\infty, +\infty)$ の任意の有限区間で区分的に連続であるとき，$f(x)$ は $(-\infty, +\infty)$ で**区分的に連続である**という．導関数 $f'(x)$ が $(-\infty, +\infty)$ で区分的に連続である時，$f(x)$ は $(-\infty, +\infty)$ で**区分的に滑らかである**という．$(-\infty, +\infty)$ で区分的に滑らかである関数に対して具体的な計算をする際に実用的な次の定理が与えられる．

【定理 1.7】 関数 $f(x)$ が $(-\infty, +\infty)$ で区分的に滑らかであり，かつ絶対積分可能な関数ならば，次の等式が成立する．

$$\begin{aligned}\frac{1}{2}\Big(f(x+0) + f(x-0)\Big) &= \int_0^{+\infty} \Big(a(w)\cos(wx) + b(w)\sin(wx)\Big)dw \\ &= \frac{1}{\pi}\int_0^{+\infty}\int_{-\infty}^{+\infty} f(u)\cos\{w(u-x)\}dudw\end{aligned} \qquad (1.85)$$

定理 1.7 の証明の詳細は文献 [1] の第 4 章 3.2 節または文献 [2] の第 4 章 4.2.2 項を参照されたい．

3) フーリエ積分の例題

例 1.6 関数 $f(x) = \begin{cases} 1 & (|x| \leq 1) \\ 0 & (|x| > 1) \end{cases}$ のフーリエ積分を計算することにより，等式

$$\int_0^{+\infty} \left(\frac{\sin(w)}{w}\right)\cos(wx)dw = \begin{cases} \frac{\pi}{2} & (|x| < 1) \\ \frac{\pi}{4} & (|x| = 1) \\ 0 & (|x| > 1) \end{cases} \quad (1.86)$$

を導け．式 (1.86) を**ディリクレの不連続因子** (Dirichlet discontinuous factor) という．

(解答例) $f(x)$ のグラフを図 1.9 に与える．$f(x)$ は偶関数であることに注意すると，

$$b(w) \equiv \frac{1}{\pi}\int_{-\infty}^{+\infty} f(x)\sin(wx)dx$$
$$= \frac{1}{\pi}\int_{-1}^{+1} \sin(wx)dx = 0 \quad (1.87)$$

$$a(w) \equiv \frac{1}{\pi}\int_{-\infty}^{+\infty} f(x)\cos(wx)dx = \frac{1}{\pi}\int_{-1}^{+1} \cos(wx)dx$$
$$= \frac{1}{\pi}\left(\frac{\sin(w)}{w} - \frac{\sin(-w)}{w}\right) = \frac{2\sin(w)}{\pi w} \quad (1.88)$$

ここで

$$\lim_{\lambda \to +\infty} \int_{-\lambda}^{+\lambda} |f(x)|dx = 2 \quad (1.89)$$

が得られるので $f(x)$ は $-\infty < x < +\infty$ において絶対積分可能である．また，$f(x)$ の導関数 $f'(x)$ が

$$f'(x) = \frac{d}{dx}f(x) = 0 \qquad (|x| \neq 1) \quad (1.90)$$

により与えられるが，$f'(x)$ は区間 $(-\infty, +\infty)$ において区分的に連続

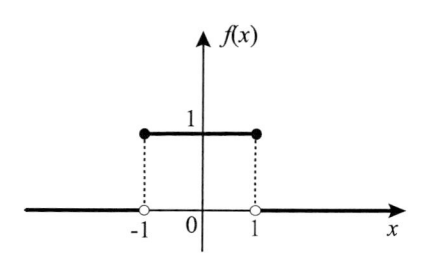

図 1.9 例 1.6 の関数 $f(x)$ のグラフの概形

である．このことは $f(x)$ が区間 $(-\infty, +\infty)$ において区分的に滑らかであることを意味する．故に，定理 1.7 により以下の等式が成り立つ．

$$\frac{1}{2}\Big(f(x+0)+f(x-0)\Big)=\int_0^{+\infty}\Big(\frac{2\sin(w)}{\pi w}\Big)\cos(wx)dw \tag{1.91}$$

式 (1.91) から等式 (1.86) が導かれる．

例 1.7 $f(x)=\begin{cases} 1-\frac{|x|}{2} & (|x|\leq 2) \\ 0 & (|x|>2) \end{cases}$ のフーリエ積分を計算することにより，等式

$$\frac{2}{\pi}\int_0^{+\infty}\Big(\frac{\sin(u)}{u}\Big)^2\cos(ux)du=\begin{cases} 1-\frac{|x|}{2} & (|x|\leq 2) \\ 0 & (|x|>2) \end{cases} \tag{1.92}$$

が成り立つことを示せ．

(解答例) $f(x)$ のグラフを図 1.10 に与える．$f(x)$ は偶関数であることに注意すると，

$$b(u)\equiv\frac{1}{\pi}\int_{-\infty}^{+\infty}f(x)\sin(ux)dx=\frac{1}{\pi}\int_{-2}^{+2}\Big(1-\frac{|x|}{2}\Big)\sin(ux)dx=0 \tag{1.93}$$

$$\begin{aligned}a(u)&\equiv\frac{1}{\pi}\int_{-\infty}^{+\infty}f(x)\cos(ux)dx\\ &=\frac{1}{\pi}\int_0^{+2}\Big(1-\frac{x}{2}\Big)\cos(ux)dx+\frac{1}{\pi}\int_{-2}^0\Big(1+\frac{x}{2}\Big)\cos(ux)dx\\ &=\frac{1}{\pi u^2}\Big(1-\cos(2u)\Big)=\frac{2}{\pi}\Big(\frac{\sin(u)}{u}\Big)^2 \end{aligned} \tag{1.94}$$

ここで

$$\int_{-\infty}^{+\infty}|f(x)|dx=2 \tag{1.95}$$

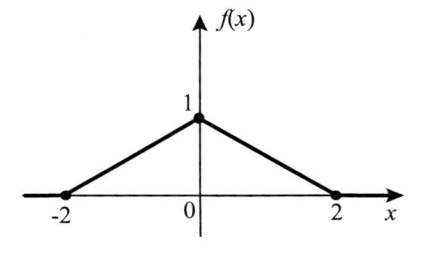

図 1.10 例 1.7 の関数 $f(x)$ のグラフの概形

が得られるので $f(x)$ は区間 $(-\infty, +\infty)$ において絶対積分可能である．また，$f(x)$ の導関数 $f'(x)$ が

$$f'(x) = \begin{cases} -1/2 & (0 < x < 2) \\ 1/2 & (-2 < x < 0) \\ 0 & (|x| > 2) \end{cases} \tag{1.96}$$

により与えられるが，$f'(x)$ は $-\infty < x < +\infty$ において区分的に連続である．このことは $f(x)$ が区間 $(-\infty, +\infty)$ において区分的に滑らかであることを意味する．故に，以下の等式が成り立つ．

$$\frac{1}{2}\big(f(x+0) + f(x-0)\big) = \int_0^{+\infty} \left(\frac{2\sin^2(u)}{\pi u}\right) \cos(ux) du \tag{1.97}$$

式 (1.97) から等式 (1.92) が導かれる．特に，式 (1.97) において $x = 0$ とおくと以下の等式が得られる．

$$\int_0^{+\infty} \left(\frac{\sin(u)}{u}\right)^2 du = \frac{\pi}{2} \tag{1.98}$$

問 1.17 $f(x) = \begin{cases} x^2 & (|x| \leq 1) \\ 0 & (|x| > 1) \end{cases}$ をフーリエ積分で表せ．

(略解)
$$\frac{1}{2}\big(f(x+0) + f(x-0)\big) = \int_0^{+\infty} \Big(\frac{2(w^2-2)}{\pi w^3}\sin(w) + \frac{4}{\pi w^2}\cos(w)\Big)\cos(wx) dw$$

1.4　フーリエ変換

本節では前節で述べたフーリエ積分をもとにして与えられるフーリエ変換について説明する．フーリエ変換は微分方程式，積分方程式の解法などにも応用されることからディジタル信号処理，通信工学をはじめとして工学における広い応用範囲を有する有力な数学的武器となる[12,14],[*1]．

1)　フーリエ変換の定義

フーリエ積分 (1.73) に対してオイラーの公式 $e^{iwx} = \cos(wx) + i\sin(wx)$ を使うことにより，次のように書き換えることができる．

$$f(x) \sim \frac{1}{\sqrt{2\pi}} \int_{-\infty}^{+\infty} F(w) e^{iwx} dw \tag{1.99}$$

[*1] フーリエ変換については本シリーズ第 8 巻「通信システム工学[12]」の第 2 章 2.3 節から 2.5 節でも非周期的信号の表現という視点で説明されている．

$$F(w) \equiv \frac{1}{\sqrt{2\pi}} \int_{-\infty}^{+\infty} f(x) e^{-iwx} dx \qquad (1.100)$$

区間 $(-\infty, +\infty)$ で高々有限個の不連続点しかもたず，絶対積分可能 ($\int_{-\infty}^{+\infty} |f(x)| dx < +\infty$) な関数 $f(x)$ に対して $F(w)$ を $f(x)$ の**フーリエ変換** (Fourier transformation) という．

$f(x)$ が偶関数であれば，そのフーリエ変換 $F(w)$ は

$$F(w) = \sqrt{\frac{2}{\pi}} \int_0^{+\infty} f(x) \cos(wx) dx \qquad (1.101)$$

と表され，奇関数であれば

$$F(w) = \sqrt{\frac{2}{\pi}} \int_0^{+\infty} f(x) \sin(wx) dx \qquad (1.102)$$

と表される．そこで区間 $(0, +\infty)$ において定義されている関数 $f(x)$ に対して，その全区間で高々有限個の不連続点しかもたず，絶対積分可能 ($\int_0^{+\infty} |f(x)| dx < +\infty$) な関数 $f(x)$ に対して

$$F_c(w) \equiv \sqrt{\frac{2}{\pi}} \int_0^{+\infty} f(x) \cos(wx) dx \qquad (1.103)$$

を**フーリエ余弦変換** (Fourier cosine transformation),

$$F_s(w) \equiv \sqrt{\frac{2}{\pi}} \int_0^{+\infty} f(x) \sin(wx) dx \qquad (1.104)$$

を**フーリエ正弦変換** (Fourier sine transformation) という．このフーリエ余弦変換およびフーリエ正弦変換を用いて，区間 $(0, \pi)$ における $f(x)$ のフーリエ余弦積分 (1.79) は

$$f(x) \sim \sqrt{\frac{2}{\pi}} \int_0^{+\infty} F_c(w) \cos(wx) dw \qquad (1.105)$$

フーリエ正弦積分 (1.81) は

$$f(x) \sim \sqrt{\frac{2}{\pi}} \int_0^{+\infty} F_s(w) \sin(wx) dw \qquad (1.106)$$

によりそれぞれ表される．式 (1.79) と式 (1.81) は区間 $(-\infty, +\infty)$ でそれぞれ偶関数および奇関数として定義される関数に対して定義されている．しかし，式 (1.103) および式 (1.104) は区間 $(0, +\infty)$ でのみ定義されている関数 $f(x)$ を想定している．しかしながらフーリエ余弦変換を考えた時点で実は定義していなかった $(-\infty, 0)$ で偶関数を，フーリエ正弦変換を考えた時点では奇関数を想定している．つまり，例えば問題設定のなかで区間 $(0, +\infty)$ でのみ定義されている関数 $f(x)$ を扱っていても偶関数を仮想的に想定することでその与えられた問題設定のなかに矛盾を生じる場合にはフーリエ正弦変換を使ってはいけ

問 1.18 関数 $f(x) = e^{-x}\sin(x)$ $(x \geq 0)$ のフーリエ余弦変換 (1.103) とフーリエ正弦変換 (1.104) を計算し, $f(x)$ のフーリエ余弦積分およびフーリエ正弦積分を求めよ.
(略解) $F_{\rm c}(w) = \sqrt{\frac{2}{\pi}}\frac{2-w^2}{4+w^4}$, $f(x) \sim \frac{2}{\pi}\int_0^{+\infty}\frac{2-w^2}{4+w^4}\cos(wx)dw$, $F_{\rm s}(w) = \sqrt{\frac{2}{\pi}}\frac{2w}{4+w^2}$, $f(x) \sim \frac{2}{\pi}\int_0^{+\infty}\frac{2w}{4+w^4}\sin(wx)dw$

2) フーリエ変換の反転公式

定理 1.7 を指数関数により書き換えることにより次の定理が得られる.

【定理 1.8】 $f(x)$ が $(-\infty, +\infty)$ で区分的に滑らかであり, かつ絶対積分可能な関数ならば, $f(x)$ のフーリエ変換を $F(w)$ とすると次の等式が成立する.
$$\frac{1}{2}\Big(f(x+0) + f(x-0)\Big) = \frac{1}{\sqrt{2\pi}}\int_{-\infty}^{+\infty}F(w)e^{iwx}dw \tag{1.107}$$

式 (1.107) はフーリエ変換の反転公式 (inversion formula of Fourier transformation) と呼ばれる.

例 1.8 関数 $f(x) = \begin{cases} 1 & (|x| \leq 1) \\ 0 & (|x| > 1) \end{cases}$ のフーリエ変換を求め, $f(x)$ との関係について説明せよ.

(解答例) $f(x)$ のグラフは図 1.9 に与えられる. 定義によりフーリエ変換 $F(w)$ は以下のようになる.
$$F(w) = \frac{1}{\sqrt{2\pi}}\int_{-1}^{+1}e^{-iwx}dx = \frac{1}{\sqrt{2\pi}}\Big[\frac{e^{-iwx}}{-iw}\Big]_{-1}^{+1} = \sqrt{\frac{2}{\pi}}\frac{\sin(w)}{w} \tag{1.108}$$

例 1.6 と同様の議論により $f(x)$ は $-\infty < x < +\infty$ において絶対積分可能かつ区分的に滑らかであるから, 定理 1.8 により以下の等式が成り立つ.
$$\frac{1}{2}\Big(f(x+0) + f(x-0)\Big) = \frac{1}{\sqrt{2\pi}}\int_{-\infty}^{+\infty}\sqrt{\frac{2}{\pi}}\Big(\frac{\sin(w)}{w}\Big)e^{iwx}dw \tag{1.109}$$

すなわち,

$$\frac{1}{\sqrt{2\pi}}\int_{-\infty}^{+\infty}F(w)e^{iwx}dw = \int_{-\infty}^{+\infty}\frac{\sin(w)}{\pi w}e^{iwx}dw = \begin{cases} 1 & (|x| < 1) \\ \frac{1}{2} & (|x| = 1) \\ 0 & (|x| > 1) \end{cases}$$
(1.110)

が得られる．

例 1.9 関数 $f(x) = \begin{cases} 1 & (0 \leq x \leq 1) \\ 0 & (x < 0, 1 < x) \end{cases}$ のフーリエ変換を求めよ．

(解答例) 求めるフーリエ変換 $F(w)$ は定義式 (1.100) から次のように得られる．

$$F(w) = \frac{1}{\sqrt{2\pi}}\int_0^1 e^{-iwx}dx = \frac{1}{\sqrt{2\pi}}\Big[\frac{e^{-iwx}}{-iw}\Big]_0^1 = \frac{i}{\sqrt{2\pi}}\Big(\frac{e^{-iw}-1}{w}\Big)$$
(1.111)

例 1.10 $f(x) = \begin{cases} \sin(x) & (|x| \leq \pi) \\ 0 & (|x| > \pi) \end{cases}$ のフーリエ変換を求めよ．

(解答例) $f(x)$ のグラフを図 1.11 に与える．求めるフーリエ変換 $F(w)$ は次のように与えられる．

$$\begin{aligned} F(w) &= \frac{1}{\sqrt{2\pi}}\int_{-\pi}^{+\pi}\sin(x)e^{-iwx}dx = \frac{1}{\sqrt{2\pi}}\int_{-\pi}^{+\pi}\frac{e^{ix}-e^{-ix}}{2i}e^{-iwx}dx \\ &= \frac{1}{i}\sqrt{\frac{2}{\pi}}\Big(\frac{\sin(\pi w)}{1-w^2}\Big) \end{aligned}$$
(1.112)

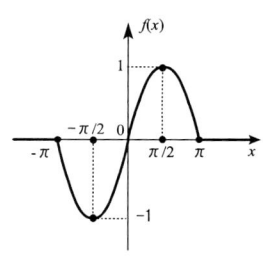

図 1.11 例 1.10 の関数 $f(x)$ のグラフの概形

例 1.11 $f(x) = e^{-a|x|}$ $(-\infty < x < +\infty, a > 0)$ のフーリエ変換を求めよ．

(解答例) $f(x)$ の概形は図 1.12 に与えられる．

$$\begin{aligned} F(w) &= \frac{1}{\sqrt{2\pi}}\int_{-\infty}^{+\infty}e^{-a|x|}e^{-iwx}dx \\ &= \frac{1}{\sqrt{2\pi}}\Big(\int_0^{+\infty}e^{(-a-iw)x}dx + \int_{-\infty}^0 e^{(a-iw)x}dx\Big) \end{aligned}$$

1.4 フーリエ変換

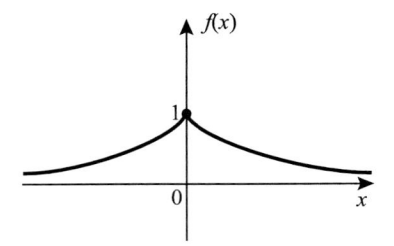

図 1.12 例 1.11 の $f(x)$ のグラフの概形

$$\begin{aligned}
&= \frac{1}{\sqrt{2\pi}}\Big(\lim_{x\to+\infty}\frac{e^{(-a-iw)x}}{-a-iw} - \lim_{x\to 0}\frac{e^{(-a-iw)x}}{-a-iw}\\
&\quad + \lim_{x\to 0}\frac{e^{(a-iw)x}}{a-iw} - \lim_{x\to-\infty}\frac{e^{(a-iw)x}}{a-iw}\Big)\\
&= \frac{1}{\sqrt{2\pi}}\Big(\frac{1}{a+iw} + \frac{1}{a-iw}\Big)\\
&= \sqrt{\frac{2}{\pi}}\Big(\frac{a}{a^2+w^2}\Big)
\end{aligned} \quad (1.113)$$

ここで，$\lim_{x\to+\infty} e^{(-a-iw)x} = 0$ は $a > 0$ であることに注意して以下のように示すことができる．

$$\begin{aligned}
\left|e^{(-a-iw)x}\right| &= \left|e^{-ax}\Big(\cos(wx) + i\sin(wx)\Big)\right|\\
&= \left|e^{-ax}\right|\left|\cos(wx) + i\sin(wx)\right|\\
&= e^{-ax}\sqrt{\cos^2(wx) + \sin^2(wx)}\\
&= e^{-ax} \to 0 \quad (x \to +\infty)
\end{aligned} \quad (1.114)$$

$\lim_{x\to-\infty} e^{(a-iw)x} = 0$ も同様である．

例 1.12 関数 $f(x) = \begin{cases} e^{-ax} & (0 \leq x < +\infty) \\ -e^{ax} & (0 > x > -\infty) \end{cases}$ のフーリエ変換を求めよ．ここで a は正の実定数である．

(解答例) $f(x)$ の概形は図 1.13 に与えられる．求めるフーリエ変換 $nf(w)$ は次のように与えられる．

$$\begin{aligned}
F(w) &\equiv \frac{1}{\sqrt{2\pi}}\int_{-\infty}^{+\infty} f(x)e^{-iwx}dx\\
&= \frac{1}{\sqrt{2\pi}}\Big(\int_0^{+\infty} e^{(-a-iw)x}dx - \int_{-\infty}^0 e^{(a-iw)x}dx\Big)
\end{aligned}$$

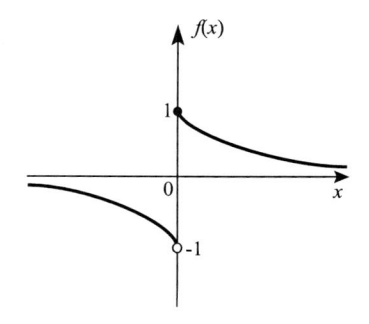

図 1.13 例 1.12 の $f(x)$ のグラフの概形

$$= -\sqrt{\frac{2}{\pi}} \frac{iw}{a^2 + w^2} \tag{1.115}$$

なお，$\lim_{x \to +\infty} e^{(-a-iw)x} = 0$ と $\lim_{x \to -\infty} e^{(a-iw)x} = 0$ は例 1.11 で既に示されている．

問 1.19 $a > 0$ に対して $f(x) = 1 - \frac{|x|}{a}$ $(|x| \leq a)$, $f(x) = 0$ $(|x| > a)$ により与えられる関数 $f(x)$ のフーリエ変換を求めよ (ヒント: 例 1.7 には $a = 2$ の場合の導出が与えられている).

(略解) $F(w) = \sqrt{\frac{2}{\pi}} \frac{2\sin^2(aw/2)}{aw^2}$

3) フーリエ変換の公式

フーリエ変換の性質 $f(x)$ $(x \in (-\infty, +\infty))$ のフーリエ変換を $F(w)$ とする．このとき，実定数 a に対して，以下の 3 つの性質が成り立つ．

【性質 1】 $f(x+a)$ のフーリエ変換は $e^{iaw}F(w)$ により与えられる．

$$\frac{1}{\sqrt{2\pi}} \int_{-\infty}^{+\infty} f(x+a)e^{-iwx}dx$$
$$= \frac{1}{\sqrt{2\pi}} \int_{-\infty}^{+\infty} f(u)e^{-iwu+iwa}du$$
$$= e^{iaw} \frac{1}{\sqrt{2\pi}} \int_{-\infty}^{+\infty} f(u)e^{-iwu}du$$
$$= e^{iaw}F(w) \tag{1.116}$$

【性質 2】 $e^{iax}f(x)$ のフーリエ変換は $F(w-a)$ により与えられる．

$$\frac{1}{\sqrt{2\pi}} \int_{-\infty}^{+\infty} e^{iax}f(x)e^{-iwx}dx = \frac{1}{\sqrt{2\pi}} \int_{-\infty}^{+\infty} f(x)e^{-iwx+iax}dx$$

$$= \frac{1}{\sqrt{2\pi}} \int_{-\infty}^{+\infty} f(x) e^{-i(w-a)x} dx$$
$$= F(w-a) \quad (1.117)$$

【性質 3】 $f(x/a)$ $(a \neq 0)$ のフーリエ変換は $|a|F(aw)$ により与えられる.
$$\frac{1}{\sqrt{2\pi}} \int_{-\infty}^{+\infty} f\left(\frac{x}{a}\right) e^{-iwx} dx = \frac{a}{\sqrt{2\pi}} \int_{-\infty}^{+\infty} f(u) e^{-iawu} du$$
$$= aF(aw) \quad (a > 0) \quad (1.118)$$
$$\frac{1}{\sqrt{2\pi}} \int_{-\infty}^{+\infty} f\left(\frac{x}{a}\right) e^{-iwx} dx = -\frac{a}{\sqrt{2\pi}} \int_{-\infty}^{+\infty} f(u) e^{-iawu} du$$
$$= -aF(aw) \quad (a < 0) \quad (1.119)$$

【性質 4】 $f(x)$ と同様に $\frac{d}{dx}f(x)$ も高々有限個の不連続点しかもたず, $(-\infty, +\infty)$ で絶対積分可能ならば $\frac{d}{dx}f(x)$ のフーリエ変換は $iwF(w)$ により与えられる.
$$\frac{1}{\sqrt{2\pi}} \int_{-\infty}^{+\infty} \left(\frac{d}{dx}f(x)\right) e^{-iwx} dx$$
$$= \frac{1}{\sqrt{2\pi}} \left[f(x)e^{-iwx}\right]_{-\infty}^{+\infty} + iw \frac{1}{\sqrt{2\pi}} \int_{-\infty}^{+\infty} f(x) e^{-iwx} dx$$
$$= iwF(w) \quad (1.120)$$

【性質 5】 $f(x)$ と同様に $\frac{d}{dx}f(x)$, $\frac{d^2}{dx^2}f(x)$ も高々有限個の不連続点しかもたず, $(-\infty, +\infty)$ で絶対積分可能ならば $\frac{d^2}{dx^2}f(x)$ のフーリエ変換は $-w^2 F(w)$ により与えられる.
$$\frac{1}{\sqrt{2\pi}} \int_{-\infty}^{+\infty} \left(\frac{d^2}{dx^2}f(x)\right) e^{-iwx} dx$$
$$= \frac{1}{\sqrt{2\pi}} \left[\left(\frac{d}{dx}f(x)\right)e^{-iwx}\right]_{-\infty}^{+\infty} + iw \frac{1}{\sqrt{2\pi}} \int_{-\infty}^{+\infty} \left(\frac{d}{dx}f(x)\right) e^{-iwx} dx$$
$$= -w^2 F(w) \quad (1.121)$$

【性質 6】 $f(x)$ と $xf(x)$ がいずれも区間 $(-\infty, +\infty)$ で絶対積分可能 ($\int_{-\infty}^{+\infty} |f(x)| dx < +\infty$, $\int_{-\infty}^{+\infty} |xf(x)| dx < +\infty$) であれば
$$\frac{d}{dw} F(w) = \frac{1}{\sqrt{2\pi}} \int_{-\infty}^{+\infty} \frac{d}{dw} \left(f(x) e^{-iwx}\right) dx$$
$$= \frac{1}{\sqrt{2\pi}} \int_{-\infty}^{+\infty} (-ix) f(x) e^{-iwx} dx \quad (1.122)$$

が成り立つ.

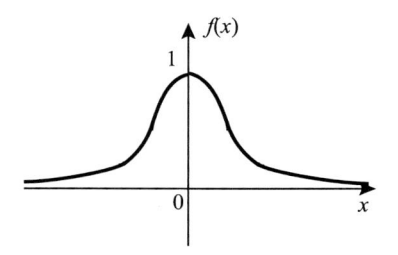

図 **1.14** 例 1.13 の $f(x)$ のグラフの概形

例 1.13 関数 $f(x) = e^{-\frac{1}{2}x^2}$ のフーリエ変換を求めよ[*1].

(解答例) $f(x)$ の概形は,図 1.14 に与えられる.ガウスの積分公式 $\int_{-\infty}^{+\infty} e^{-\frac{1}{2}x^2} dx = \sqrt{2\pi}$ を用いると $\int_{-\infty}^{+\infty} |f(x)| dx = \sqrt{2\pi}$ である.また $\frac{d}{dx} e^{-\frac{x^2}{2}} = -xe^{-\frac{x^2}{2}}$ であることから $\int_{-\infty}^{+\infty} |xf(x)| dx = 2$ となる.従って,$f(x)$ と $xf(x)$ はいずれも区間 $(-\infty, +\infty)$ で絶対積分可能なので関数 $f(x)$ のフーリエ変換

$$F(w) = \frac{1}{\sqrt{2\pi}} \int_{-\infty}^{+\infty} e^{-\frac{1}{2}x^2} e^{-iwx} dx \tag{1.123}$$

に対して性質 6 を用いることができる.

$$\begin{aligned} \frac{d}{dw} F(w) &= \frac{1}{\sqrt{2\pi}} \int_{-\infty}^{+\infty} (-ix) e^{-\frac{1}{2}x^2} e^{-iwx} dx \\ &= \frac{i}{\sqrt{2\pi}} \int_{-\infty}^{+\infty} (-xe^{-\frac{1}{2}x^2}) e^{-iwx} dx \\ &= \frac{i}{\sqrt{2\pi}} \left[e^{-\frac{1}{2}x^2} e^{-iwx} \right]_{-\infty}^{+\infty} - \frac{w}{\sqrt{2\pi}} \int_{-\infty}^{+\infty} e^{-\frac{1}{2}x^2} e^{-iwx} dx \\ &= -\frac{w}{\sqrt{2\pi}} \int_{-\infty}^{+\infty} e^{-\frac{1}{2}x^2} e^{-iwx} dx \\ &= -wF(w) \end{aligned} \tag{1.124}$$

この等式は $F(w)$ が微分方程式 $\frac{d}{dw} F(w) + wF(w) = 0$ に従うことを意味し,その解は次のように与えられる.

$$F(w) = 定数 \times e^{-\frac{w^2}{2}} \tag{1.125}$$

[*1] 例 1.13 と問 1.20 のこの関数は数理統計学で扱う代表的な確率密度関数のひとつであるガウス分布に対応するものである.その工学的応用例は本シリーズ第 6 巻「システム制御工学[19]」の第 6 章および第 8 巻「通信システム工学[12]」の第 4 章,第 12 章などを参照されたい.

1.4 フーリエ変換

ここで再度,ガウスの積分公式 $\int_{-\infty}^{+\infty} e^{-\frac{1}{2}x^2} dx = \sqrt{2\pi}$ を用いると

$$F(0) = \frac{1}{\sqrt{2\pi}} \int_{-\infty}^{+\infty} e^{-\frac{1}{2}x^2} dx = 1 \tag{1.126}$$

が成り立つことがわかるため,式 (1.125) を式 (1.126) に代入することにより定数が決まり,$F(w)$ は

$$F(w) = e^{-\frac{w^2}{2}} \tag{1.127}$$

と求められる.

問 1.20 $a > 0$ に対して $f(x) = \frac{1}{\sqrt{2\pi a^2}} e^{-\frac{1}{2a^2}x^2}$ のフーリエ変換を求めよ (ヒント:例 1.13 には $a = 1$ の場合の導出が与えられている).

(略解) $F(w) = \frac{1}{\sqrt{2\pi}} e^{-\frac{a^2}{2}w^2}$

特に重要な関数のフーリエ変換を公式として次に列挙する.

フーリエ変換の公式

【公式 1】 $f(x) = 1$ ($|x| \leq a$), $f(x) = 0$ ($|x| > a$) のフーリエ変換は $F(w) = \sqrt{\frac{2}{\pi}} \frac{\sin(aw)}{w}$ により与えられる ($a > 0$). 例 1.9 に計算の詳細が与えられている.

【公式 2】 $f(x) = 1 - \frac{|x|}{a}$ ($|x| \leq a$), $f(x) = 0$ ($|x| > a$) のフーリエ変換は $F(w) = \sqrt{\frac{2}{\pi}} \frac{2\sin^2(aw/2)}{aw^2}$ により与えられる ($a > 0$,問 1.17).

【公式 3】 $f(x) = e^{-a|x|}$ のフーリエ変換は $F(w) = \sqrt{\frac{2}{\pi}} \frac{a}{w^2 + a^2}$ により与えられる ($a > 0$). 例 1.12 に導出は与えられている.

【公式 4】 $f(x) = \frac{1}{\sqrt{2\pi a^2}} e^{-\frac{1}{2a^2}x^2}$ のフーリエ変換は $F(w) = \frac{1}{\sqrt{2\pi a^2}} e^{-\frac{a^2}{2}w^2}$ により与えられる ($a > 0$,問 1.20).

公式 4 の関数 $f(x)$ は $f(x) = \frac{1}{\sqrt{2\pi}\sigma} e^{-\frac{(x-\mu)^2}{2\sigma^2}}$ ($\sigma > 0$) という形で平均 μ,分散 σ^2 のガウス分布あるいは正規分布という名前で通信工学,システム制御理論,データの統計解析,ディジタル信号処理などにおいて頻繁に現れる[12～14].

定理 1.9 関数 $f(x)$ と $g(x)$ が区間 $(-\infty, +\infty)$ で絶対積分可能であり,かつ有界な連続関数とする. このとき,

$$h(x) \equiv \int_{-\infty}^{+\infty} f(x - y) g(y) dy \tag{1.128}$$

によって定義される関数 $h(x)$ が存在するとき,これを $f(x)$ と $g(x)$ の**合成関数**または**畳み込み積分** (convolution) といい,$h(x)$ は区間 $(-\infty, +\infty)$ で連続,有界かつ絶対積分可能であり,それらのフーリエ

変換 $F(w)$, $G(w)$, $H(w)$ の間に次の等式が成り立つ[*1].

$$H(w) = \sqrt{2\pi}F(w)G(w) \tag{1.129}$$

$$F(w) \equiv \frac{1}{\sqrt{2\pi}}\int_{-\infty}^{+\infty} f(x)e^{-iwx}dx \tag{1.130}$$

$$G(w) \equiv \frac{1}{\sqrt{2\pi}}\int_{-\infty}^{+\infty} g(x)e^{-iwx}dx \tag{1.131}$$

$$H(w) \equiv \frac{1}{\sqrt{2\pi}}\int_{-\infty}^{+\infty} h(x)e^{-iwx}dx \tag{1.132}$$

(証明) 形式的には以下のように導出することができる.

$$\begin{aligned}
H(w) &= \frac{1}{\sqrt{2\pi}}\int_{-\infty}^{+\infty}\Big(\int_{-\infty}^{+\infty} f(x-y)g(y)dy\Big)e^{-iwx}dx \\
&= \frac{1}{\sqrt{2\pi}}\int_{-\infty}^{+\infty}\Big(\int_{-\infty}^{+\infty} f(x')g(y)dy\Big)e^{-iw(x'+y)}dx' \\
&= \sqrt{2\pi}\Big(\frac{1}{\sqrt{2\pi}}\int_{-\infty}^{+\infty} f(x')e^{-iwx'}dx'\Big) \\
&\quad \times \Big(\frac{1}{\sqrt{2\pi}}\int_{-\infty}^{+\infty} g(y)e^{-iwy}dy\Big) \\
&= \sqrt{2\pi}F(w)G(w) \tag{1.133}
\end{aligned}$$

ただし,本来は $(-\infty, +\infty)$ の積分を

$$H(w) = \frac{1}{\sqrt{2\pi}}\lim_{\lambda_1,\lambda_2\to +\infty}\int_{-\lambda_1}^{+\lambda_1}\Big(\int_{-\lambda_2}^{+\lambda_2} f(x-y)g(y)dy\Big)e^{-iwx}dx \tag{1.134}$$

または

$$H(w) = \frac{1}{\sqrt{2\pi}}\lim_{M_1,M_2,L_1,L_2\to +\infty}\int_{-L_1}^{M_1}\Big(\int_{-L_2}^{M_2} f(x-y)g(y)dy\Big)e^{-iwx}dx \tag{1.135}$$

などの形に考え,極限を慎重に議論したうえで導出されなければ正確な証明にはならない.その詳細については文献 [1] の第 4 章 3.3 節または文献 [2] の第 4 章 4.3.2 節を参照されたい.

定理 1.9 で $g(y) = f(-y)$ として式 (1.128) を

[*1] 式 (1.128) の形の畳み込み積分はディジタル信号処理における線形フィルターの設計などの際に用いられる[12~14].特に本シリーズでは第 8 巻「通信システム工学[12]」第 2 章 2.5 節,および第 3 章において複数のフィルタの縦続接続等の視点での説明が与えられている.

$$h(x) = \int_{-\infty}^{+\infty} f(x-y)f(-y)dy \tag{1.136}$$

として式 (1.129) を書き換えることにより次の定理が得られる.

【定理 1.10】 $f(x)$ が $(-\infty, +\infty)$ で有界, 連続であり, $\int_{-\infty}^{+\infty}|f(x)|dx < +\infty$ かつ $\int_{-\infty}^{+\infty}|f(x)|^2 dx < +\infty$ であるとする. このとき $\int_{-\infty}^{+\infty}|F(w)|^2 dw < +\infty$ であり,

$$\int_{-\infty}^{+\infty}|f(x)|^2 dx = \int_{-\infty}^{+\infty}|F(w)|^2 dw \tag{1.137}$$

が成り立つ.

定理 1.10 の等式 (1.137) をフーリエ変換における**パーセバルの等式** (Parseval equality) と呼ぶ.

1.5　デルタ関数とフーリエ変換

デルタ関数 (delta function) $\delta(x)$ は

$$\delta(x) = 0 \qquad (x \neq 0) \tag{1.138}$$

$$\int_{-\infty}^{+\infty} \delta(x)dx = 1 \tag{1.139}$$

という性質をもつ関数として定義される[*1)].

その定義の仕方はいくつかあるが, 最も簡単な定義として

$$\delta_a(x) \equiv \begin{cases} \frac{1}{2a} & (|x| \le a) \\ 0 & (|x| > a) \end{cases} \tag{1.140}$$

を導入し,

$$\delta(x) \equiv \lim_{a \to +0} \delta_a(x) \tag{1.141}$$

によるものがある. この定義において式 (1.138) および式 (1.139) が成り立つことは容易に確かめられる. さらに

$$\lim_{a \to +0} \int_{-\infty}^{+\infty} f(x)\delta_a(x)dx = \lim_{a \to +0} \frac{1}{2a} \int_{-a}^{a} f(x)dx$$

[*1)] デルタ関数は工学・物理学の様々な分野で登場する. 本書ではその定義とフーリエ変換に限定して説明するが, 例えば量子力学への応用については本シリーズ第 15 巻「量子力学基礎[15)]」の第 8 章, 第 16 巻「量子力学—概念とベクトル・マトリクス展開—[16)]」の第 4 章を, システム制御工学への応用については本シリーズ第 6 巻「システム制御工学[19)]」の第 6 章の例 6.3, 通信工学への応用としては第 8 巻「通信システム工学[12)]」の第 3 章のインパルス応答に関する部分などを参照されたい.

$$= \lim_{a \to +0} \frac{1}{2a} \Big(\int_0^a f(x) dx - \int_0^{-a} f(x) dx \Big)$$
$$= \lim_{a \to +0} \frac{1}{2a} \{ f(a)a + f(-a)a \} = f(0) \quad (1.142)$$

が成り立つことから

$$\int_{-\infty}^{+\infty} f(x) \delta(x) dx = f(0) \tag{1.143}$$

が確かめられる．同様にして

$$\int_{-\infty}^{+\infty} f(y) \delta(x-y) dy = f(x) \tag{1.144}$$

$$\delta(ax+b) = \frac{1}{|a|} \delta\left(x + \frac{b}{a}\right) (a \neq 0), \quad \delta(-x) = \delta(x), \quad x\delta(x) = 0 \tag{1.145}$$

$$\delta(x^2 - a^2) = \frac{1}{2|a|} \{ \delta(x-a) + \delta(x+a) \} \qquad (a \neq 0) \tag{1.146}$$

という性質も導かれる．このとき，式 (1.144) において積分区間を $y_1 \leq x \leq y_2$ であるような有限区間 $[y_1, y_2]$ に置き換えても，同じ結果が得られることに注意しよう．デルタ関数は，その引数がゼロになる点以外では値がゼロである．

問 1.21 式 (1.140)-(1.143) と同様の議論により等式 (1.145)-(1.146) を導出せよ．

式 (1.140) の代わりに $\delta_a(x)$ を

$$\delta_a(x) \equiv \frac{1}{\sqrt{2\pi}a} e^{-\frac{x^2}{2a^2}} \tag{1.147}$$

により定義するやり方もあるが詳細は省略する (文献 [2] の第 4 章 4.3.4 節参照)．

問 1.22 式 (1.147) から出発して等式 (1.144)-(1.146) を導出せよ．

問 1.23 $\int_{-1}^{3} \frac{1}{x-2} \delta(x-1) dx$ の値を求めよ．(略解) -1

$f(x)$ が $(-\infty, +\infty)$ で絶対可積分かつ区分的に滑らかであれば式 (1.107) が成り立ち，式 (1.107) に式 (1.99) を代入することにより

$$\frac{1}{2}\Big(f(x+0) + f(x-0)\Big)$$
$$= \frac{1}{2\pi} \int_{-\infty}^{+\infty} \Big(\int_{-\infty}^{+\infty} f(x') e^{-iwx'} dx' \Big) e^{iwx} dw \tag{1.148}$$

すなわち

$$\frac{1}{2}\Big(f(x+0) + f(x-0)\Big)$$

$$= \frac{1}{2\pi}\int_{-\infty}^{+\infty} f(x')\left(\int_{-\infty}^{+\infty} e^{iw(x-x')}dw\right)dx' \tag{1.149}$$

という等式が成り立つ．さらにここで $f(x)$ が $(-\infty, +\infty)$ で連続であれば

$$f(x) = \frac{1}{2\pi}\int_{-\infty}^{+\infty} f(x')\left(\int_{-\infty}^{+\infty} e^{iw(x-x')}dw\right)dx' \tag{1.150}$$

と書き換えられ，式 (1.144) と比較することにより

$$\delta(x-x') = \frac{1}{2\pi}\int_{-\infty}^{+\infty} e^{iw(x-x')}dw \tag{1.151}$$

が得られる．実際，デルタ関数のフーリエ変換は式 (1.143) を用いて

$$\Delta(w) \equiv \frac{1}{\sqrt{2\pi}}\int_{-\infty}^{+\infty} \delta(x)e^{-iwx}dx = \frac{1}{\sqrt{2\pi}} \tag{1.152}$$

と与えられるが，これにフーリエ逆変換の公式 (1.107) を適用することにより

$$\delta(x) = \frac{1}{\sqrt{2\pi}}\int_{-\infty}^{+\infty} \Delta(w)e^{iwx}dw \tag{1.153}$$

が得られ，これが式 (1.151) に対応する．

なお，式 (1.151) の積分は通常の広義積分の意味では収束していないことに注意したい．これは，デルタ関数が**超関数** (distribution; hyperfunction) と呼ばれる，関数列の極限として定義される特殊な関数のグループに属することと関連している．詳細は，文献 [2] 等を参照されたい．

1.6　2 変数関数のフーリエ変換

例えばディジタル信号処理における空間フィルターなどは前節までで述べてきたフーリエ変換を多変数関数 (主として 2 変数関数) に拡張したものが用いられる[*1]．本節では 2 変数関数に対するフーリエ変換について簡単に説明する．

任意の実数 x_1, x_2 に対して定義され，絶対積分可能，すなわち

$$\int_{-\infty}^{+\infty}\int_{-\infty}^{+\infty} |f(x_1,x_2)|dx_1 dx_2 < +\infty \tag{1.154}$$

である 2 変数関数 $f(x_1, x_2)$ の場合のフーリエ変換を

$$F(w_1, w_2) \equiv \left(\frac{1}{\sqrt{2\pi}}\right)^2 \int_{-\infty}^{+\infty}\int_{-\infty}^{+\infty} f(x_1,x_2)e^{-iw_1x_1-iw_2x_2}dx_1 d_2 \tag{1.155}$$

[*1]　多変数関数のフーリエ変換は例えば画像処理における線形フィルター設計の重要なツールである[13,14]．

により定義する．式 (1.99) に対応する 2 変数関数の場合の表式は

$$f(x_1,x_2) \sim \Big(\frac{1}{\sqrt{2\pi}}\Big)^2 \int_{-\infty}^{+\infty}\int_{-\infty}^{+\infty} F(x_1,x_2)e^{iw_1x_1+iw_2x_2}dw_1dw_2 \tag{1.156}$$

により与えられる．さらに一般の多次元の場合への拡張も同様にして行われる．

例 1.14 $f(x_1,x_2) = \begin{cases} 1 & (|x| \le 1, |y| \le 1) \\ 0 & (\text{上記以外}) \end{cases}$ のフーリエ変換を求めよ．

(解答例)

$$\begin{aligned}
F(w_1,w_2) &= \Big(\frac{1}{\sqrt{2\pi}}\Big)^2 \int_{-1}^{1}\int_{-1}^{1} e^{-iw_1x_1-iw_2x_2}dx_1dx_2 \\
&= \Big(\frac{1}{\sqrt{2\pi}}\Big)^2 \Big(\int_{-1}^{1} e^{-iw_1x_1}dx_1\Big)\Big(\int_{-1}^{1} e^{-iw_2x_2}dx_2\Big) \\
&= \frac{2}{\pi}\Big(\frac{\sin(w_1)}{w_1}\Big)\Big(\frac{\sin(w_2)}{w_2}\Big)
\end{aligned} \tag{1.157}$$

問 1.24 $f(x_1,x_2) = \frac{1}{\sqrt{(2\pi)^2ab}}e^{-\frac{1}{2a^2}x_1{}^2-\frac{1}{2b^2}x_2{}^2}$ のフーリエ変換を求めよ．

(略解) $F(w_1,w_2) = \sqrt{\frac{ab}{(2\pi)^2}}\,e^{-\frac{1}{2a^2}w_1{}^2-\frac{1}{2b^2}w_2{}^2}$

$f(x_1,x_2)$ が区間 $(-\infty,+\infty)$ の任意の実数 x_1 および x_2 に対して連続かつ区分的に滑らかであれば反転公式は次の通りである．

$$f(x_1,x_2) = \Big(\frac{1}{\sqrt{2\pi}}\Big)^2 \int_{-\infty}^{+\infty}\int_{-\infty}^{+\infty} F(w_1,w_2)e^{iw_1x_1+iw_2x_2}dw_1dw_2 \tag{1.158}$$

1.7 直交関数展開

一般に閉区間 $[a,b]$ で定義された関数列 $\{\phi_n(x)|n=1,2,3,\cdots\}$ が

$$\int_a^b \phi_n(x)\phi_m(x)dx = \delta_{m,n} \tag{1.159}$$

を満たすとき，この関数列を $[a,b]$ での**正規直交関数系** (normalized orthogonal system) といい，$[a,b]$ で定義された任意の連続関数 $f(x)$ に対して

$$f(x) \sim \sum_{n=1}^{+\infty} c_n\phi_n(x) \equiv \lim_{N\to+\infty}\sum_{n=1}^{N} c_n\phi_n(x) \tag{1.160}$$

$$c_n \equiv \int_a^b f(x)\phi_n(x)dx \tag{1.161}$$

1.7 直交関数展開

を $f(x)$ の正規直交関数系 $\{\phi_n(x)\}$ に関する**直交関数展開**という[*1)]．

式 (1.160) の右辺と左辺との間の関係をみるために $\phi_1(x), \phi_2(x), \cdots, \phi_N(x)$ の 1 次結合 $\sum_{n=1}^{N} d_n \phi_n(x)$ が $N \to +\infty$ の極限で連続関数 $f(x)$ に等しくなるためには $\{d_n\}$ がどのように与えられなければならないか考えてみよう．$f(x)$ と $\sum_{n=1}^{N} d_n \phi_n(x)$ の距離として

$$\int_a^b \Big(f(x) - \sum_{n=1}^{N} d_n \phi_n(x)\Big)^2 dx$$

$$= \int_a^b f(x)^2 dx - 2\sum_{n=1}^{N} d_n \int_a^b \phi_n(x) f(x) dx + \sum_{n=1}^{N} d_n{}^2 \quad (1.162)$$

を考えると，これを最小にするような $\{d_n\}$ はその極値条件

$$\frac{\partial}{\partial d_k} \int_a^b \Big(f(x) - \sum_{n=1}^{N} d_n \phi_n(x)\Big)^2 dx = 2\Big(d_k - \int_a^b \phi_n(x) f(x) dx\Big) = 0 \quad (1.163)$$

により，式 (1.161) の c_n を用いて次のように求められる．

$$d_n = c_n \quad (1.164)$$

このとき最小値は

$$\min_{\{d_n\}} \int_a^b \Big(f(x) - \sum_{n=1}^{N} d_n \phi_n(x)\Big)^2 dx = \int_a^b f(x)^2 dx - \sum_{n=1}^{N} c_n{}^2 \quad (1.165)$$

となるが，$\int_a^b \Big(f(x) - \sum_{n=1}^{N} d_n \phi_n(x)\Big)^2 dx \geq 0$ であることから不等式

$$\int_a^b f(x)^2 dx \geq \sum_{n=1}^{N} c_n{}^2 \quad (1.166)$$

が導かれる．この不等式は $N \to +\infty$ でも成り立っており，

$$\int_a^b f(x)^2 dx \geq \sum_{n=1}^{+\infty} c_n{}^2 \quad (1.167)$$

となる．この不等式は正規直交関数系 $\{\phi_n(x)\}$ に対するベッセルの不等式に対応する．さらに，式 (1.167) で等号すなわち正規直交関数系 $\{\phi_n(x)\}$ に対するパーセバルの等式に対応する等式

$$\int_a^b f(x)^2 dx = \sum_{n=1}^{+\infty} c_n{}^2 \quad (1.168)$$

[*1)] 直交関数展開は工学・物理学における有力な数学的技法として広く用いられている．例えば量子力学での応用について本シリーズ第 15 巻「量子力学基礎[15)]」の第 7 章，第 16 巻「量子力学——概念とベクトル・マトリクス展開——[16)]」の第 3 章などを参照されたい．

が成り立つとき
$$\lim_{N\to+\infty}\int_a^b \Big(f(x)-\sum_{n=1}^N c_n\phi_n(x)\Big)^2 dx = 0 \tag{1.169}$$
となる．つまりパーセバルの等式 (1.168) が成り立てば式 (1.160) の ～ をはさんでの右辺と左辺との関係は区間 $[a,b]$ で
$$f(x) = \sum_{n=1}^{+\infty} c_n\phi_n(x) \tag{1.170}$$
により与えられる．

関数列 $\{\frac{1}{\sqrt{2\pi}}, \frac{1}{\sqrt{\pi}}\sin(x), \frac{1}{\sqrt{\pi}}\cos(x), \frac{1}{\sqrt{\pi}}\sin(2x), \frac{1}{\sqrt{\pi}}\cos(2x), \cdots\}$ は $[-\pi, \pi]$ で正規直交関数系である．式 (1.17) のフーリエ級数はその直交関数展開と見なすことができる．関数 $f(x)$ が 2π の周期をもち，連続かつ区分的に滑らかである場合にはパーセバルの等式 (1.70) と
$$f(x) = \frac{1}{2}a_0 + \sum_{n=1}^{+\infty} \Big(a_n\cos(nx) + b_n\sin(nx)\Big) \tag{1.171}$$
が成り立つ．つまり本節の直交関数展開の議論は定理 1.3 および定理 1.5 と矛盾がないことがわかる．

演 習 問 題

1.1 2π の周期をもち，区間 $[0, 2\pi)$ で $f(x) = x$ により与えられる関数 $f(x)$ のフーリエ級数を求め，$f(x)$ との関係について説明せよ．

(略解) $\frac{1}{2}\Big(f(x+0) + f(x-0)\Big) = \pi - \sum_{n=1}^{+\infty} \frac{2}{n}\sin(nx)$

1.2 2π の周期をもち，区間 $(-\pi, \pi]$ で $f(x) = \begin{cases} x^2 & (0 < x \leq \pi) \\ -x^2 & (-\pi < x \leq 0) \end{cases}$ により与えられる関数のフーリエ級数を求めよ．

(略解)
$$\frac{1}{2}\big(f(x+0)+f(x-0)\big) = \pi\sum_{n=1}^{+\infty}\frac{(-1)^n}{n}\sin(nx) - \frac{8}{\pi}\sum_{n=1}^{+\infty}\frac{1}{(2n-1)^3}\sin\big\{(2n-1)x\big\}$$

1.3 区間 $[0, 2]$ で
$$f(x) = \begin{cases} x & (0 \leq x < 1) \\ 2-x & (1 \leq x \leq 2) \end{cases} \tag{1.172}$$
により与えられる関数 $f(x)$ のフーリエ余弦級数とフーリエ正弦級数を求め，$f(x)$

との関係を説明せよ．

(略解) フーリエ余弦級数は

$$f(x) = \frac{1}{2} - \frac{4}{\pi^2} \sum_{n=1}^{+\infty} \frac{1}{(2n-1)^2} \cos\{(2n-1)\pi x\} \qquad (0 < x < 2)$$

フーリエ正弦級数は

$$f(x) = \frac{8}{\pi^2} \sum_{n=1}^{+\infty} \frac{(-1)^{n-1}}{(2n-1)^2} \sin\left(\frac{(2n-1)\pi x}{2}\right) \qquad (0 < x < 2)$$

となる．

1.4 関数 $f(x) = \begin{cases} x & (|x| \leq a) \\ 0 & (|x| > a) \end{cases}$ をフーリエ積分で表せ．

(略解) $\dfrac{1}{2}\big(f(x+0) + f(x-0)\big) = \dfrac{2}{\pi} \displaystyle\int_0^{+\infty} \dfrac{\sin(wa) - wa\cos(wa)}{w^2} \sin(wx)\,dw$

1.5 関数 $f(x) = \begin{cases} \sin|x| & (|x| \leq \pi) \\ 0 & (|x| > \pi) \end{cases}$ のフーリエ積分を考えることにより次の等式を導け．

$$\frac{2}{\pi} \int_0^{+\infty} \frac{1 + \cos(\pi w)}{1 - w^2} \cos(wx)\,dw = \begin{cases} \sin|x| & (|x| \leq \pi) \\ 0 & (|x| > \pi) \end{cases} \qquad (1.173)$$

1.6 関数 $f(x) = \begin{cases} e^{-x} & (x \geq 0) \\ 0 & (x < 0) \end{cases}$ および $g(x) = \dfrac{1}{1+x^2}$ に対する次の設問に答えよ．

(1) $f(x)$ のフーリエ変換 $F(w)$ を求めよ．

(2) $f(x)$ と $F(w)$ の間の関係から $\displaystyle\int_{-\infty}^{+\infty} \dfrac{1}{1+w^2}\,dw$ の値を求めよ．

(3) 設問 (2) の結果を利用して $g(x)$ のフーリエ変換 $G(w)$ を求めよ．

(略解) (1) $F(w) = \dfrac{1}{\sqrt{2\pi}} \dfrac{1}{1+iw}$ (2) π

2 複 素 関 数

複素関数は前章のフーリエ級数,フーリエ変換でも既に e^{iwx} などが出てきているように,工学における様々の応用数学の基礎となる理論体系のひとつである.本書の後半のラプラス変換,特殊関数などもこの複素関数論を基礎として議論が構成されている.本章では複素数と複素関数について説明し,初等関数である指数関数,三角関数,双曲線関数,対数関数,べき関数,逆三角関数,逆双曲線関数について紹介する.

2.1 複素数,複素関数と写像

本節では複素数,複素関数についての定義について説明し,複素関数により,複素数がどのように写像されるかについて述べる.

1) 複素数と複素平面

記号 i を $i^2 = -1$ を満たす数であるとし,**虚数単位** (imaginary unit) と呼ぶ[*1].任意の実数 $x, y \in (-\infty, +\infty)$ に対して $z \equiv x + iy$ を**複素数** (complex number) といい,複素数全体の集合を $\mathbf{C}$ で表す.x を z の**実部** (real part),y を z の**虚部** (imaginary part) といい,$x = \mathrm{Re}(z)$, $y = \mathrm{Im}(z)$ と表す.$x = 0$ かつ $y = 0$ であることと $z \equiv x + iy = 0$ であることは等価である.

2つの複素数 $z_1 \equiv x_1 + iy_1$ $(x_1, y_1 \in (-\infty, +\infty))$ と $z_2 \equiv x_2 + iy_2$ $(x_2, y_2 \in -\infty, +\infty)$ の**加法** (addition) $z_1 + z_2$,**減法** (subtraction) $z_1 - z_2$,**乗法** (multiplication) $z_1 z_2$,**除法** (division) $\frac{z_1}{z_2}$ (ただし $z_2 \neq 0$) は次のように定義される.

$$z_1 + z_2 \equiv (x_1 + x_2) + i(y_1 + y_2) \tag{2.1}$$

$$z_1 - z_2 \equiv (x_1 - x_2) + i(y_1 - y_2) \tag{2.2}$$

$$z_1 z_2 \equiv (x_1 x_2 - y_1 y_2) + i(x_1 y_2 + y_1 x_2) \tag{2.3}$$

[*1] 本書では虚数単位を i により表すことにしているが電気回路,通信工学,システム制御工学などではこの虚数単位を表す記号として j を用いることもある[10~12,19~22].

$$\frac{z_1}{z_2} \equiv \frac{1}{x_2{}^2 + y_2{}^2}(x_1 x_2 + y_1 y_2) + i(-x_1 y_2 + y_1 x_2) \tag{2.4}$$

これにより実数のときと同様に複素数においても加法，減法，乗法，除法の演算が自由にできることとなる．任意の自然数 n に対して z^n および z^{-n} も実数の場合と同様に定義する．また，任意の複素数 z_1, z_2 について 2 項展開もまた実数の場合と同様に次のように与えられる．

$$(z_1 + z_2)^n = \sum_{m=0}^{n} \frac{n!}{(n-m)!m!} z_1^m z_2^{n-m} \tag{2.5}$$

問 2.1 複素数 $(1+3i)^2$ の実部と虚部を求めよ．

(略解) $\mathrm{Re}\{(1+3i)^2\} = -8$, $\mathrm{Im}\{(1+3i)^2\} = 6$

問 2.2 複素数 $\frac{1+3i}{1+i}$ の実部と虚部を求めよ．

(略解) $\mathrm{Re}\bigl(\frac{1+3i}{1+i}\bigr) = 2$, $\mathrm{Im}\bigl(\frac{1+3i}{1+i}\bigr) = 1$

xy-平面を考え，複素数 $z \equiv x + iy$ $(x, y \in \mathbf{R})$ に対してその xy-平面上の点 (x, y) を対応させるとこの対応は 1 対 1 対応である．$\mathbf{C}$ と同一視した xy-平面上のすべての点の集合を**複素平面** (complex plane) (z-平面) といい，その x-軸を**実軸** (real axis)，y-軸を**虚軸** (imaginary axis) という (図 2.1)．

複素数 $z \equiv x + iy$ $(x, y \in \mathbf{R})$ に対して $r = |z| \equiv \sqrt{x^2 + y^2}$ を z の**絶対値** (absolute value) といい，$\sin\theta = \frac{y}{r}$ および $\cos\theta = \frac{x}{r}$ を満たす θ を $\theta = \arg(z)$ と表し，これを z の**偏角** (argument) という．この絶対値 r と偏角 θ を用いて同じ複素数 $z = x + iy$ は $z = r\{\cos(\theta) + i\sin(\theta)\}$ と表すこともできる．この表現を複素数 z の**極形式** (polar form) という．$0 \le \theta < 2\pi$ を満たす z の偏角 $\theta = \arg(z)$ を θ_0 とすると集合 $\{\theta | \theta = \theta_0 + 2n\pi, n = 0, \pm 1, \pm 2, \pm 3, \cdots\}$ に属するすべての実数 θ も z の偏角である．このとき，θ_0 を**主値** (principal value)

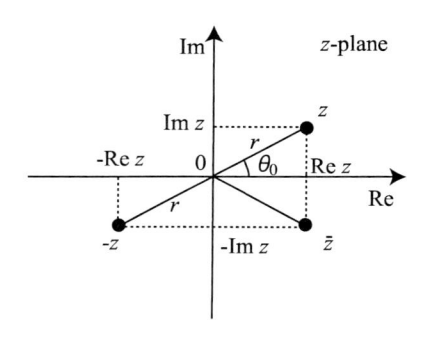

図 2.1 複素平面と複素数 z の実部 $\mathrm{Re}(z)$, 虚部 $\mathrm{Im}(z)$, 絶対値 $|z|$ および偏角 $\arg(z)$ の主値 θ_0

という.

問 2.3 複素数 $(1+i)^2$ の絶対値と偏角を求めよ.

（略解）$|(1+i)^2| = 2$, $\arg(1+i)^2 = \frac{\pi}{2} + 2n\pi$ $(n = 0, \pm 1, \pm 2, \cdots)$

問 2.4 複素数 $\frac{1+\sqrt{3}i}{1+i}$ の絶対値と偏角を求め, 極形式で表せ.

（略解）$\left|\frac{1+\sqrt{3}i}{1+i}\right| = \sqrt{2}$, $\arg\left(\frac{1+\sqrt{3}i}{1+i}\right) = \frac{\pi}{12} + 2n\pi$,
$\frac{1+\sqrt{3}i}{1+i} = \sqrt{2}e^{i(\frac{\pi}{12}+2n\pi)}$ $(n = 0, \pm 1, \pm 2, \cdots)$

複素数 $z = x + iy$ $(x, y \in \mathbf{R})$ に対して $\bar{z} \equiv x - iy$ を複素数 z の**共役複素数** (complex conjugate) といい,

$$z\bar{z} = |z|^2 = |\bar{z}|^2 \tag{2.6}$$

などが成り立つ.

任意の複素数 z に対して $z = 0$ であることと $|z| = 0$ であることは等価である. また, 絶対値の定義から次の不等式が成り立つことも容易に確かめられる.

$$|\mathrm{Re}(z)| \leq |z|, \quad |\mathrm{Im}(z)| \leq |z| \tag{2.7}$$

さらに任意の 2 つの複素数 z_1 と z_2 に対して以下の等式および不等式が成り立つ.

$$|z_1 z_2| = |z_1||z_2| \tag{2.8}$$

$$\left|\frac{z_1}{z_2}\right| = \frac{|z_1|}{|z_2|} \tag{2.9}$$

$$\left||z_1| - |z_2|\right| \leq |z_1 + z_2| \leq |z_1| + |z_2| \tag{2.10}$$

最後の不等式を**三角不等式** (triangle inequality) という. 等式 (2.8) と三角不等式はそれぞれ以下のようにして証明される.

等式 (2.8) の証明 $x_1 = \mathrm{Re}(z_1)$, $x_2 = \mathrm{Re}(z_2)$, $y_1 = \mathrm{Im}(z_1)$, $y_2 = \mathrm{Im}(z_2)$ として, 次のように示される.

$$\begin{aligned}|z_1 z_2| &= |(x_1 + iy_1)(x_2 + iy_2)| = |(x_1 x_2 - y_1 y_2) + i(x_2 y_1 + x_1 y_2)| \\ &= \sqrt{(x_1 x_2 - y_1 y_2)^2 + (x_2 y_1 + x_1 y_2)^2} \\ &= \sqrt{(x_1{}^2 + y_1{}^2)(x_2{}^2 + y_2{}^2)} = |z_1||z_2|\end{aligned} \tag{2.11}$$

等式 (2.9) も同様にして導かれる.

三角不等式 (2.10) の証明 まず,

$$\begin{aligned}|z_1 + z_2|^2 &= (z_1 + z_2)(\bar{z}_1 + \bar{z}_2) = |z_1|^2 + |z_2|^2 + z_1\bar{z}_2 + \bar{z}_1 z_2 \\ &= |z_1|^2 + |z_2|^2 + 2\mathrm{Re}(z_1\bar{z}_2) \leq |z_1|^2 + |z_2|^2 + 2|z_1\bar{z}_2|\end{aligned}$$

$$= (|z_1| + |z_2|)^2 \tag{2.12}$$

により

$$|z_1 + z_2| \leq |z_1| + |z_2| \tag{2.13}$$

が示される.さらに,不等式 (2.13) で z_1 を $z_1 + z_2$ に, z_2 を $-z_1$ または $-z_2$ にそれぞれ置き換えることにより

$$|z_1| - |z_2| \leq |z_1 + z_2|, \quad |z_2| - |z_1| \leq |z_1 + z_2| \tag{2.14}$$

が得られ,

$$||z_1| - |z_2|| \leq |z_1 + z_2| \tag{2.15}$$

が成り立つことが示される.

2) 複素平面上の領域

複素平面上の点集合 D が**開集合** (open set) であり,かつ D 内の任意の 2 点を D に属する**折れ線** (polygonal line) で結ぶことができるとき,この点集合 D を**領域** (domain; region) という.領域にその境界をつけ加えて得られる点集合を**閉領域** (closed domain; closed region) という.開集合および境界の厳密な数学的定義は文献 [1] の第 1 章 1.3 節を参照されたい.

領域の例 (その 1) $|z - c| = r$ は $z = c$ を中心とし,半径が $r(> 0)$ の z 平面上の円を与える. $|z - c| < r$ はその円の内部 (境界は含まない) の領域 (図 2.2) を, $|z - c| > r$ はその円の外部 (境界は含まない) の領域を表す.

領域の例 (その 2) $r < |z - c| < R \ (R > r > 0)$ により表される領域は, $z = c$ を中心とし,半径 r および R の z 平面上の 2 つの円に囲まれ

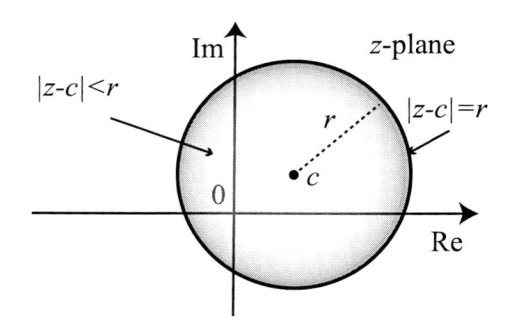

図 2.2 複素平面における領域 $|z - c| < r$

た領域を表し,**円環領域** (annular domain; annulus) という (図 2.3).

領域の例 (その 3) $\mathrm{Re}(z) = a$ は $z = a$ を通り,虚軸に平行な直線を与える. $\mathrm{Re}(z) > a$ および $\mathrm{Re}(z) < a$ はいずれも領域であるが,$\mathrm{Re}(z) \geq a$ および $\mathrm{Re}(z) \leq a$ はいずれも領域ではない (図 2.4(a)).

領域の例 (その 4) $\mathrm{Im}(z) = b$ は $z = ib$ を通り,実軸に平行な直線を表す. $\mathrm{Im}(z) > b$ および $\mathrm{Im}(z) < b$ はいずれも領域であるが,$\mathrm{Im}(z) \geq b$ および $\mathrm{Im}(z) \leq b$ はいずれも領域ではない (図 2.4(b)).

ここで,c は複素数であり,a および b は実数である.

問 2.5 領域 $1 < |z - 2 - i| < 3$ の概形を図示せよ.

問 2.6 領域 $0 < |z| < 1$ の概形を図示せよ.

3) 無限遠点

$1/z = 0$ を満たす z の値を ∞ という記号で表すこととする.この $z = \infty$ に

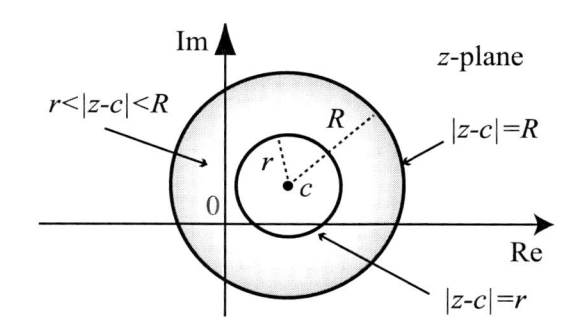

図 2.3 複素平面における円環領域 $r < |z - c| < R$ $(R > r \geq 0)$

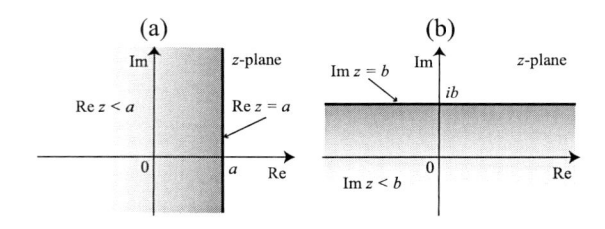

図 2.4 複素平面における (a) 領域 $\mathrm{Re}(z) < a$ (a は実数), (b) 領域 $\mathrm{Im}(z) < b$ (b は実数)

対応する点を複素平面上の 1 点として加え，これを**無限遠点** (point at infinity) という．すなわち，$\mathbf{C}$ は無限遠点をもともとは含んでおらず，無限遠点を含めた複素平面を $\mathbf{C}+\{\infty\}$ と表すことにする．$z=\infty$ を含む演算は以下のように規約する．

$$\infty+\alpha=\alpha+\infty=\infty, \quad \frac{\alpha}{\infty}=0 \quad (\alpha\neq\infty) \tag{2.16}$$

$$\alpha\times\infty=\infty\times\alpha=\infty, \quad \frac{\alpha}{0}=\infty \quad (\alpha\neq 0) \tag{2.17}$$

4) 複素関数と写像

複素平面上の点集合 S の各点 z にひとつの複素数 w が対応するとき，複素数 w を複素数 z の**複素関数** (complex function) $w=f(z)$ と考えることができる．複素数 z が z-平面上の領域 D を動くとき，対応する w も z-平面とは別の複素平面すなわち w-平面上の点集合 R を動くと考えることができる．すなわち，複素関数 $w=f(z)$ は，z-平面上の領域 D から w-平面上の点集合 R への**写像** (mapping) または**変換** (transformation) を表すと考えることができる．z を**独立変数** (independent valiable)，w を**従属変数** (dependent valiable)，D を**定義域** (domain)，R を D の**像** (image) または**値域** (range) という．$z=x+iy$ $(x,y\in\mathbf{R})$, $w=u+iv$ $(u,v\in\mathbf{R})$ とおくと，u と v はいずれも x, y の実数値関数 $u=u(x,y)$, $v=v(x,y)$ と見なすことができる．

α, β, γ, δ を $\alpha\delta\neq\beta\gamma$ を満たす複素数定数とするとき複素関数 $w=f(z)=\frac{\alpha z+\beta}{\gamma z+\delta}$ を z の **1 次分数関数** (linear fractional function) という．$\gamma\neq 0$ のとき

$$w=f(z)=\frac{\frac{\beta\gamma-\alpha\delta}{\gamma^2}}{z+\frac{\delta}{\gamma}}+\frac{\alpha}{\gamma} \quad \left(z+\frac{\delta}{\gamma}\neq 0\right)$$

と表され，$\gamma=0$ のとき

$$w=f(z)=\frac{\alpha}{\delta}z+\frac{\beta}{\delta} \quad (\delta\neq 0) \tag{2.18}$$

と変形される．$\alpha\delta=\beta\gamma$ が成り立つとき w は定数になってしまう．1 次分数関数による z-平面から w-平面への変換を **1 次分数変換** (linear fractional transformation) または **Möbius 変換** (Möbius transformation) という．上の表式から 1 次変換は a, $b(\neq 0)$, c を複素数定数とするとき $w=z+a$, $w=bz$, $w=1/z$ の 3 つの変換が合成されていることがわかる．$w=z+a$ は $z=0$ から $z=a$ に向かうベクトルの分だけの平行移動に対応する並進変換を表す．$w=bz$ は点 z を $|b|$ 倍し，原点のまわりに $\arg(b)$ だけ回転する相似変換 (スケール変換と回転変換) を表す．$w=\frac{1}{z}$ は点 z の絶対値を逆数にし，偏角 $\arg(z)$

を実軸に対して鏡像関係にある偏角に変える一種の反転変換を表している.

例 2.1 $w = \frac{1}{z}$ という写像を考える.

(1) z-平面の直線 $\text{Im}(z) = c$ (c は 0 でない実数の定数) は w-平面上のどのような曲線に写されるか (ヒント: 直線 $\text{Im}(z) = c$ は z-平面で $z = x + ic$ (x は任意の実数) と表される. これを $w = \frac{1}{z}$ に代入し, $w = u + iv$ (u, v は実数) とおいて, x を消去すれば, w に対する曲線を表す式が得られる. 後はその曲線が w-平面上でどのような曲線を描くかを考える).

(2) z-平面上の円 $|z - 1| = a$ ($a > 0$) は w-平面上のどのような曲線に写されるか. $a = 1$ の場合と $a \neq 1$ の場合に分けてそれぞれ図示せよ (直感的に図が書ければ問題ないが, もしわからなければ $w = u + iv$ を w の曲線を表す式に代入して考えよ).

(解答例)

(1) 直線 $y = c$ は z-平面上で $z = x + ic$ ($x \in \mathbf{R}$) と表される. w-平面上で $w = u + iv$ ($u, v \in \mathbf{R}$) とおくと $w = 1/z$ から $u + iv = \frac{1}{x+ic}$ すなわち $(u + iv)(x + ic) = (ux - vc) + i(vx + cu) = 1$, 従って $ux - vc = 1$, $vx + cu = 0$ が得られる. ここで x を消去すると $u^2 + (v + \frac{1}{2c})^2 = \frac{1}{4c^2}$ が得られる. 従って, 中心が $w = -\frac{i}{2c}$, 半径が $\frac{1}{2|c|}$ の円に写る (図 2.5).

(2) $w = \frac{1}{z}$ すなわち $z = \frac{1}{w}$ を $|z - 1| = a$ に代入して $|\frac{w-1}{w}| = a$ が得られる. $w = u + iv$ ($u, v \in \mathbf{R}$) とおくと, $a \neq 1$ ならば $(u - \frac{1}{1-a^2})^2 + v^2 = (\frac{a}{1-a^2})^2$, $a = 1$ ならば $u = \frac{1}{2}$ が得られる. すなわち, $a \neq 1$ では中心 $(\frac{1}{1-a^2}, 0)$, 半径が $\frac{|a|}{|1-a^2|}$ の円に, $a = 1$ では $w = \frac{1}{2}$ を通り, 実軸に垂直な直線に写ることを意味する (図 2.6).

例 2.2 写像 $w = \frac{z-i}{z+i}$ による円 $|z+i| = 1$ の像を求めよ (ヒント: $w = \frac{z-i}{z+i}$

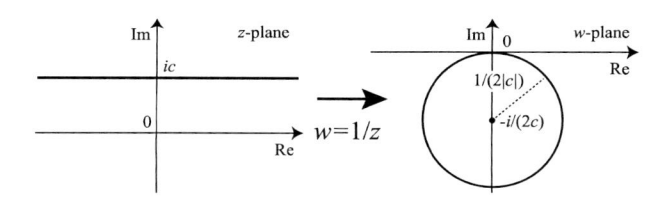

図 2.5 直線 $\text{Im}(z) = c$ の写像 $w = 1/z$ により移される曲線

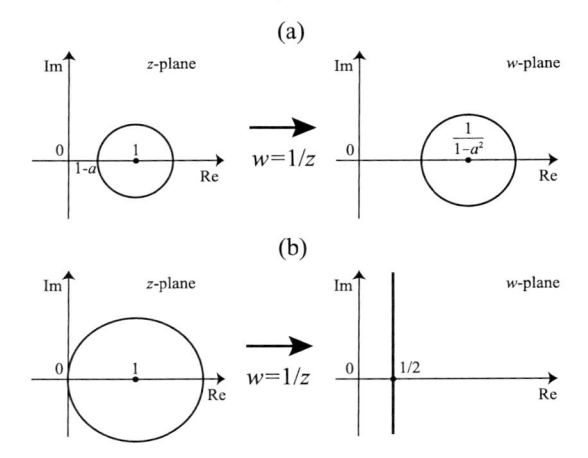

図 2.6 円 $|z-1|=a$ の写像 $w=1/z$ により移される曲線
(a) $a \neq 1$, (b) $a=1$.

を $z=\cdots$ と書き直し, $|z+i|=1$ に代入すれば, w に対する曲線を表す式が得られる).

(解答例) $w=\frac{z-i}{z+i}$ より $z=i\frac{w+1}{w-1}$ が得られる. ここで, $|z+i|=1$, なので $|w-1|=2$, すなわち, 中心が $w=1$, 半径が 2 の円.

問 2.7 写像 $w=1/z$ による z-平面上の直線 $\mathrm{Re}(z)=c$ の w-平面上での像を求めよ. ただし, c は定数であり, $c \neq 0$ とする.
(略解) $|w-\frac{1}{2c}|=\frac{1}{2|c|}$

問 2.8 写像 $w=z-i$ による z-平面上の円の内部の領域 $0<|z-i|<1$ の w-平面上での像を求めよ. (略解) $0<|w|<1$

問 2.9 1 次関数 $w=f(z)=\frac{3z-2}{z-1}$ の $z=f(z)$ を満たす点 z を求めよ.
(略解) $z=2\pm\sqrt{2}$

一般に, 関数 $f(z)$ に対して $z=f(z)$ を満たす点をその $f(z)$ の**不動点**または**固定点** (fixed point) という.

2.2 初 等 関 数

a. 指数関数

任意の複素数 z に対して $x \equiv \mathrm{Re}(z), y \equiv \mathrm{Im}(z)$ とするとき複素関数としての指数関数 $e^z = \exp(z)$ は次のように定義される.

$$e^z = \exp(z) \equiv e^x \{\cos(y) + i\sin(y)\}$$

指数関数について以下の性質が成り立つ.

【性質 1】 $e^{z_1+z_2} = e^{z_1}e^{z_2}$

(証明) 任意の複素数 $z_1 = x_1 + iy_1\ (x_1, y_1 \in \mathbf{R}),\ z_2 = x_2 + iy_2\ (x_2, y_2 \in \mathbf{R})$ に対して以下のように導かれる.

$$\begin{aligned}
e^{z_1+z_2} &= e^{x_1+iy_1+x_2+iy_2} \\
&= e^{x_1+x_2+i(y_1+y_2)} \\
&= e^{x_1+x_2}\{\cos(y_1+y_2) + i\sin(y_1+y_2)\} \\
&= e^{x_1}e^{x_2}\{\cos(y_1)\cos(y_2) - \sin(y_1)\sin(y_2) \\
&\quad + i\sin(y_1)\cos(y_2) + i\cos(y_1)\sin(y_2)\} \\
&= e^{x_1}\{\cos(y_1) + i\sin(y_1)\} \\
&\quad \times e^{x_2}\{\cos(y_2) + i\sin(y_2)\} \\
&= e^{x_1+iy_1}e^{x_2+iy_2} \\
&= e^{z_1}e^{z_2} \qquad (2.19)
\end{aligned}$$

【性質 2】 $e^{-z} = \frac{1}{e^z}$

(証明) 任意の複素数 $z = x + iy\ (x, y \in \mathbf{R})$ に対して以下のように導かれる.

$$\begin{aligned}
e^{-z} &= e^{-x-iy} = e^{-x}\{\cos(-y) + i\sin(-y)\} \\
&= \frac{1}{e^x\{\cos(y) + i\sin(y)\}} = \frac{1}{e^{x+iy}} = \frac{1}{e^z}
\end{aligned}$$
$$\qquad (2.20)$$

【性質 3】 $|e^z| = e^{\mathrm{Re}(z)},\ |e^{iz}| = e^{-\mathrm{Im}(z)}$

(証明) 任意の複素数 $z = x + iy\ (x, y \in \mathbf{R})$ に対して以下のように導かれる.

$$\begin{aligned}
|e^z| &= |e^{x+iy}| = |e^x\{\cos(y) + i\sin(y)\}| \\
&= |e^x||\cos(y) + i\sin(y)|
\end{aligned}$$

$$= e^x \sqrt{\cos^2(y) + \sin^2(y)}$$
$$= e^x = e^{\mathrm{Re}(z)} \tag{2.21}$$

第 2 式も同様である．

【性質 4】 $e^{z+2\pi ni} = e^z$

(証明) 任意の複素数 $z = x + iy$ $(x, y \in \mathbf{R})$ および任意の整数 n に対して次の等式が成り立つ．

$$\begin{aligned}
e^{z+2n\pi i} &= e^{x+i(y+2\pi n)} \\
&= e^x \{\cos(y+2n\pi) + i\sin(y+2n\pi)\} \\
&= e^x \{\cos(y) + i\sin(y)\} \\
&= e^{x+iy} = e^z
\end{aligned} \tag{2.22}$$

【性質 5】 任意の複素数 $z \in \mathbf{C}$ に対して常に $e^z \neq 0$．

(証明) $|e^z| = e^{\mathrm{Re}(z)}$ が成り立ち，任意の実数 $x \in \mathbf{R}$ に対して常に $e^x \neq 0$ であることから，$|e^z| \neq 0$ すなわち $e^z \neq 0$ が任意の複素数 z に対して成り立つ．

【性質 6】 $e^z = 1$ を満たす z-平面上のすべての点は $z = 2n\pi i$ (n は整数) である (図 2.7)．

(証明) $e^z = e^x \{\cos(y) + i\sin(y)\} = 1$ が成り立つことから実部と虚部を比較して，

$$e^x \cos(y) = 1 \quad \text{かつ} \quad e^x \sin(y) = 0$$

が成り立たなければならない．任意の実数 $x \in \mathbf{R}$ に対して常に $e^x \neq 0$

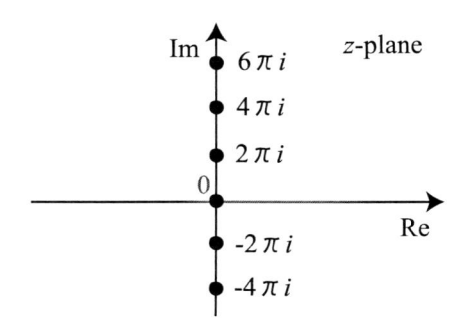

図 2.7 z-平面上の $e^z = 1$ を満足するすべての点

であることから，第 2 式 $e^x\sin(y) = 0$ により $\sin(y) = 0$ すなわち $y = m\pi$ (m は整数) が得られる．これを第 1 式 $e^x\cos(y) = 1$ に代入することにより $e^x\cos(m\pi) = 1$ すなわち $e^x(-1)^m = 1$ が得られる．ここで任意の実数 $x \in \mathbf{R}$ に対して常に $e^x > 0$ であり，$e^x = 1$ を満たす実数 x は $x = 0$ のみであることを用いると m は偶数のみに限定される．すなわち，$e^z = 1$ を満たす z-平面上のすべての点は $z = 2n\pi i$ (n は整数) であることが得られたことになる．

問 2.10 $z = \frac{\pi(1+i)}{4}$ における e^{iz} の値を求めよ．
(略解) $\frac{1+i}{\sqrt{2}} e^{-\frac{\pi}{4}}$

問 2.11 $x = \text{Re}(z), y = \text{Im}(z)$ として $f(z) = e^{z + \frac{1}{z}}$ の実部を x と y を用いて表せ．
(略解) $\text{Re}\{f(z)\} = e^{x + \frac{x}{x^2+y^2}} \cos\left(y - \frac{y}{x^2+y^2}\right)$

b. 三角関数と双曲線関数

任意の複素数 z に対して複素関数としての三角関数 $\sin(z), \cos(z), \tan(z)$ は次のように定義される．

$$\sin(z) \equiv \frac{1}{2i}\left(e^{iz} - e^{-iz}\right) \tag{2.23}$$

$$\cos(z) \equiv \frac{1}{2}\left(e^{iz} + e^{-iz}\right) \tag{2.24}$$

$$\tan(z) \equiv \frac{\sin(z)}{\cos(z)} \tag{2.25}$$

実関数で定義された三角関数に対する加法定理等の重要な公式は複素関数としての三角関数においても成り立つ．

$$\cos^2(z) + \sin^2(z) = 1 \tag{2.26}$$

$$\sin(2z) = 2\sin(z)\cos(z), \quad \cos(2z) = \cos^2(z) - \sin^2(z) \tag{2.27}$$

$$\cos(z_1 + z_2) = \cos(z_1)\cos(z_2) - \sin(z_1)\sin(z_2) \tag{2.28}$$

$$\sin(z_1 + z_2) = \sin(z_1)\cos(z_2) + \cos(z_1)\sin(z_2) \tag{2.29}$$

複素平面上の $\cos(z) = 0$ を満たす z-平面上のすべての点は $z = \frac{\pi}{2} + n\pi$ (n は整数) であり，$\sin(z) = 0$ を満たす z-平面上のすべての点は $z = n\pi$ (n は整数) である．このことは指数関数の性質 (6) から示すことができる (図 2.8(a)-(b))．

問 2.12 $x = \text{Re}(z), y = \text{Im}(z)$ として $\cos(z^2)$ の実部と虚部を x と y を

2.2 初等関数

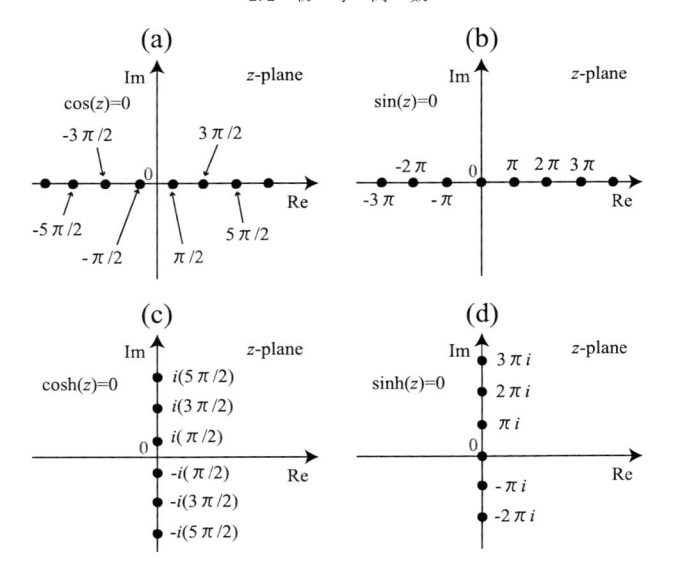

図 2.8 z-平面上の (a) $\cos(z) = 0$, (b) $\sin(z) = 0$, (c) $\cosh(z) = 0$, (d) $\sinh(z) = 0$ を満足するすべての点

用いて表せ.

(略解) $\text{Re}\{\cos(z^2)\} = \cos(x^2 - y^2)\cosh(2xy)$, $\text{Im}(\cos(z^2)) = -\sin(x^2 - y^2)\sinh(2xy)$

任意の複素数 z に対して複素関数としての双曲線関数 $\sinh(z)$, $\cosh(z)$, $\tanh(z)$ は次のように定義される.

$$\sinh(z) \equiv \frac{1}{2}\left(e^z - e^{-z}\right) \tag{2.30}$$

$$\cosh(z) \equiv \frac{1}{2}\left(e^z + e^{-z}\right) \tag{2.31}$$

$$\tanh(z) \equiv \frac{\sinh(z)}{\cosh(z)} \tag{2.32}$$

実関数で定義された双曲線関数に対する加法定理等の重要な公式は複素関数としての双曲線関数においても成り立つ.

$$\cosh^2(z) - \sinh^2(z) = 1 \tag{2.33}$$

$$\sinh(2z) = 2\sinh(z)\cosh(z), \quad \cosh(2z) = \cosh^2(z) + \sinh^2(z) \tag{2.34}$$

$$\cosh(z_1 + z_2) = \cosh(z_1)\cosh(z_2) + \sinh(z_1)\sinh(z_2) \tag{2.35}$$

$$\sinh(z_1+z_2) = \sinh(z_1)\cosh(z_2) + \cosh(z_1)\sinh(z_2) \tag{2.36}$$

複素平面上の $\cosh(z) = 0$ を満たす点は $z = i(\frac{\pi}{2}+n\pi)$ (n は整数) であり, $\sinh(z) = 0$ を満たす点は $z = in\pi$ (n は整数) である. このことは指数関数の性質 (6) から示すことができる (図 2.8(c)-(d)).

例 2.3 $z = \frac{\pi}{2}i$ および $z = \frac{\pi}{2}i$ における $\sinh(z)$ の値は次のように与えられる.

$$\sinh\left(\pm\frac{\pi}{2}i\right) = \pm i\sin\left(\frac{\pi}{2}\right) = \pm i \tag{2.37}$$

問 2.13 $z = \frac{\pi(1+i)}{4}$ における $\cos(z)$ の値を求めよ.

(略解) $\frac{1}{\sqrt{2}}\left\{\cosh(\frac{\pi}{4}) - i\sinh(\frac{\pi}{4})\right\}$

問 2.14 $x = \mathrm{Re}(z), y = \mathrm{Im}(z)$ として $f(z) = \cos(z)$ の実部と虚部を x と y を用いて表せ.

(略解) $\mathrm{Re}\{f(z)\} = \cos(x)\cosh(y), \mathrm{Im}\{f(z)\} = -\sin(x)\sinh(y)$

三角関数と双曲線関数の間には次の関係が成り立つ.

$$\cos(iz) = \cosh(z), \qquad \sin(iz) = i\sinh(z) \tag{2.38}$$

$$\cosh(iz) = \cos(z), \qquad \sinh(iz) = i\sin(z) \tag{2.39}$$

例 2.4 (1) $\cos(iz) = \cosh(z)$ が成り立つことを示せ. (2) $\cos(z) = 0$ を満たす z-平面上のすべての点は $z = (\frac{1}{2}+n)\pi$ (n は整数) であることを指数関数の性質「$e^z = 1$ を満たす z-平面上のすべての点は $z = 2n\pi i$ (n は整数) である」を用いて示せ. (3) (1) および (2) の結果から $\cosh(z) = 0$ を満たす z-平面上のすべての点は $z = i(\frac{1}{2}+n)\pi$ (n は整数) であることを示せ.

(解答例)

(1) 任意の複素数 z に対して以下の等式が成り立つ.

$$\cos(iz) = \frac{e^{i(iz)} + e^{-i(iz)}}{2}$$

$$= \frac{e^{-z} + e^z}{2} = \cosh(z) \tag{2.40}$$

(2) $\cos(z) = 0$ は以下のように変形することができる.

$$\frac{e^{iz} + e^{-iz}}{2} = 0, \qquad -e^{i2z} = 1 \tag{2.41}$$

$$e^{i\pi}e^{i2z} = 1 \tag{2.42}$$

$$e^{i(2z+\pi)} = 1 \tag{2.43}$$

ここで $e^{i\pi} = \cos(\pi) + i\sin(\pi) = -1$ であることを使っている．$e^z = 1$ を満たす z-平面上のすべての点は $z = 2n\pi i$ (n は整数) であることから $e^{i(2z+\pi)} = 1$ を満たすすべての z は $i(2z+\pi) = 2n\pi i$ (n は整数) により得られることがわかる．すなわち，$\cos(z) = 0$ を満たす z-平面上のすべての点は $z = (\frac{1}{2} + n)\pi$ (n は整数) である．

(3) $\cosh(z) = 0$ を満たすということは (1) の結果から $\cos(iz) = 0$ を満たすことと等価であることがわかる．ここで (2) の結果から $\cos(iz) = 0$ を満たすすべての複素数 z は $iz = (\frac{1}{2} + n)\pi$ (n は整数) により与えられる．すなわち $\cosh(z) = 0$ を満たす z-平面上のすべての点は $z = i(\frac{1}{2} + n)\pi$ (n は整数) である．

c. 対数関数とべき関数

1) 対数関数

任意の複素数 z に対して複素関数としての対数関数 $\log(z)$ は次のように定義される．

$$\log(z) \equiv \log_e |z| + i\arg(z) \tag{2.44}$$

$0 \leq \arg(z) < 2\pi$ に限定して求めた z の偏角 $\arg(z)$ の値を θ_0 とおくと

$$\log(z) \equiv \log_e |z| + i(\theta_0 + 2\pi k) \quad (k = 0, \pm 1, \pm 2, \cdots) \tag{2.45}$$

すなわち $\log(z)$ は**無限多価関数** (multi-valued function) である．ここで $k = 0$ のときの $\log(z)$ の値を**主値** (principal value) という．式 (2.45) の左辺のそれぞれの自然数 k に対する z の関数を $\log(z)$ の**分枝** (branch) という．また，$r \equiv |z|$, $\theta \equiv \arg(z)$ とおき，$w \equiv \log(z)$, $u \equiv \mathrm{Re}\{\log(z)\}$, $v \equiv \mathrm{Im}\{\log(z)\}$ とおくと $u + iv = \log_e r + i\theta$ すなわち $u = \log_e r$, $v = \theta$ が得られる．これを $z = re^{i\theta}$ に代入することにより $z = e^u e^{iv} = e^{u+iv} = e^w$ が得られる．すなわち複素関数としての対数関数 $\log(z)$ も指数関数 e^z の逆関数であることがわかる．

例 2.5 $\log(1+i)$ の値を求めよ．

(解答例) $1+i$ の絶対値と偏角は $|1+i| = \sqrt{2}$, $\arg(1+i) = \frac{\pi}{4} + 2n\pi$ ($n = 0, \pm 1, \pm 2, \cdots$) なので，$\log(1+i)$ は次のように求められる．

$$\log(1+i) = \log_e |1+i| + i\arg(1+i) = \log_e \sqrt{2} + i\left(\frac{\pi}{4} + 2n\pi\right)$$

$$= \frac{1}{2}\log_e 2 + i\left(\frac{\pi}{4} + 2n\pi\right) \tag{2.46}$$

問 2.15 $\log(i)$, $\log(\sqrt{3}+i)$ の値を求めよ．

(略解) $\log(i) = i\left(\frac{\pi}{2} + 2n\pi\right)$, $\log(\sqrt{3}+i) = \log_e(2) + i\left(\frac{\pi}{6} + 2n\pi\right)$ $(n = 0, \pm 1, \pm 2, \cdots)$

2) べき関数

任意の複素数 z に対して複素関数としてのべき関数 z^c (c は複素数) は次のように定義される．

$$z^c \equiv e^{c\log(z)} \tag{2.47}$$

例 2.6 i^{-i} の値を求めよ．

(解答例) 問 2.15 で $\log(i) = i\left(\frac{\pi}{2} + 2n\pi\right)$ $(n = 0, \pm 1, \pm 2, \cdots)$ と得られており，これを用いて i^{-i} は次のように求められる．

$$i^{-i} = e^{-i\log(i)} = e^{\frac{\pi}{2}+2n\pi} \qquad (n = 0, \pm 1, \pm 2, \cdots) \tag{2.48}$$

式 (2.45) と式 (2.47) から任意の自然数 $n = 1, 2, 3, \cdots$ に対して次の等式が得られる．

$$\begin{aligned}
z^n &= \exp\bigl(n\{\log_e |z| + i(\theta_0 + 2\pi k)\}\bigr) \\
&= |z|^n \exp\{i\, n(\theta_0 + 2\pi k)\} \\
&= |z|^n \{\cos(\theta_0 n + 2\pi k n) + i\sin(\theta_0 n + 2\pi k n)\} \\
&= |z|^n \{\cos(\theta_0 n) + i\sin(\theta_0 n)\}
\end{aligned} \tag{2.49}$$

$$\begin{aligned}
z^{\frac{1}{n}} &= \exp\left(\frac{1}{n}\{\log_e |z| + i(\theta_0 + 2\pi k)\}\right) \\
&= |z|^{\frac{1}{n}} \exp\left(i\,\frac{1}{n}(\theta_0 + 2\pi k)\right) \\
&= |z|^{\frac{1}{n}} \left\{\cos\left(\frac{\theta_0}{n} + 2\pi \frac{k}{n}\right) + i\sin\left(\frac{\theta_0}{n} + 2\pi \frac{k}{n}\right)\right\}
\end{aligned} \tag{2.50}$$

式 (2.50) では k は任意の整数でよいが，その値が互いに異なるものだけを選ぶためには $k = 0, 1, 2, \cdots, n-1$ の n 個の整数をとれば十分である．z^n は z をひとつ固定するとひとつの値しか取り得ないが，$z^{1/n}$ は n 個の値を取り得ることがわかる．すなわち，z^n は **1 価関数** (single-valued function) であるが，$z^{\frac{1}{n}}$ は n **価関数** (n-valued function) であることがわかる．式 (2.50) の左辺の $k = 1, 2, \cdots, n$ のそれぞれの自然数に対する z の関数を $z^{\frac{1}{n}}$ の**分枝** (branch) という．

3) 分岐点と切断

式 (2.50) が n 価関数であるということが一体どのようなことなのかを具体的にみるために，例えば最も簡単な 2 価関数 $f(z) = z^{1/2}$ を考えてみよう．式 (2.50) は $n = 2$ の場合に次のように書き下される．

$$z^{\frac{1}{2}} = \sqrt{|z|}\left\{\cos\left(\frac{\theta_0}{2} + 2\pi\frac{k}{2}\right) + i\sin\left(\frac{\theta_0}{2} + 2\pi\frac{k}{2}\right)\right\} \quad (k = 0, 1) \quad (2.51)$$

半径 1，中心 $z = 0$ の円周 $|z| = 1$ 上を $z = 1$ を始点として $\frac{\pi}{4}$ だけ回る場合を考えよう．図 2.9(a) のように $z = 1$ における偏角を $\arg(z) = 0$ と固定するとそこから $\frac{\pi}{2}$ だけ矢印のように動かしたときの $z = i$ での偏角は $\arg(z) = \frac{\pi}{2}$ なので $f(i) = e^{i\frac{\pi}{4}} = \frac{1}{\sqrt{2}}(1 + i)$ となる．図 2.9(b) のように $z = 1$ における偏角を $\arg(z) = 2\pi$ と固定し，そこから $\frac{\pi}{2}$ だけ矢印のように動かしたときの $z = i$ での偏角は $\arg(z) = \frac{5\pi}{2}$ なので $f(i) = e^{i\frac{5\pi}{4}} = -\frac{1}{\sqrt{2}}(1 + i)$ となる．さらに，図 2.9(c) のように $z = 1$ における 2π だけ矢印の方向に 1 周する場合を考えてみよう．1 周する前と 1 周した後での同じ点 $z = 1$ での $f(z)$ の値をみてみよう．まず，図 2.9(c) のように $z = 1$ における偏角を $\arg(z) = 0$ と固定すると，1 周する前は $f(1) = 1$ であり，そして 1 周してきた後の $z = 1$ での偏角は $\arg(z) = 2\pi$ なので $f(1) = e^{\pi i} = -1$ となる．この状況からさらに $|z| = 1$ 上をもう 1 周することを考えてみよう．今度は図 2.9(d) をみていただきたい．そして 1 周してきた後の $z = 1$ での偏角は $\arg(z) = 4\pi$ なので $f(1) = e^{2\pi i} = 1$ となる．つまり，$f(z) = z^{1/2}$ は同じ点 $z = 1$ で ± 1 の 2 種類の値をもち，$z = 0$ のまわりを 1 周するごとに同じ点 $z = 1$ の値が 1 から -1 へ，-1 から 1 へと変わってゆくことがわかる．しかも始点での偏角をどのように設定したかによってもどちらの値をとるかが変わってくるわけである．一般に，n 価関数 $z^{1/n}$ は $z = 0$ のまわりを何回回ったかで同じ点で関数値が変わってくる．$z^{1/n}$ における $z = 0$ を**分岐点** (branch point) と呼ぶ．一般に，$z = 0$ のまわりを n 回回って始点と終点とで同じ点に戻ってくる場合を考えるとその始点と終点で n 価関数 $z^{1/n}$ は互いに同じ値を与える．

もう少し難易度の高い例を考えてみよう．z-平面上で $z = 0$ を中心とし，半径 1 の円周 $|z| = 1$ 上を $z = 1$ を始点として 2π だけ回り，終点 $z = 1$ に戻る場合を考え，始点 $z = 1$ における $z - \frac{1}{2}$ の偏角を 0，$z - 2$ の偏角を π とする．2 価関数 $f(z) = (z - \frac{1}{2})^{1/2}$ および $g(z) = (z - 2)^{1/2}$ に対して始点 $z = 1$ および終点 $z = 1$ における値を考えてみよう．この場合 z の偏角ではなく $z - \frac{1}{2}$

と $z-2$ の偏角に着目しなければならない．ポイントは $z=\frac{1}{2}$ のまわりを反時計回りに 1 周しているので $z-\frac{1}{2}$ の偏角は終点は始点に比べて 2π だけ増えているが，$z=2$ のまわりは 1 周しておらず，始点と終点とで $z-2$ の偏角に変化がないことである．このことを考慮すると始点 $z=1$ では $f(1)=-\frac{1}{\sqrt{2}}$，$g(1)=i$，終点 $z=1$ では $f(1)=\frac{1}{\sqrt{2}}$, $g(1)=i$ となる．自分で概略図を書いて考えてみよう．

しかし，このような多価関数の場合に分岐点のまわりを何回回ったかをいちいち覚えていないと扱えないというのでは扱いにくくて仕方がない．この多価関数を 1 価関数として扱うスキームがあると便利である．このスキームのひとつとして**切断** (branch cut) という考え方がある．簡単な例で説明しよう．$f(z)=z^{1/2}$ の場合，$z=0$ のまわりを 1 周することで z の偏角が 2π だけずれたために同じ点で $e^{\pi i}$ 倍だけ異なる値が出てきてしまったわけである．ということは $z=0$ のまわりをどのような動き方であっても 1 周することを禁止するように $z^{1/2}$ を定義すればこのような状況は避けられるわけである．そこで

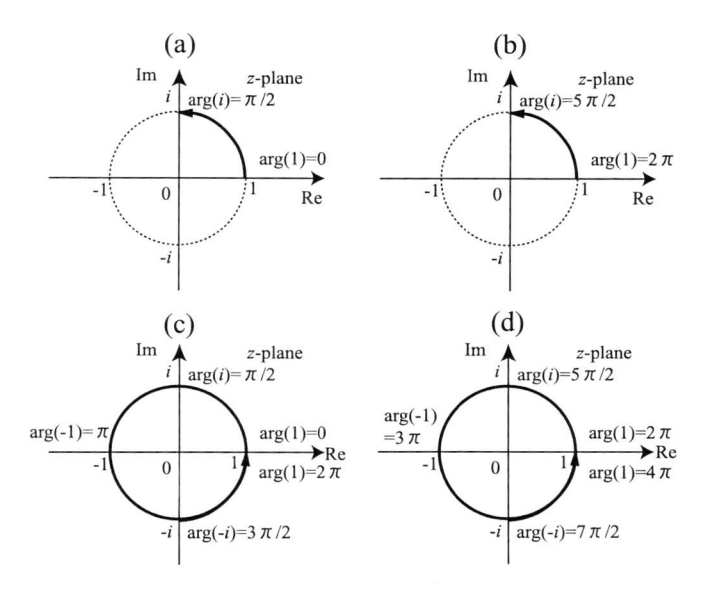

図 2.9 半径 1，中心 $z=0$ の円周上を $z=1$ を始点として $\frac{\pi}{4}$ および π だけ回る場合の偏角 $\arg(z)$ の変化
(a) と (c) は始点 $z=1$ での偏角を $\arg(z)=0$ と設定しており，(b) と (d) は始点 $z=1$ での偏角を $\arg(z)=2\pi$ と設定している．

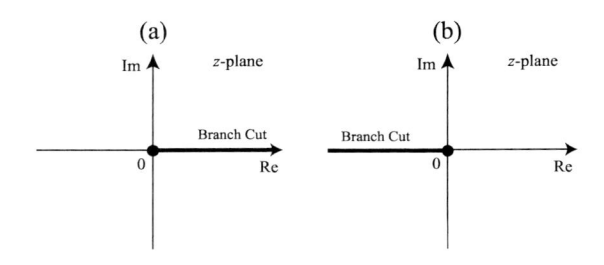

図 2.10 $z^{1/n}$ の切断の例

出てきた概念が切断ということである．$z^{1/2}$ の場合，$z=0$ と $z=\infty$ を結ぶ線を引き，z の変化に対して $z^{1/2}$ を考える場合，「この線上を横切るようなあらゆる変化は決して考えないものとする」と既約すれば 1 価関数として定義される (図 2.10)．この線を切断と呼ぶわけである．

4) 2 次方程式の解

複素数 $a \neq 0$, b, c に対して 2 次方程式 $az^2 + bz + c = 0$ の根は
$$z = \frac{1}{2a}\{-b + (b^2 - 4ac)^{1/2}\} \tag{2.52}$$
により与えられる．$(b^2 - 4ac)^{1/2}$ は 2 価関数であり
$$(b^2 - 4ac)^{1/2} = \sqrt{|b^2 - 4ac|}\exp\left\{i\left(\frac{\theta_0}{2} + 2\pi\frac{k}{2}\right)\right\} \quad (k = 0, 1) \tag{2.53}$$
という意味で 2 つの値をもつ．$(b^2 - 4ac)^{1/2}$ を $\sqrt{b^2 - 4ac}$ と書いてこの平方根が 2 つの値をもつとすると，2 次方程式 $az^2 + bz + c = 0$ の根は複素数の意味でも
$$z = \frac{1}{2a}(-b + \sqrt{b^2 - 4ac}) \tag{2.54}$$
と表すことができる．平方根の前にこれまで実関数でなじんできた $\pm$ がついていないのは平方根自身の意味にその $\pm$ を含めてしまっただけである．

5) 逆三角関数と逆双曲線関数

複素数 z が w の三角関数 (双曲線関数) であるとき w を z の**逆三角関数**(**逆双曲線関数**) であるという．$\cos(z)$, $\sin(z)$, $\tan(z)$ の逆三角関数 $\arccos(z)$, $\arcsin(z)$, $\arctan(z)$ は次のように与えられる．
$$\arccos(z) = \frac{1}{i}\log(z + \sqrt{z^2 - 1}) \tag{2.55}$$
$$\arcsin(z) = \frac{1}{i}\log(iz + \sqrt{1 - z^2}) \tag{2.56}$$

$$\arctan(z) = \frac{1}{2i}\log\Bigl(\frac{1+iz}{1-iz}\Bigr) \tag{2.57}$$

これらは式 (2.23)-(2.25) から導かれる. $\cosh(z)$, $\sinh(z)$, $\tanh(z)$ の逆双曲線関数 $\mathrm{arccosh}(z)$, $\mathrm{arcsinh}(z)$, $\mathrm{arctanh}(z)$ は次のように与えられる.

$$\mathrm{arccosh}(z) = \log\bigl(z+\sqrt{z^2-1}\bigr) \tag{2.58}$$

$$\mathrm{arcsinh}(z) = \log\bigl(z+\sqrt{z^2+1}\bigr) \tag{2.59}$$

$$\mathrm{arctanh}(z) = \frac{1}{2}\log\Bigl(\frac{1+z}{1-z}\Bigr) \tag{2.60}$$

これらは式 (2.30)-(2.32) から導かれる.

2.3 複素関数の連続性, 微分可能性, 正則性

1) 極限値と連続性

複素変数 $z=x+iy$ ($x,y\in\mathbf{R}$) および複素定数 $z_0=x_0+iy_0$ ($x_0,y_0\in\mathbf{R}$) に対して $x\to x_0$ かつ $y\to y_0$ という極限を考えたとき, z は z_0 に近づく, すなわち (複素数の意味での) **極限** (limit) $z\to z_0$ をとるという. 極限 $z\to z_0$ と極限 $|z-z_0|\to 0$ は等価である. $1/z\to 0$ という極限を考えたとき, これを $z\to\infty$ と書き, z は**無限大** (infinite) になるという. これに対して実軸上に沿って正の方向に向かって無限遠点への極限をとるときこれを $z\to+\infty$ と書き, 実軸上に沿って負の方向に向かって無限遠点への極限をとるときこれを $z\to-\infty$ と書くことにする.

z-平面のある領域 D で定義された複素関数 $f(z)$ を $w=f(z)$ とおく. このとき D 内の 1 点 z_0 とある複素定数 w_0 があり, $\lim_{|z-z_0|\to 0}|f(z)-w_0|=0$ が成り立つとき, 極限 $z\to z_0$ において $f(z)$ は w_0 に収束するといい, $\lim_{z\to z_0}f(z)=w_0$ または $f(z)\to w_0$ ($z\to z_0$) と表す. z-平面のある点 $z\in\mathbf{C}$ で $f(z_0)$ が有限に存在し, $\lim_{z\to z_0}f(z)=f(z_0)$ が成り立つとき, $f(z)$ は $z=z_0$ で**連続** (continuous) であるという.

2) 微分可能性と正則性

z-平面上の領域 D で定義された関数 $w=f(z)$ の D 内の点 z_0 において

$$\begin{aligned}f'(z_0) &\equiv \lim_{z\to z_0}\frac{f(z)-f(z_0)}{z-z_0} \\ &= \lim_{h\to 0}\frac{1}{h}\bigl(f(z_0+h)-f(z_0)\bigr)\end{aligned} \tag{2.61}$$

により定義される $f'(z_0)$ を $f(z)$ の $z = z_0$ における**微分係数** (differential coefficient) という. 微分係数 $f'(z_0)$ が有限確定するとき $f(z)$ は $z = z_0$ で**微分可能** (differentiable) であるという. 領域 D の任意の点 $z \in D$ で微分可能であるとき「$f(z)$ は領域 D で常に微分可能である」という. 点 z_0 の近傍で常に微分可能であるとき $f(z)$ は $z = z_0$ で**正則** (analytic) であるという. 正則でない点を**特異点** (singular point) という. $f(z)$ が領域 D の任意の点で正則であるとき「$f(z)$ は領域 D で正則である」といい, このとき, 微分係数は D で z の複素関数として定義されるので $f'(z)$ を $f(z)$ の**導関数** (derivative) といい, $\frac{df(z)}{dz}$ または $\frac{df}{dz}$ とも表される. $f'(z)$ を求めることを「$f(z)$ を微分する (differentiate)」という. また, $f'(z)$ の導関数を **2 次導関数** (second order derivative) といい, $f''(z)$, $\frac{d^2 f(z)}{dz^2}$, $\frac{d^2 f}{dz^2}$, または $f^{(2)}(z)$ と表される. 2 次導関数 $f''(z)$ を求める操作を $f(z)$ の **2 階微分** (second differentiation) という. さらに n 次導関数 (n-th derivative) $\frac{d^n f(z)}{dz^n}$ と $f(z)$ の n 階微分 (n-th differentiation) も同様に定義される.

例 2.7 z^n (n は自然数) は任意の複素数 z で正則であり, 導関数は

$$\frac{d}{dz} z^n = n z^{n-1} \tag{2.62}$$

で与えられることを示せ.

(**解答例**) 任意の複素数 z について $\lim_{h \to 0} \left| \frac{1}{h} \{(z+h)^n - z^n\} - n z^{n-1} \right| = 0$ が 2 項展開 (2.5) を用いて以下のように示される.

$$\begin{aligned}
&\left| \frac{1}{h} \{(z+h)^n - z^n\} - n z^{n-1} \right| \\
&= \left| \frac{1}{h} \Big(\sum_{m=0}^{n} \frac{n!}{(n-m)! m!} h^m z^{n-m} - z^n \Big) - n z^{n-1} \right| \\
&= \left| \frac{1}{h} \Big(\sum_{m=1}^{n} \frac{n!}{(n-m)! m!} h^m z^{n-m} \Big) - n z^{n-1} \right| \\
&= \left| \sum_{m=2}^{n} \frac{n!}{(n-m)! m!} h^{m-1} z^{n-m} \right| \\
&= |h| \left| \sum_{m=0}^{n-2} \frac{n!}{(n-m-2)! (m+2)!} h^m z^{n-m-2} \right| \\
&\to 0 \qquad (h \to 0) \tag{2.63}
\end{aligned}$$

従って複素関数における正則と導関数の定義により題意が示されたこ

とになる.

有界な閉領域で定義された連続関数について次の定理が成り立つ.

【定理 2.1】 有界な閉領域 D で連続な関数 $f(z)$ は,その閉領域 D で有界である[*1)].

証明は実関数の場合には微分積分学で証明されており,複素関数への拡張は少し手を加えるだけで証明できるので省略する.

3) コーシー・リーマンの関係式

【定理 2.2】 $z = x + iy$ (x, y は複素数 z の実部と虚部),$f(z) = u(x,y) + iv(x,y)$ ($u(x,y)$, $v(x,y)$ は $f(z)$ の実部と虚部) とおくと,$f(z)$ が領域 D で正則であるための必要十分条件は (1) $u(x,y)$, $v(x,y)$ が領域 D で偏微分可能でその偏導関数が連続であり,(2) コーシー・リーマン (Cauchy-Riemann) の関係式 $\frac{\partial u(x,y)}{\partial x} = \frac{\partial v(x,y)}{\partial y}$, $\frac{\partial u(x,y)}{\partial y} = -\frac{\partial v(x,y)}{\partial x}$ を満たすことである.このとき,$f'(z)$ は次の式で与えられる.

$$\frac{df(z)}{dz} = \frac{\partial u(x,y)}{\partial x} + i\frac{\partial v(x,y)}{\partial x}$$
$$= \frac{\partial v(x,y)}{\partial y} - i\frac{\partial u(x,y)}{\partial y} \quad (2.64)$$

証明の詳細は文献 [1] の第 1 章 3.2 節または文献 [2] の第 5 章 5.7 節を参照されたい.

例 2.8 定理 2.2 を用いて,e^z が任意の複素数 z について正則であり,その導関数が

$$\frac{d}{dz}e^z = e^z \quad (2.65)$$

により与えられることを示せ.

(解答例) 任意の複素数 z に対して $x \equiv \mathrm{Re}(z)$, $y \equiv \mathrm{Im}(z)$ とおくと e^z は次のように書き換えられる.

$$e^z = e^{x+iy}$$
$$= e^x \cos(y) + i\, e^x \sin(y) \quad (2.66)$$

ここで e^z の実部と虚部をそれぞれ $u(x,y)$ および $v(x,y)$ とする.

$$u(x,y) \equiv \mathrm{Re}(e^z) = e^x \cos(y) \quad (2.67)$$

[*1)] 関数 $f(x)$ が有界な閉領域 D 上で有界であるとはその閉領域内に $|f(x)|$ が最大値および最小値を有限の値としてもつということである.この定理は実関数に対する補助定理 1.1 の一部に対応するものである.

$$v(x,y) \equiv \mathrm{Im}(e^z) = e^x \sin(y) \qquad (2.68)$$

$u(x,y)$ と $v(x,y)$ は任意の実数 x, y に対して次のように偏微分可能であり，偏導関数は連続である．

$$\frac{\partial}{\partial x}u(x,y) = e^x\cos(y), \qquad \frac{\partial}{\partial y}u(x,y) = -e^x\sin(y) \qquad (2.69)$$

$$\frac{\partial}{\partial x}v(x,y) = e^x\sin(y), \qquad \frac{\partial}{\partial y}v(x,y) = e^x\cos(y) \qquad (2.70)$$

この偏導関数から任意の実数 x, y についてコーシー・リーマンの関係式

$$\frac{\partial}{\partial x}u(x,y) = \frac{\partial}{\partial y}v(x,y), \qquad \frac{\partial}{\partial y}u(x,y) = -\frac{\partial}{\partial x}v(x,y) \quad (2.71)$$

が成り立つ．従って，e^z は任意の複素数 z に対して正則であり，導関数は次のように得られる．

$$\begin{aligned}\frac{d}{dz}e^z &= \frac{\partial}{\partial x}u(x,y) + i\frac{\partial}{\partial x}v(x,y) \\ &= e^x\cos(y) + i\,e^x\sin(y) \\ &= e^z \end{aligned} \qquad (2.72)$$

例 2.9 $f(z) = \sin(z)$ の導関数は任意の複素数 $z \in \mathbf{C}$ に対して常に正則であり，その導関数は

$$\frac{d}{dz}\sin(z) = \cos(z) \qquad (2.73)$$

により与えられることを定理 2.2 を用いて示せ．

(解答例) 任意の複素数 z に対して $x \equiv \mathrm{Re}(z)$, $y \equiv \mathrm{Im}(z)$ とおくと $\sin(z)$ は次のように書き換えられる．

$$\begin{aligned}\sin(z) &= \sin(x+iy) \\ &= \sin(x)\cos(iy) + \cos(x)\sin(iy) \\ &= \sin(x)\cosh(y) + i\cos(x)\sinh(y) \end{aligned} \qquad (2.74)$$

ここで $\sin(z)$ の実部と虚部をそれぞれ $u(x,y)$ および $v(x,y)$ とする．

$$u(x,y) \equiv \mathrm{Re}(\sin(z)) = \sin(x)\cosh(y) \qquad (2.75)$$

$$v(x,y) \equiv \mathrm{Im}(\sin(z)) = \cos(x)\sinh(y) \qquad (2.76)$$

$u(x,y)$ と $v(x,y)$ は任意の実数 x, y に対して次のように偏微分可能であり，偏導関数は連続である．

$$\frac{\partial}{\partial x}u(x,y) = \cos(x)\cosh(y), \qquad \frac{\partial}{\partial y}u(x,y) = \sin(x)\sinh(y) \tag{2.77}$$

$$\frac{\partial}{\partial x}v(x,y) = -\sin(x)\sinh(y), \qquad \frac{\partial}{\partial y}v(x,y) = \cos(x)\cosh(y) \tag{2.78}$$

この偏導関数から任意の実数 x, y についてコーシー・リーマンの関係式

$$\frac{\partial}{\partial x}u(x,y) = \frac{\partial}{\partial y}v(x,y), \qquad \frac{\partial}{\partial y}u(x,y) = -\frac{\partial}{\partial x}v(x,y) \tag{2.79}$$

が成り立つ. 従って, $\sin(z)$ は任意の複素数 z に対して正則であり, 導関数は次のように得られる.

$$\begin{aligned}\frac{d}{dz}\sin(z) &= \frac{\partial}{\partial x}u(x,y) + i\frac{\partial}{\partial x}v(x,y) \\ &= \cos(x)\cosh(y) - i\sin(x)\sinh(y) \\ &= \cos(x)\cos(iy) - \sin(x)\sin(iy) \\ &= \cos(x+iy) = \cos(z)\end{aligned} \tag{2.80}$$

問 **2.16** 関数 $f(z) = z^2$ についてコーシー・リーマンの関係式が成り立つことを確かめよ.

問 **2.17** 定理 2.2 を用いて $\cos(z)$, $\sinh(z)$, $\cosh(z)$ が任意の複素数 z について正則であり, その導関数が

$$\frac{d}{dz}\cos(z) = -\sin(z) \tag{2.81}$$

$$\frac{d}{dz}\cosh(z) = \sinh(z), \quad \frac{d}{dz}\sinh(z) = \cosh(z) \tag{2.82}$$

により与えられることを示せ.

問 **2.18** 定理 2.2 を用いて e^{z^2} が任意の複素数 z について正則であることを示せ.

例 **2.10** 正則関数 $f(z)$ の虚部が $v(x,y) = x^3 + 6x^2y - 3xy^2 - 2y^3$ ($x = \mathrm{Re}(z)$, $y = \mathrm{Im}(z)$) であり, かつ $f(0) = 0$ であるという. $f(z)$ を求めよ.

(解答例) 関数 $f(z)$ の実部を $u(x,y)$ とすると $f(z)$ は正則関数なのでコーシー・リーマンの関係式により

$$\frac{\partial u}{\partial x} = \frac{\partial v}{\partial y} = 6x^2 - 6xy - 6y^2 \tag{2.83}$$

2.3 複素関数の連続性, 微分可能性, 正則性

$$\frac{\partial u}{\partial y} = -\frac{\partial v}{\partial x} = -3x^2 - 12xy + 3y^2 \qquad (2.84)$$

が成り立つ．この式 (2.83) の両辺を x で不定積分する事により $u(x,y)$ は以下のように得られる．

$$u(x,y) = 2x^3 - 3x^2 y - 6xy^2 + A(y) \qquad (2.85)$$

ここで $A(y)$ は不定積分の積分定数であり y のみに依存する．これを式 (2.84) に代入することにより

$$-3x^2 - 12xy + \frac{dA(y)}{dy} = -3x^2 - 12xy + 3y^2 \qquad (2.86)$$

$$\frac{dA(y)}{dy} = 3y^2, \quad A(y) = y^3 + B \qquad (2.87)$$

と $A(y)$ が得られ, B は積分定数であり，これは x にも y にも依存しない．結局, $u(x,y)$ は以下のように得られ,

$$u(x,y) = 2x^3 - 3x^2 y - 6xy^2 + y^3 + B \qquad (2.88)$$

$f(z)$ は次のように求められる．

$$\begin{aligned}
f(z) &= u(x,y) + iv(x,y) \\
&= 2x^3 - 3x^2 y - 6xy^2 + y^3 + B + i(x^3 + 6x^2 y - 3xy^2 - 2y^3) \\
&= (2+i)x^3 + 3i(2+i)x^2 y - 3(2+i)xy^2 - i(2+i)y^3 + B \\
&= (2+i)\left(x^3 + 3x^2(iy) + 3x(iy)^2 + (iy)^3\right) + B \\
&= (2+i)(x+iy)^3 + B = (2+i)z^3 + B \qquad (2.89)
\end{aligned}$$

ここで $f(0) = 0$ から B は次のように得られる．

$$f(0) = B = 0 \qquad (2.90)$$

従って, 求める $f(z)$ は次のように得られる．

$$f(z) = (2+i)z^3 \qquad (2.91)$$

問 2.19 正則関数 $f(z)$ の実部が $u(x,y) = x^3 - 3xy^2$ ($x = \mathrm{Re}(z)$, $y = \mathrm{Im}(z)$) であるという．$f(z)$ を求めよ．
(略解) $f(z) = z^3 + ic$ (c は任意の実定数)

問 2.20 正則関数 $f(z)$ の実部が $u(x,y) = \sin(x)\cosh(y)$, ($x = \mathrm{Re}(z)$, $y = \mathrm{Im}(z)$) であるという．$f(z)$ を求めよ．
(略解) $f(z) = \sin(z) + ic$ (c は任意の実定数)

【定理 2.3】 $f(z)$ が領域 D で正則かつ $f'(z) = 0$ であれば, 領域 D 内で $f(z)$ は常に定数である．

(証明) $u(x,y)\equiv\mathrm{Re}\{f(z)\}$, $v(x,y)\equiv\mathrm{Im}\{f(z)\}$ ($x=\mathrm{Re}(z)$, $y=\mathrm{Im}(z)$) とおくと $f'(x,y)=0$ から定理 2.2 により $\frac{\partial}{\partial x}u(x,y)=\frac{\partial}{\partial y}v(x,y)=0$, $\frac{\partial}{\partial y}u(x,y)=-\frac{\partial}{\partial x}v(x,y)=0$ が成り立つ. これにより D 内では $u(x,y), v(x,y)$ は常に定数であり, $f(z)$ もやはり常に定数となる.

2.4 正則関数の性質

正則な関数は次の重要な性質をもつ.

【定理 2.4】 領域 D 内で正則な関数 $f(z)$ は D で連続である.

【定理 2.5】 関数 $f(z)$ と $g(z)$ が領域 D で正則なら, $f(z)\pm g(z)$ および $f(z)g(z)$ も領域 D で正則である.

$$\frac{d}{dz}(f(z)\pm g(z)) = \frac{df(z)}{dz} \pm \frac{dg(z)}{dz} \tag{2.92}$$

$$\frac{d}{dz}(f(z)g(z)) = g(z)\frac{df(z)}{dz} + f(z)\frac{dg(z)}{dz} \tag{2.93}$$

さらに領域 D で $g(z)\neq 0$ であれば $\frac{f(z)}{g(z)}$ も正則である.

$$\frac{d}{dz}\left(\frac{f(z)}{g(z)}\right) = \frac{g(z)\frac{df(z)}{dz} - f(z)\frac{dg(z)}{dz}}{g(z)^2} \tag{2.94}$$

【定理 2.6】 z-平面上の領域 D を w-平面上の領域 Δ に変換する関数 $w=f(z)$ が領域 D で正則であり, w-平面上で定義された関数 $g(w)$ が領域 Δ で正則ならば合成関数 $g(f(z))$ は領域 D で正則である.

$$\frac{d}{dz}g(f(z)) = \left[\frac{dg(w)}{dw}\right]_{w=f(z)} \frac{df(z)}{dz} = g'(f(z))f'(z) \tag{2.95}$$

証明は省略する.

例 2.11 z^4+3z^2 の導関数を求めよ.
(解答例)
$$\frac{d}{dz}(z^4+3z^2) = 4z^3+6z \tag{2.96}$$

例 2.12 $\frac{z}{z+1}$ の導関数および 2 次導関数を求めよ.
(解答例)
$$\frac{d}{dz}\left(\frac{z}{z+1}\right) = \frac{1}{(z+1)^2} \tag{2.97}$$

$$\frac{d^2}{dz^2}\left(\frac{z}{z+1}\right) = \frac{d}{dz}\left(\frac{1}{(z+1)^2}\right) = -\frac{2}{(z+1)^3} \tag{2.98}$$

2.4 正則関数の性質

例 2.13 定理 2.6 を用いて e^{z^2} が任意の複素数 z で正則であり，その導関数が

$$\frac{d}{dz}e^{z^2} = 2ze^{z^2} \tag{2.99}$$

により与えられることを示せ．

(解答例) $f(z) = z^2$, $g(z) = e^z$ とおくと，$f(z)$ も $g(z)$ も任意の複素数 z に対して正則である．z-平面上の $\mathbf{C}$ の $w = f(z)$ による w-平面上の像は $\mathbf{C}$ である．従って，定理 2.6 により求める導関数は次のように導かれる．

$$\frac{d}{dz}e^{z^2} = g'(f(z))f'(z) = 2ze^{z^2} \tag{2.100}$$

問 2.21 $\frac{z+2}{(z+1)(z+3)}$ の導関数を求めよ．(略解) $-\frac{(z+2)^2+1}{(z+1)^2(z+3)^2}$

問 2.22 正則関数 $f(z) = u(x,y) + iv(x,y)$ の $u(x,y)$ と $v(x,y)$ が連続な 2 次偏導関数をもつとき，関係式

$$\frac{\partial^2 u(x,y)}{\partial x^2} + \frac{\partial^2 u(x,y)}{\partial y^2} = 0, \qquad \frac{\partial^2 v(x,y)}{\partial x^2} + \frac{\partial^2 v(x,y)}{\partial y^2} = 0 \tag{2.101}$$

が成り立つことを示せ (式 (2.101) を満たす関数 $u(x,y)$, $v(x,y)$ を一般に**調和関数** (harmonic function) という)．

関数 z^n (n は整数), e^z, $\sin(z)$, $\cos(z)$, $\sinh(z)$, $\cosh(z)$, $\log(z)$ ($z \neq 0$) は $\mathbf{C}$ で常に正則である．

$$\frac{d}{dz}z^n = nz^{n-1} \tag{2.102}$$

$$\frac{d}{dz}\sin(z) = \cos(z), \qquad \frac{d}{dz}\cos(z) = -\sin(z) \tag{2.103}$$

$$\frac{d}{dz}\sinh(z) = \cosh(z), \qquad \frac{d}{dz}\cosh(z) = \sinh(z) \tag{2.104}$$

$$\frac{d}{dz}\log(z) = \frac{1}{z} \qquad (z \neq 0) \tag{2.105}$$

が成り立つことは定理 2.2 により示すことができる．さらに定理 2.6 を用いることで

$$\frac{d}{dz}z^\alpha = \alpha z^{\alpha-1} \qquad (z \neq 0, \alpha\text{ は複素数の定数}) \tag{2.106}$$

も示すことができる．

実関数におけるロピタルの定理に対応する定理が以下の通り成り立つ．

【定理 2.7】 $z = z_0$ で $f(z)$ と $g(z)$ が正則であり，かつ $f(z_0) = g(z_0) = 0$, $g'(z_0) \neq 0$ であるとき，等式

$$\lim_{z \to z_0} \frac{f(z)}{g(z)} = \frac{f'(z_0)}{g'(z_0)} \tag{2.107}$$

が成り立つ.

(証明) $f(z)$ と $g(z)$ が $z = z_0$ で正則なので $f'(z_0) = \lim_{z \to z_0} \left(\frac{f(z) - f(z_0)}{z - z_0} \right)$ と $g'(z_0) = \lim_{z \to z_0} \left(\frac{g(z) - g(z_0)}{z - z_0} \right)$ が存在する. さらに $g'(z_0) \neq 0$ なので求める等式は次のように導かれる.

$$\begin{aligned}
\lim_{z \to z_0} \frac{f(z)}{g(z)} &= \lim_{z \to z_0} \frac{f(z) - f(z_0)}{g(z) - g(z_0)} \\
&= \lim_{z \to z_0} \left(\frac{f(z) - f(z_0)}{z - z_0} \right) \left(\frac{z - z_0}{g(z) - g(z_0)} \right) \\
&= \frac{f'(z_0)}{g'(z_0)}
\end{aligned} \tag{2.108}$$

(注意) $g'(z_0) \neq 0$ という条件がない場合, 等式 $\lim_{z \to z_0} \frac{f(z)}{g(z)} = \lim_{z \to z_0} \frac{f'(z)}{g'(z)}$ が成り立つ.

例 2.14 $\lim_{z \to 0} \frac{\sin(z)}{z}$ を求めよ.

(解答例)

$$\lim_{z \to 0} \frac{\sin(z)}{z} = \lim_{z \to 0} \frac{(\sin(z))'}{(z)'} = \lim_{z \to 0} \frac{\cos(z)}{1} = 1 \tag{2.109}$$

問 2.23 極限値 $\lim_{z \to 0} \frac{z - \sin(z)}{z^3}$ を求めよ. (略解) $1/6$

演 習 問 題

2.1 次の不等式を満足する複素数 z の存在する領域を z-平面上に図示せよ.
(1) $|z - 2 - i| > 4$ (2) $\left| \frac{z - 2i}{z + i} \right| < 2$
(3) $|z| < 2, \frac{\pi}{4} < \arg(z) < \frac{\pi}{2}$ (4) $|z + 3| + |z - 3| < 8$

2.2 $z = 1, i, 0$ を $w = 0, \infty, 1$ に写像する 1 次関数 $w = \frac{\alpha z + \beta}{\gamma z + \delta}$ ($\alpha\delta \neq \beta\gamma$) を求めよ. また, これにより z-平面上の単位円 $|z| = 1$ は w-平面上のどのような図形に写像されるか答えよ.
(略解) $w = i\frac{z-1}{z-i}$, $|w - 1| = |w - i|$ ($w = 1$ と $w = i$ の 2 点を結ぶ線分の垂直 2 等分線)

2.3 $\cos(z) = 3$ を満たす z を求めよ.
(略解) $z = 2n\pi \pm i\log_e(3 + 2\sqrt{2})$ $(n = 0, \pm 1, \pm 2, \cdots)$

2.4 次の不等式を証明せよ.
(1) $\left|\sin|z|\right| \leq |\sin(z)| \leq \sinh|z|$, (2) $\left|\cos|z|\right| \leq |\cos(z)| \leq \cosh|z|$

(略解) $z = |z|e^{i\theta}$ とおいて $|z|$ を固定して $|\sin(z)|$ および $|\cos(z)|$ を θ の関数として表し，$0 \leq \theta \leq \frac{\pi}{2}$ において θ の増加関数となることを示す．

2.5 定理 2.2 を用いて，$\log(z)$ が $z = 0$ を除く任意の複素数 z について正則であり，その導関数が

$$\frac{d}{dz}\log(z) = \frac{1}{z} \tag{2.110}$$

により与えられることを示せ，(ヒント: この問題は $\log(z)$ の虚部は z の偏角 $\theta \equiv \arg(z)$ で表され，この偏角 θ を z の実部 $x \equiv \mathrm{Re}(z)$ および虚部 $y \equiv \mathrm{Im}(z)$ による偏微分をどう計算するかがポイントとなる．そこで偏角と実部，虚部の間の関係 $\tan(\theta) = y/x$ から $\frac{1}{\cos^2}\frac{\partial \theta}{\partial x} = -\frac{y}{x^2}$, $\frac{1}{\cos^2}\frac{\partial \theta}{\partial y} = \frac{1}{x}$, $\cos(\theta) = \frac{x}{\sqrt{x^2+y^2}}$ が導かれることを用いる)．

2.6 定理 2.6 を用いて，z^α (α は複素数) が $z = 0$ を除く任意の複素数 z について正則であり，その導関数が

$$\frac{d}{dz}z^\alpha = \alpha z^{\alpha-1} \tag{2.111}$$

により与えられることを示せ (ヒント: 定理 2.6 で $f(z) = \alpha\log(z)$, $g(w) = e^w$ とおく)．

2.7 正則関数 $f(z)$ の実部 $u(x,y)$ と虚部 $v(x,y)$ の間に $u(x,y) - v(x,y) = (x-y)(x^2 + 4xy + y^2)$ の関係が成り立つとき，$f(x)$ を求めよ ($x \equiv \mathrm{Re}(z)$, $y \equiv \mathrm{Im}(z)$)．

(略解) $f(z) = -iz^3 + c(1+i)$　　(ただし，c は実数)

3 複素積分

本章では複素関数の積分について説明する．複素平面上の積分を理解するためには次の点に注意しなければならない．
(1) 実関数の積分 (実積分) と複素関数の積分がつじつまが合うように定義されなければならない．
(2) 実積分のときには出てこなかった積分がでてくる．

例えば実定積分 $\int_1^3 f(x)dx$ を考えたとき，その積分区間は $[1,3]$ で与えられる．これは大変簡単である．しかし，実変数 x を複素変数 z に置き換えて考えたとき，この積分は複素平面上では図 3.1 の C_1 のような $z=1$ から $z=3$ に向かう有向線分 (directed segment) として与えられる．しかし，複素平面上で

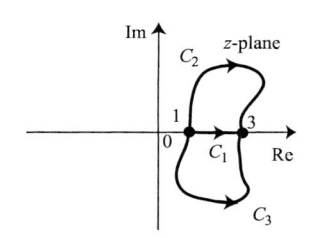

図 3.1　$z=1$ から $z=3$ に向かう経路上での複素関数の積分に対して想定される様々の経路

単に $z=1$ から $z=3$ に向かう経路 (path) という指定だけが与えられた場合には $z=1$ から $z=3$ に向かう有向線分だけでなく C_2 や C_3 のような連続曲線 (continuous curve) も選択肢として想定しておかなければならない．これが複素関数における積分の実関数と違う点である．

3.1 複素積分の定義

本節では複素関数に対する複素平面上の積分の定義について説明する.そのためにまず複素平面上での**連続曲線** (continuous curve) について説明しなければならない.複素平面上での積分は,ベクトル解析における線積分と同様のやり方で定義される.ベクトル解析では線積分は 3 次元空間 (右手座標系) で定義されるが,複素平面は 2 次元平面なので,この線積分の定義を xy-平面上の定義に置き換えて考えることで複素関数の積分が定義される.ベクトル解析の線積分については文献 [1] の第 6 章および文献 [2] の第 1 章を参照されたい.

1) 複素平面上の連続曲線

$x(t)$ と $y(t)$ を $a \leq t \leq b$ で連続な実関数とする.このとき点集合

$$\{z | z = z(t) \equiv x(t) + iy(t),\ a \leq t \leq b\} \tag{3.1}$$

は複素平面上の連続曲線を表し,これを C とすると

$$C : z = z(t) \equiv x(t) + iy(t) \quad (a \leq t \leq b) \tag{3.2}$$

と表わされる (図 3.2).$z(a)$ を C の**始点** (initial point),$z(b)$ を C の**終点** (terminal point) といい,曲線 C の長さ L は

$$L = \int_a^b |z'(t)| dt = \int_a^b \sqrt{x'(t)^2 + y'(t)^2} dt \tag{3.3}$$

により与えられる.$z(a) \neq z(b)$ のとき C を**開曲線** (open curve) という.図 3.2 の C は開曲線の一例である.$z(a) = z(b)$ のとき C を**閉曲線** (closed curve) という.さらに,$t_1 = a$ かつ $t_2 = b$ の場合を除いて,$a < t_1 < t_2 < b$ である任意の t_1, t_2 に対して常に $z(t_1) \neq z(t_2)$ である曲線を**単一曲線** (simple curve) という.開曲線であり,かつ単一曲線である曲線を**単一開曲線**という.

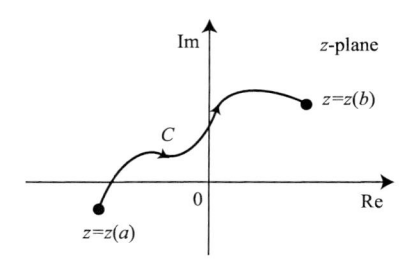

図 **3.2** z-平面上の開曲線 (単一開曲線) C.$z = z(a)$ が始点,$z = z(b)$ が終点である

閉曲線であり，かつ単一曲線である曲線を**単一閉曲線** またはジョルダン曲線 (Jordan curve) という．図 3.3 と図 3.4 は単一開曲線および単一閉曲線である．開曲線または閉曲線ではあるが単一曲線ではない例を図 3.4 に与える．単一閉曲線は z-平面を有界な領域 (**内部**; inner region) と有界でない領域 (**外部**; outer region) の 2 つの部分に分ける．C は t が a から b まで変わるとき，始点から終点へ向かう様に向きが付けられている (図 3.5)．式 (3.2) で与えられる曲線 C に対して記号 $-C$ で表された曲線は曲線 C と同じ経路をもつが向きが C と逆向きにつけられている曲線を表す．式 (3.2) で与えられる曲線 C に対して $-C$ は次のように与えられる．

$$-C : z = z(b+a-t) \equiv x(b+a-t) + iy(b+a-t) \quad (a \leq t \leq b) \quad (3.4)$$

C の内部を左にみて進む様に向きが付けられているとき，これを**正の向き** (positive orientation; counterclockwise) といい，右にみて進む向きが付けられているとき，**負の向き** (negative orientation; clockwise) という．特に断わらな

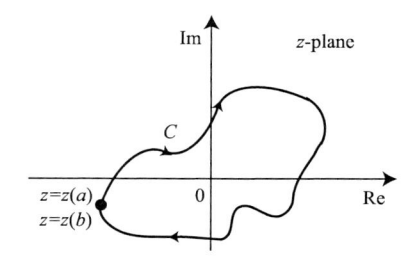

図 3.3　z-平面上の閉曲線 (単一閉曲線) C
$z = z(a)$ が始点，$z = z(b)$ が終点であるが閉曲線では $z(a) = z(b)$ である．

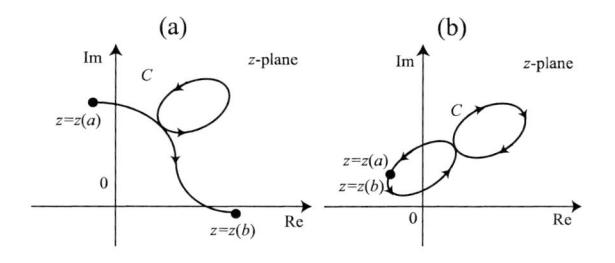

図 3.4　閉曲線または開曲線であるが単一閉曲線ではない場合
(a) 開曲線ではあるが単一開曲線ではない例，(b) 閉曲線ではあるが単一閉曲線 (ジョルダン曲線) ではない例．

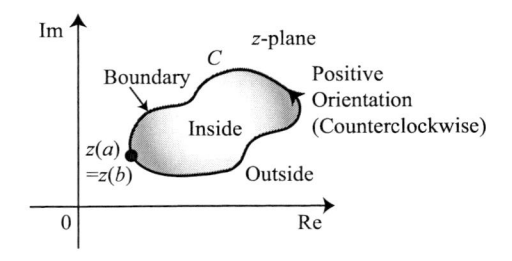

図 3.5 単一閉曲線とその内部および外部

い限り，C は正の向きが付けられているものとし，負の向きは $-C$ で表すものとする (図 3.6). 例えば曲線 $C: z = \alpha + re^{it}$ $(0 \leq t \leq 2\pi)$ は中心 $z = \alpha$, 半径 r の円周上を 2π だけ正の向きに回る単一閉曲線を表す.

曲線 $C: z = z(t)$ $(a \leq t \leq b)$ において $z(t)$ が C^1 級[*1])であり，かつ $z'(t) \neq 0$ であるとき，曲線 C を**滑らかな曲線** (smooth curve) という. 曲線 C が有限個の滑らかな曲線 $C_1, C_2, \cdots, C_n$ を結んでできているとき，この曲線 C を $C = C_1 + C_2 + \cdots + C_n$ と表し，**区分的に滑らかな曲線** (piecewise smooth curve) という (図 3.7). 連続曲線 C 上で複素数 $z = z(t)$ の複素関数 $f(z) = f\{z(t)\}$ を考え，$u(z) \equiv \mathrm{Re}\{f(z)\}$, $v(z) \equiv \mathrm{Im}\{v(z)\}$ とする. このとき $f\{z(t)\}$ の t による微分および $a \leq t \leq b$ における積分は

$$\frac{df(z(t))}{dt} \equiv \frac{du(z(t))}{dt} + i\frac{dv(z(t))}{dt} \tag{3.5}$$

$$\int_a^b f(z(t))dt \equiv \int_a^b u(z(t))dt + i\int_a^b v(z(t))dt \tag{3.6}$$

により定義される.

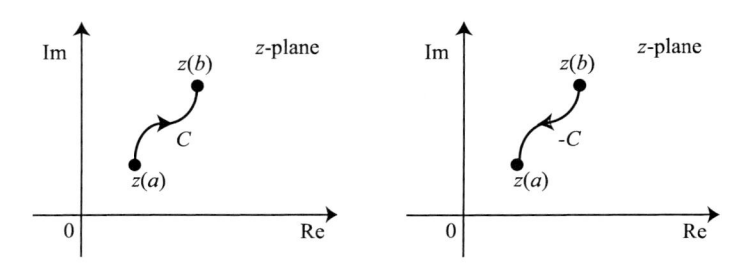

図 3.6 連続曲線 C と $-C$

[*1]) 1 階微分が連続である関数を C^1 関数という.

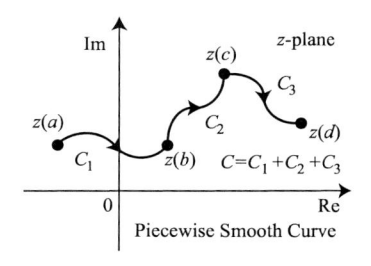

図 3.7 区分的に滑らかな曲線の例
3 つの滑らかな曲線 $C_1: z = z(t)$ $(a \leq t \leq b)$, $C_2: z = z(t)$ $(b \leq t \leq c)$, $C_3: z = z(t)$ $(c \leq t \leq d)$ からなる区分的に滑らかな曲線 $C = C_1 + C_2 + C_3$.

2) 滑らかな曲線と複素積分

複素関数 $f(z)$ が滑らかな曲線 $C: z = z(t)$ $(a \leq t \leq b)$ 上で定義された連続関数であるとき,

$$\int_C f(z)dz \equiv \int_a^b f(z(t))z'(t)dt \tag{3.7}$$

によって定義される積分 $\int_C f(z)dz$ を $f(z)$ の C に沿う**複素積分** (complex integration) といい, C を**積分路** (path of integration) という. 2 個の滑らかな曲線 C_1, C_2 に対して曲線 $C_1 + C_2$ を積分路とする複素積分 $\int_{C_1+C_2} f(z)dz$ は

$$\int_{C_1+C_2} f(z)dz \equiv \int_{C_1} f(z)dz + \int_{C_2} f(z)dz \tag{3.8}$$

により定義される. 同様にして滑らかな曲線 $C_1, C_2, \cdots, C_n$ から構成される区分的に滑らかな曲線 $C_1 + C_2 + \cdots + C_n$ に対して複素積分 $\int_{C_1+C_2+\cdots+C_n} f(z)dz$ も次の式で定義する.

$$\int_{C_1+C_2+\cdots+C_n} f(z)dz \equiv \int_{C_1} f(z)dz + \int_{C_2} f(z)dz + \cdots + \int_{C_n} f(z)dz \tag{3.9}$$

このとき区分的に滑らかな曲線 $C_1 + C_2 + \cdots + C_n$ も滑らかな曲線と同様に積分路と呼ぶ. 以下では, 特に断らない限り, 単に曲線といった場合には区分的に滑らかな単一曲線を指すこととする.

滑らかな曲線 C 上で定義された連続関数 $f(z)$ と $g(z)$ に対して次の等式が成り立つ.

$$\int_C \{\alpha f(z) + \beta g(z)\} dz = \alpha \int_C f(z) dz + \beta \int_C g(z) dz \quad (\alpha \text{ と } \beta \text{ は定数}) \tag{3.10}$$

$$\int_C f(z) dz = -\int_{-C} f(z) dz \tag{3.11}$$

積分路 C を中心 $z = \alpha$, 半径 r の円周上を 2π だけ正の向きに回る単一閉曲線 $C : z = \alpha + r\, e^{it}\ (0 \leq t \leq 2\pi)$ とするとき複素積分 $\int_C f(z) dz$ を簡略記号 $\int_{|z-\alpha|=r} f(z) dz$ により表すことがある. この複素積分は様々な場面で現れるので便利な記号である. なお, この簡略記号において積分路の向きは特に断らない限り正の向きにつけられているものとする.

3) 弧長による積分

複素関数 $f(z)$ が滑らかな曲線 $C : z = z(t)\ (a \leq t \leq b)$ 上で定義された連続関数であるとき,

$$\int_C f(z)|dz| \equiv \int_a^b f(z(t))|z'(t)| dt \tag{3.12}$$

によって定義される積分 $\int_C f(z)|dz|$ を $f(z)$ の C に沿う**弧長による積分**という. C が滑らかな曲線であり, $f(z)$ が C 上で連続であるとき, 弧長による積分に対して以下の等式および不等式が成り立つ.

$$\int_C |dz| = L \tag{3.13}$$

$$\left| \int_C f(z) dz \right| \leq \int_C |f(z)| |dz| \tag{3.14}$$

ここで L は曲線 C の長さである.

式 (3.14) は弧長による積分の定義から導出できる. 式 (3.14) は C を $C : z = z(t)\ (a \leq t \leq b)$ として $\int_a^b f(z(t)) z'(t) dz$ の偏角 θ とすると $\int_a^b f(z(t)) z'(t) dz = \left| \int_a^b f(z(t)) z'(t) dz \right| e^{i\theta}$ が成り立つ. このことと $|\int_a^b f(z(t)) z'(t) dz|$ は実数でなければならないということにより

$$e^{-i\theta} \int_a^b f(z(t)) z'(t) dz = \left| \int_a^b f(z(t)) z'(t) dt \right|$$

$$\leq \int_a^b \left| f(z(t)) z'(t) e^{-i\theta} \right| dt$$

$$= \int_a^b |f(z(t))| |z'(t)| dt \tag{3.15}$$

という不等式が導かれることにより式 (3.14) が示される.

滑らかな曲線 $C_1, C_2, \cdots, C_n$ から構成される区分的に滑らかな曲線 $C_1 +$

$C_2 + \cdots + C_n$ に対して弧長による積分 $\int_{C_1+C_2+\cdots+C_n} f(z)dz$ は複素積分のときと同様に

$$\int_{C_1+C_2+\cdots+C_n} |f(z)||dz| \equiv \int_{C_1} |f(z)||dz| + \int_{C_2} |f(z)||dz| \\ + \cdots + \int_{C_n} |f(z)||dz| \qquad (3.16)$$

で定義される．

4） 複素積分の例題

例 3.1 $z = 1$ を始点，$z = 1 + i$ を終点とし，虚軸に平行な直線上の積分路 C を考え (図 3.8)，複素積分 $\int_C z^2 dz$ および弧長による積分 $\int_C z^2 |dz|$ を考える．積分路 C は媒介変数 t を用いて以下のように表される．

$$C : z = z(t) = 1 + it \qquad (0 \leq t \leq 1) \qquad (3.17)$$

求める積分は次のように得られる．

$$\int_C z^2 dz = \int_0^1 \left(1 + it\right)^2 \times (+i) dt = i \int_0^1 \left(1 - t^2 + 2it\right) dt$$
$$= i \left[t - \frac{t^3}{3} + it^2 \right]_0^1 = -1 + \frac{2i}{3} \qquad (3.18)$$

$$\int_C z^2 |dz| = \int_0^1 \left(1 + it\right)^2 \times |i| dt = \int_0^1 \left(1 - t^2 + 2it\right) dt$$
$$= \left[t - \frac{t^3}{3} + it^2 \right]_0^1 = i + \frac{2}{3} \qquad (3.19)$$

$z = 1 + i$ を始点，$z = 1$ を終点とし，虚軸に平行な直線上の積分路 C に対して，複素積分 $\int_C z^2 dz$ および弧長による積分 $\int_C z^2 |dz|$ を考える (図 3.9)．積分路 C は媒介変数 t を用いて以下のように表される．

$$C : z = z(t) = 1 + i(1 - t) \qquad (0 \leq t \leq 1) \qquad (3.20)$$

求める積分は次のように得られる．

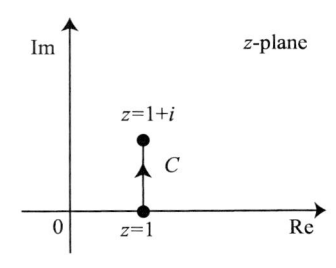

図 3.8 $z = 1$ を始点，$z = 1 + i$ を終点とし，虚軸に平行な直線上の積分路 C

3.1 複素積分の定義

図 3.9 $z=1+i$ を始点, $z=1$ を終点とし, 虚軸に平行な直線上の積分路 C

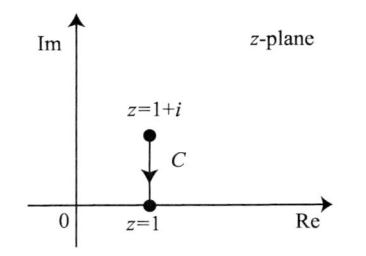

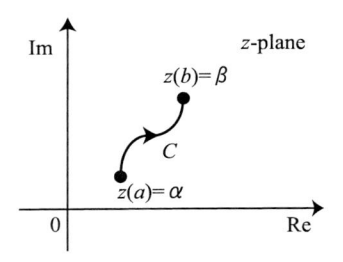

図 3.10 $z=\alpha$ を始点, $z=\beta$ を終点とし, $z=0$ を通らない滑らかな積分路 C

$$\int_C z^2 dz = \int_0^1 \Big(1+i(1-t)\Big)^2 \times (-i) dt$$
$$= -i \int_0^1 \Big(2t - t^2 + 2i(1-t)\Big) dt$$
$$= -i \Big[t^2 - \frac{t^3}{3} + i\Big(2t - t^2\Big)\Big]_0^1 = 1 - \frac{2i}{3} \quad (3.21)$$

$$\int_C z^2 |dz| = \int_0^1 \Big(1+i(1-t)\Big)^2 \times |-i| dt$$
$$= \int_0^1 \Big(2t - t^2 + 2i(1-t)\Big) dt$$
$$= \Big[t^2 - \frac{t^3}{3} + i\Big(2t - t^2\Big)\Big]_0^1 = i + \frac{2}{3} \quad (3.22)$$

例 3.2 2 つの複素定数 $\alpha(\neq 0)$, $\beta(\neq 0)$ に対して, $z=\alpha$ を始点, $z=\beta$ を終点とし, $z=0$ を通らない滑らかな積分路 $C: z=z(t)$ ($a \leq t \leq b$, $z(a)=\alpha$, $z(b)=\beta$) を考える (図 3.10). 式 (2.62) から $\frac{dz^{n+1}}{dz} = (n+1)z^n$ (n は -1 を除く整数) が任意の複素数 $z \in \mathbf{C}$ に対して成り立つことを用いると -1 を除く任意の整数 n に対して以下の等式が成り立つ.

$$\frac{dz(t)^{n+1}}{dt} = \Big[\frac{dz^{n+1}}{dz}\Big]_{z=z(t)} \Big(\frac{dz(t)}{dt}\Big)$$
$$= (n+1)z(t)^n z'(t) \quad (3.23)$$

このことから任意の整数 $n(\neq -1)$ に対して複素積分 $\int_C z^n dz$ が以下のように計算される.

$$\int_C z^n dz = \int_\alpha^\beta z^n dz = \int_a^b z(t)^n z'(t) dt$$

$$= \frac{1}{n+1}\int_a^b \frac{dz(t)^{n+1}}{dt}dt = \frac{1}{n+1}\Big[z(t)^{n+1}\Big]_a^b$$
$$= \frac{1}{n+1}\Big(z(b)^{n+1} - z(a)^{n+1}\Big)$$
$$= \frac{1}{n+1}\Big(\beta^{n+1} - \alpha^{n+1}\Big) \qquad (3.24)$$

例 3.3 $z = \alpha$ を中心とし，半径 r の円周上を正の向きに回る積分路 $C : z = z(t) \equiv \alpha + re^{it} = \alpha + r\cos(t) + ir\sin(t)$ $(0 \leq t \leq 2\pi)$ に対して

$$\int_C (z-\alpha)^{-n}dz = \int_{|z-\alpha|=r}(z-\alpha)^{-n}dz \qquad (3.25)$$

を考える (図 3.11).

$$\int_C (z-\alpha)^{-n}dz = \int_0^{2\pi} r^{-n}e^{-int}rie^{it}dt$$
$$= ir^{-n+1}\int_0^{2\pi} e^{-i(n-1)t}dt$$
$$= ir^{-n+1}\int_0^{2\pi} \Big(\cos\{(n-1)t\} - i\sin\{(n-1)t\}\Big)dt$$
$$= ir^{-n+1}\int_0^{2\pi} \cos\{(n-1)t\}dt$$
$$\quad + r^{-n+1}\int_0^{2\pi} \sin\{(n-1)t\}dt$$
$$= \begin{cases} 0 & (n \neq 1) \\ 2\pi i & (n = 1) \end{cases} \qquad (3.26)$$

従って任意の整数 n に対して以下の等式が成り立つ.

$$\int_C (z-\alpha)^{-n}dz = \int_{|z-\alpha|=r}(z-\alpha)^{-n}dz = 2\pi i \delta_{n,1} \quad (3.27)$$

ここで $\delta_{a,b}$ はクロネッカーのデルタである.

問 3.1 図 3.12 に示す積分路 $C : z = (1+i)t$ $(0\leq t\leq 1)$ に対して複素積分 $\int_C z^2 dz$ および弧長による積分 $\int_C z^2|dz|$ を求めよ.
(略解) $\int_C z^2 dz = \frac{1}{3}(1+i)^3$, $\int_C z^2|dz| = \frac{\sqrt{2}}{3}(1+i)^2$

問 3.2 図 3.13 に示す連続曲線上の 2 種類の積分路 $C_1 : z = e^{it}$ $(0\leq t\leq \frac{\pi}{2})$ と $C_2 : z = e^{it}$ $(2\pi\leq t\leq \frac{5\pi}{2})$ に対してそれぞれ定義される複素積分 $\int_{C_1}\sqrt{z}dz$ および $\int_{C_2}\sqrt{z}dz$ を求めよ.
(略解) $\int_{C_1}\sqrt{z}dz = \frac{2}{3}(-1-\frac{1}{\sqrt{2}}+i\frac{1}{\sqrt{2}})$, $\int_{C_2}\sqrt{z}dz = \frac{2}{3}(1+\frac{1}{\sqrt{2}}-i\frac{1}{\sqrt{2}})$

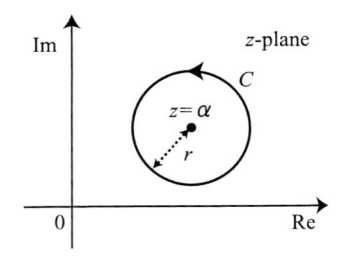

図 3.11　$z=\alpha$ を中心とし，半径 r の円周上を正の向きに回る積分路 C

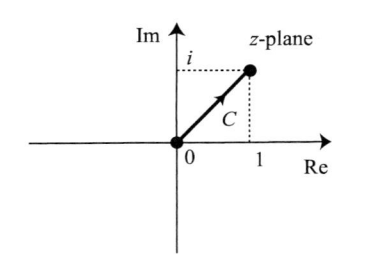

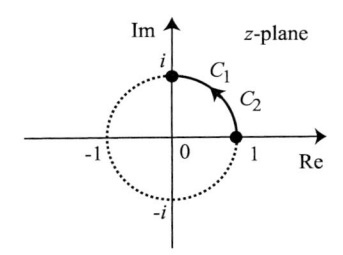

図 3.12　積分路 $C: z=(i+1)t\ (0\leq t\leq 1)$

図 3.13　積分路 $C_1: z=e^{it}\ (0\leq t\leq \pi/2)$
および $C_2: z=e^{it}\ (2\pi\leq t\leq 5\pi/2)$

3.2　コーシーの積分定理

本節ではコーシーの積分定理 (Cauchy integral theorem) と呼ばれる複素積分の重要な定理を紹介したうえで，それをもとにいくつかの複素積分についての重要な性質を示す．さらに単一開曲線に対する複素積分が実関数のときと同様に原始関数の計算を通して与えられることを説明する．

【定理 3.1】(コーシーの積分定理; Cauchy's integral theorem)　$f(z)$ は領域 D で正則であり，C はその周および内部が D に含まれる閉曲線とする (図 3.14)．このとき

$$\int_C f(z)dz = 0 \tag{3.28}$$

が成り立つ．

証明はベクトル解析で学習する平面上のグリーンの定理を用いて与えられる．その詳細は文献 [1] の第 1 章 4.3 節の定理 4.6 または文献 [2] の第 6 章 6.2 節の定理 6.3 を参照されたい．

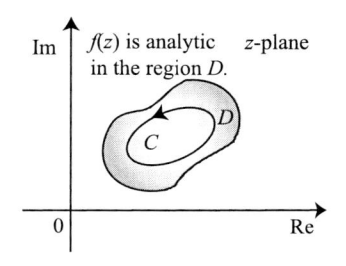

図 3.14　$f(z)$ が正則である領域 D と領域 D にその周および内部が含まれる閉曲線 C

「曲線 C 上での関数 $f(z)$ の正則性」をいう場合，正確には「$f(z)$ が常に正則である領域 D が存在し，曲線 C はその領域 D の内部にある曲線である.」という言い方になる．しかし $f(z)$ の曲線 C 上での正則であるということを言及するたびごとに「$f(z)$ が常に正則である領域 D が存在し,」という一言を付け加えなければならないというのでは大変である．そこで「曲線 C 上で関数 $f(z)$ が正則である」という表記は「曲線 C を含み，かつ関数 $f(z)$ が正則である領域」が存在しているということ意味するものとすると定理 3.1 は

関数 $f(z)$ が単一閉曲線 C の周上および内部で正則であれば
$$\int_C f(z)dz = 0$$
が成り立つ．

と表現することができる．本書では特に断らない限り「曲線 C 上で関数 $f(z)$ が正則である」といったら「曲線 C を含み，関数 $f(z)$ が正則である領域が存在する」ことが前提となっているものとする．

例 3.4　積分路 C が円 $|z| = \frac{\pi}{2}$ 上を反時計回りに 2π だけ回る閉曲線上の積分路であるとき，複素積分

$$\int_C \cosh(z)dz \tag{3.29}$$

を考える (図 3.15)．積分路 C は単一閉曲線であり，被積分関数 $\cosh(z)$ は C の内部および周上で正則である．従ってコーシーの積分定理により求める積分は次のように与えられる．

$$\int_C \cosh(z)dz = 0 \tag{3.30}$$

領域 D に含まれる任意の単一閉曲線を D の外に出ることなく，連続的に変形して 1 点に縮めることができるとき，D を**単連結領域** (simply-connected

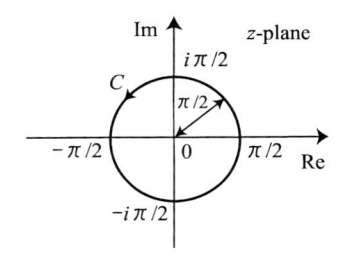

図 **3.15** 例 3.4 の積分路 C

region) という．この単連結領域に対してコーシーの積分定理の逆が次のように成立する．

【定理 3.2】(モレラの定理; Morera's theorem) $f(z)$ が単連結領域 D で連続であり，D 内の任意の単一閉曲線 C に対して常に $\int_C f(z)dz = 0$ であれば，$f(z)$ は D で正則である．

証明は文献 [2] の第 6 章 6.3 節の定理 6.8 を参照されたい．

【定理 3.3】 始点を $z = \alpha$, 終点を $z = \beta$ とする任意の 2 つの曲線 C_1, C_2 を考える (図 3.16). 曲線 $C_1 - C_2$ が単一閉曲線であり，その周上および内部で $f(z)$ が正則であれば

$$\int_{C_1} f(z)dz = \int_{C_2} f(z)dz \tag{3.31}$$

が成り立つ．

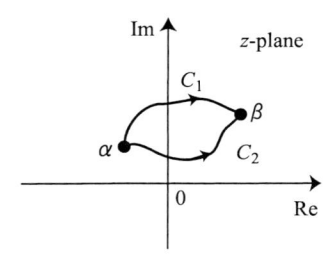

図 **3.16** 始点を $z = \alpha$, 終点を $z = \beta$ とする任意の 2 つの曲線 C_1, C_2 に対して，曲線 $C_1 - C_2$ が単一閉曲線である例

(証明) 単一閉曲線 $C_1 - C_2$ の周上および内部で $f(z)$ が正則なのでコーシーの積分定理により

$$\int_{C_1-C_2} f(z)dz = 0 \tag{3.32}$$

$$\int_{C_1} f(z)dz + \int_{-C_2} f(z)dz = 0 \tag{3.33}$$

$$\int_{C_1} f(z)dz - \int_{C_2} f(z)dz = 0 \tag{3.34}$$

$$\int_{C_1} f(z)dz = \int_{C_2} f(z)dz \tag{3.35}$$

という形で示される.

定理 3.3 は次の重要な性質を保証してくれる.

> 単一閉曲線 C を積分路とする積分 $\int_C f(z)dz$ は C を $f(z)$ の正則な領域からはみ出すことなく連続的に変形する操作を行っても値が変わらない.

この操作を注意深く行うことにより領域 D が単連結領域でない場合に有用な以下の定理が導かれる.

【定理 3.4】 $f(z)$ が領域 D で正則であるとし,曲線 C は領域 D の内部にある単一閉曲線であるとする.曲線 C の内部に単一閉曲線 C_1, C_2 があり,C_1 と C_2 のそれぞれの内部の領域が互いに共通部分をもたないものとする (図 3.17).このとき次の等式が成り立つ.

$$\int_C f(z)dz = \int_{C_1} f(z)dz + \int_{C_2} f(z)dz \tag{3.36}$$

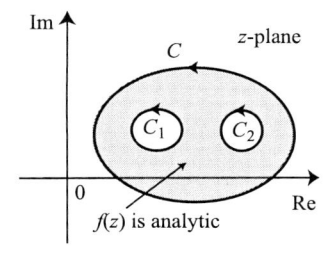

図 3.17 単一閉曲線 C の内部にふたつの単一閉曲線 C_1, C_2 があり,C_1 と C_2 のそれぞれの内部の領域が互いに共通部分をもたない例.$f(z)$ が単一閉曲線 C, C_1, C_2 上およびそれによりはさまれた領域で正則であるとすると式 (3.36) が成り立つ.

例 3.5 定理 3.4 から例えば次の等式が成り立つ.

$$\int_{|z|=R} \frac{e^{iz}}{z^2+4}dz = \int_{|z-2i|=r} \frac{e^{iz}}{z^2+4}dz + \int_{|z+2i|=r} \frac{e^{iz}}{z^2+4}dz$$
$$(R > 2 > r > 0) \tag{3.37}$$

3.2 コーシーの積分定理

単連結領域 D を考え，その内部に点 α を固定する．D の内部にある任意の複素数 z に対して，始点を α，終点を z にもち，D の内部にある曲線 C_z を積分路として定義される関数

$$F(z) \equiv \int_{C_z} f(\zeta) d\zeta \tag{3.38}$$

は z の関数として一意的に定まる．すなわち C_z が D の内部にさえあれば α から z の間の経路には依存せず，単に

$$F(z) = \int_\alpha^z f(\zeta) d\zeta \tag{3.39}$$

と書くことができる．さらに次の定理が成り立つ．

【定理 3.5】 $f(z)$ が単連結領域 D で正則であるとし，D の内部にある任意の複素数 z に対して，始点を α，終点を z にもち，D の内部にある積分路 C_z に対して定義される関数 $F(z) = \int_\alpha^z f(\zeta) d\zeta$ も D で正則であり，

$$\frac{d}{dz} F(z) = f(z) \tag{3.40}$$

が成り立つ (図 3.18).

証明の詳細は文献 [1] の第 1 章 4.3 節の定理 4.7 または文献 [2] の第 6 章 6.2 節の定理 6.4 を参照されたい．

正則関数 $f(z)$ に対して，$G'(z) = f(z)$ を満たす正則関数 $G(z)$ を $f(z)$ の**原始関数** (primitive function) という．定理 3.5 は単連結領域で正則な関数に対して原始関数が存在することを保証してくれる．

【定理 3.6】 $f(z)$ は単連結領域 D で正則であるとする．$G(z)$ が $f(z)$ の原

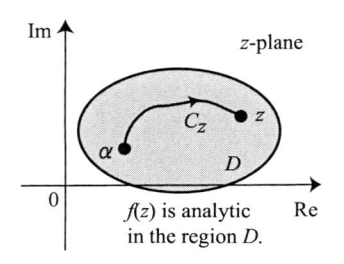

図 3.18 単連結領域 D の内部にある任意の複素数 z に対して，始点を α，終点を z にもち，D の内部にある積分路 C_z．$f(z)$ は D の内部で正則である．

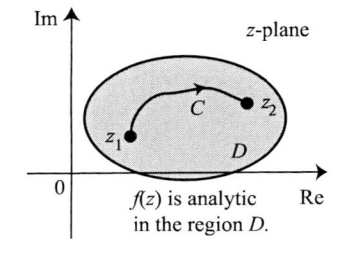

図 3.19 領域 D 内の点 z_1 を始点，z_2 を終点とし，領域 D の内部にある積分路 C

始関数であり，領域 D 内の点 z_1 を始点, z_2 を終点とし，領域 D の内部にある積分路 C に対して，次の式が成り立つ (図 3.19).

$$\int_C f(z)dz = G(z_2) - G(z_1) \tag{3.41}$$

(証明) 単連結領域 D で $f(z)$ は正則なので関数 $F(z) \equiv \int_\alpha^z f(\zeta)d\zeta$ は定理 3.5 により正則であり $F'(z) = f(z)$ を満たす．従って $F(z) - G(z)$ は正則であり，$F'(z) - G'(z) = 0$ を満たす．定理 2.3 により D 内で常に $F(z) - G(z)$ は z によらない定数となる．また定理 3.3 により，$\int_C f(z)dz$ は C の始点 z_1 と終点 z_2 の値のみに依存する．すなわち，

$$\int_C f(z)dz = \int_{z_1}^{z_2} f(z)dz = \int_\alpha^{z_2} f(z)dz - \int_\alpha^{z_1} f(z)dz$$
$$= F(z_2) - F(z_1) = G(z_2) - G(z_1) \tag{3.42}$$

となる．ここで，$\int_\alpha^{z_2} f(z)dz$ と $\int_\alpha^{z_1} f(z)dz$ はその積分路がすべて D の内部にあるように選ばれている．

定理 3.6 も使いやすい表現とはいい難いが，積分路 C を単一開曲線で与えられる場合に限定すれば，定理 3.1 と同様に

点 z_1 を始点, z_2 を終点とし，単一開曲線で与えられる積分路 C 上で関数 $f(z)$ が正則であれば，

$$\int_C f(z)dz = G(z_2) - G(z_1) \tag{3.43}$$

が成り立つ．

という具体的な計算をする際に使いやすい表現に書き換えることができる．定理 3.6 は，正則関数の，単一開曲線を積分路とする積分が，実関数のときと同様に計算できることを保証している．

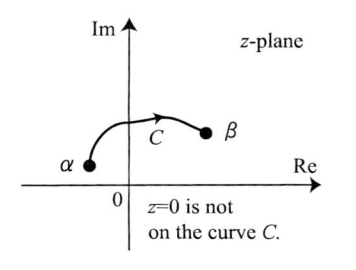

図 3.20 例 3.6 の積分路 C

例 3.6 2 つの複素定数 $\alpha(\neq 0)$, $\beta(\neq 0)$ に対して，$z = \alpha$ を始点, $z = \beta$ を終点とし，$z = 0$ を通らない滑らかな積分路 C を考える (図 3.20). n を -1 を除く整数とすると，$f(z) \equiv z^n$ の原始関数は $G(z) = \frac{1}{n+1} z^{n+1}$ であるから

3.2 コーシーの積分定理　　85

$$\int_C z^n dz = G(\beta) - G(\alpha) = \frac{1}{n+1}\left(\beta^{n+1} - \alpha^{n+1}\right) \quad (3.44)$$

が得られる．

例 3.7 円 $|z| = \frac{\pi}{2}$ 上を $\frac{\pi}{2}i$ から $-\frac{\pi}{2}i$ まで反時計回りに π だけ回る開曲線上の積分路 C に対して，積分 $\int_C \cosh(z)dz$ を考える (図 3.21)．積分路 C は単一開曲線であり，被積分関数 $\cosh(z)$ は C 上で正則である．$\cosh(z)$ の原始関数は $\sinh(z)$ であるから求める積分は次のように与えられる．

$$\int_C \cosh(z)dz = \sinh\left(-i\frac{\pi}{2}\right) - \sinh\left(i\frac{\pi}{2}\right)$$
$$= -i - i = -2i \quad (3.45)$$

例 3.8 $z = 3/2$ を始点，$z = -3/2$ を終点として半径 $3/2$ の円の周上を π だけ反時計回りに回る単一開曲線上の積分路を考える．ただし，$z = 3/2$ における $z-1$ と $z-2$ の偏角はそれぞれ $0, \pi$ とする (図 3.22)．このとき，$f(z) = \frac{1}{z^2-3z+2}$ の積分路 C における複素積分 $\int_C f(z)dz$ を考える．$z = 3/2$ での偏角が $\arg(z-1) = 0, \arg(z-2) = \pi$ ということはその点から C 上を連続的に動かして $z = -3/2$ まで到達したときの $z-1$ の偏角は π，$z-2$ の偏角は π である．求める複素積分 $\int_C f(z)dz$ は次のように与えられる．

$$\int_C f(z)dz = \int_C \left(\frac{1}{z-2} - \frac{1}{z-1}\right)dz$$
$$= \log\left(-\frac{3}{2} - 2\right) - \log\left(-\frac{3}{2} - 1\right)$$

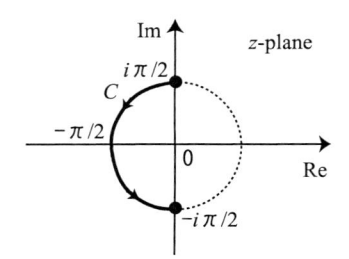

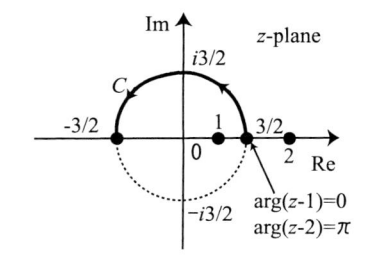

図 3.21　例 3.7 の積分路 C

図 3.22　例 3.8 の積分路 C
$z = 3/2$ における $z-1$ と $z-2$ の偏角はそれぞれ $0, \pi$ とする．

$$
\begin{aligned}
&-\log\left(\frac{3}{2}-2\right)+\log\left(\frac{3}{2}-1\right)\\
=&\log\left|-\frac{3}{2}-2\right|-\log\left|-\frac{3}{2}-1\right|\\
&+i\arg\left(-\frac{3}{2}-2\right)-i\arg\left(-\frac{3}{2}-1\right)\\
&-\log\left|\frac{3}{2}-2\right|+\log\left|\frac{3}{2}-1\right|\\
&-i\arg\left(\frac{3}{2}-2\right)+i\arg\left(\frac{3}{2}-1\right)\\
=&\log\left(\frac{7}{5}\right)-\pi i
\end{aligned}
\tag{3.46}
$$

例 3.9 積分路 C が円 $|z|=\pi$ 上を $i\pi$ から $-\pi$ まで正の方向に $\frac{\pi}{2}$ だけ回る開曲線上の積分路であるとき、この積分路を図示し、積分 $\int_C \sin(z)dz$ を計算せよ（ヒント：積分路 C は開曲線であり、途中に閉曲線を伴っているわけではなく、また、積分路 C 上で被積分関数 $\sin(z)$ は常に正則なので、被積分関数の原始関数を求め、始点と終点の値を代入し、実関数の時とまったく同様に計算すればよい）。

（解答例） 積分路 C は図 3.23 に示す単一開曲線であり、被積分関数 $\sin(z)$ は C 上で正則である。$\sin(z)$ の原始関数は $-\cos(z)$ であるから求める積分は次のように与えられる。

$$
\int_C \sin(z)dz = -\cos(-\pi)+\cos(i\pi) = 1+\cosh(\pi) \tag{3.47}
$$

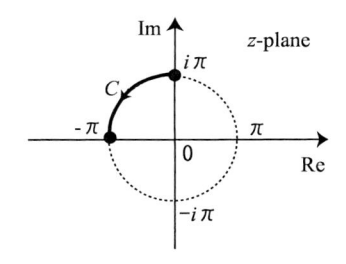

図 3.23　例 3.9 の積分路 C

問 3.3 ζ-平面上の点 $\zeta=0$ と任意の点 $\zeta=z$ を結ぶ単一開曲線を 0 から z に向かう積分路 C に対して複素積分 $\int_C \cos^2(\zeta)d\zeta = \int_0^z \cos^2(\zeta)d\zeta$ を求めよ。

(略解) $\frac{1}{4}\sin(2z) + \frac{1}{2}z$

問 3.4 図 3.24 に示す ζ-平面上の点 $\zeta = 0$ と実軸の負の部分を除いた領域を D とし，z を D の任意の複素数とする．$\zeta = 1$ から $\zeta = z$ に向かう向きをもつ単一開曲線からなる積分 C に対して複素積分 $\int_C \sqrt{\zeta} d\zeta = \int_1^z \sqrt{\zeta} d\zeta$ を求めよ．ただし，C の始点 $\zeta = 1$ での偏角は $\arg(1) = 0$ とする．

(略解) $\frac{2}{3}z^{\frac{3}{2}} - \frac{2}{3}$

問 3.5 2 種類の積分路 $C_1 : z = e^{it}$ ($0 \leq t \leq \frac{\pi}{2}$) と $C_2 : z = e^{it}$ ($2\pi \leq t \leq \frac{5\pi}{2}$) に対してそれぞれ定義される複素積分 $\int_{C_1} \sqrt{z} dz$ および $\int_{C_2} \sqrt{z} dz$ を求めよ．

(略解) $\int_{C_1} \sqrt{z} dz = \frac{2}{3}(-1 - \frac{1}{\sqrt{2}} + i\frac{1}{\sqrt{2}})$, $\int_{C_2} \sqrt{z} dz = \frac{2}{3}(1 + \frac{1}{\sqrt{2}} - i\frac{1}{\sqrt{2}})$

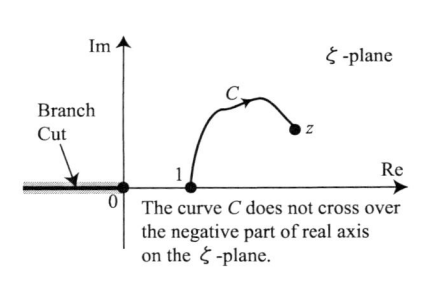

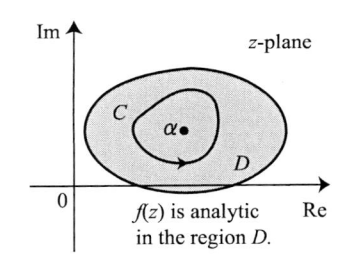

図 3.24 問 3.4 の積分路 C

図 3.25 定理 3.7 の領域 D と単一閉曲線 C と点 α

3.3 コーシーの積分公式

本節ではコーシーの積分公式 (Cauchy integral formura) を紹介し，積分路が単一閉曲線により与えられる場合の複素積分の計算について説明する．

【定理 3.7】(コーシーの積分公式; Cauchy's integral formula) $f(z)$ は領域 D で正則であり，C はその周上および内部が D に含まれる単一閉曲線である (図 3.25)．C の内部にある任意の 1 点 α に対して，次の関係が成り立つ．

$$f(\alpha) = \frac{1}{2\pi i} \int_C \frac{f(z)}{z - \alpha} dz \tag{3.48}$$

さらに，その拡張として，次の等式が成り立つ事も知られている．

$$\lim_{z \to \alpha} \frac{d^n f(z)}{dz^n} = \frac{n!}{2\pi i} \int_C \frac{f(z)}{(z-\alpha)^{n+1}} dz$$
$$(n = 1, 2, 3, \cdots) \quad (3.49)$$

証明の詳細は文献 [1] の第 1 章 4.4 節または文献 [2] の第 6 章 6.3 節を参照されたい．

例 3.10 C を $z = 1$ を内部に含み，$z = -1$ を外部にもつ単一閉曲線として，複素積分 $\int_C \frac{e^z}{z^2-1} dz$ の値を求めよ (図 3.26)．

(解答例) まず，積分路 C は単一閉曲線である．そこで，$f(z) \equiv \frac{e^z}{z+1}$ とおくと求める積分は次のように書き換えられる．

$$\int_C \frac{e^z}{z^2-1} dz = \int_C \frac{f(z)}{z-1} dz \quad (3.50)$$

$f(z)$ は積分路 C の周上および内部のすべての点で正則なのでコーシーの積分公式により

$$\int_C \frac{f(z)}{z-1} dz = 2\pi i \lim_{z \to 1} f(z)$$
$$= 2\pi i \times \frac{e}{2} = i\pi e \quad (3.51)$$

従って，求める積分は

$$\int_C \frac{e^z}{z^2-1} dz = i\pi e \quad (3.52)$$

と得られる．

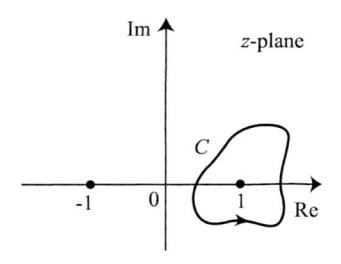

図 3.26 例 3.10 の積分路 C

例 3.11 円 $|z| = 2$ 上を反時計回りに 2π だけ回る閉曲線上の積分路 C_1 および円 $|z-3| = 1$ 上を反時計回りに 2π だけ回る閉曲線上の積分路 C_2 を図示し，次の 2 つの積分をコーシーの積分公式を用いて計算せよ．

3.3 コーシーの積分公式

$$I_1 = \int_{C_1} \frac{(z-2)(z-5)}{(z-1)(z-3)} dz \qquad (3.53)$$

$$I_2 = \int_{C_2} \frac{(z-2)(z-5)}{(z-1)(z-3)} dz \qquad (3.54)$$

(解答例)　まず，積分路 C_1，積分路 C_2 はいずれも単一閉曲線であり，その概形は図 3.27 に与えられる．そこで，まず $f(z) \equiv \frac{(z-2)(z-5)}{z-3}$ とおくと積分 I_1 は次のように書き換えられる．

$$I_1 = \int_{C_1} \frac{f(z)}{z-1} dz \qquad (3.55)$$

$f(z)$ は積分路 C_1 の周上および内部のすべての点で正則なのでコーシーの積分公式により

$$I_1 = 2\pi i \lim_{z \to 1} f(z) = 2\pi i \times \frac{(-1) \times (-4)}{(-2)} = -4\pi i \qquad (3.56)$$

次に $g(z) \equiv \frac{(z-2)(z-5)}{z-1}$ とおくと積分 I_1 は次のように書き換えられる．

$$I_2 = \int_{C_2} \frac{g(z)}{z-3} dz \qquad (3.57)$$

$f(z)$ は積分路 C_2 の周上および内部のすべての点で正則なのでコーシーの積分公式により

$$I_2 = 2\pi i \lim_{z \to 3} g(z) = 2\pi i \times \frac{(+1) \times (-2)}{(+2)} = -2\pi i \qquad (3.58)$$

が得られる．

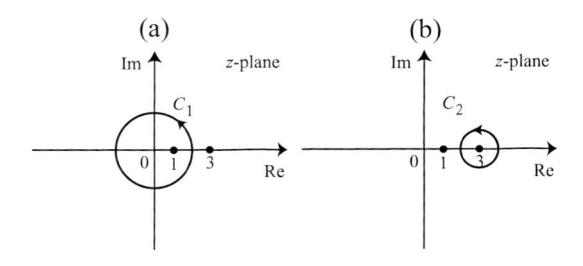

図 3.27　例 3.11 の積分路 C_1 と C_2

例 3.12　$z = \pi i$ を内部に含み，$z = -\pi i$ を内部および周上に含まない単一閉曲線上を反時計回りに回る積分路 C として，積分 $\int_C \frac{\cosh(z)}{z^2 + \pi^2} dz$ を考える (図 3.28)．積分路 C は単一閉曲線である．そこで，まず

$$f(z) \equiv \frac{\cosh(z)}{z + i\pi} \qquad (3.59)$$

とおくと求める積分は次のように書き換えられる.
$$\int_C \frac{\cosh(z)}{z^2+\pi^2}dz = \int_C \frac{f(z)}{z-i\pi}dz \tag{3.60}$$
積分路 C_3 は $z = i\pi$ を内部に含み, $f(z)$ は積分路 C の周上および内部のすべての点で正則なのでコーシーの積分公式により
$$\int_C \frac{f(z)}{z-i\pi}dz = 2\pi i \lim_{z\to i\pi} f(z)$$
$$= 2\pi i \times \frac{\cosh(i\pi)}{2\pi i} = \cos(\pi) = -1 \tag{3.61}$$
となり, 従って求める積分の値は次のように与えられる.
$$\int_C \frac{\cosh(z)}{z^2+\pi^2}dz = -1 \tag{3.62}$$

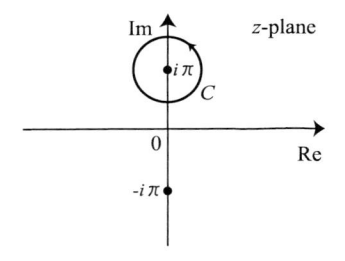

図 **3.28** 例 3.12 の積分路 C 図 **3.29** 例 3.13-14 の積分路 C

例 3.13 実数 $R(>1)$ を固定し, 積分路 $C_1 : z = (2t-1)R$ $(0 \leq t \leq 1)$ および積分路 $C_2 : z = R\,e^{it}$ $(0 \leq t \leq \pi)$ に対して複素積分
$$I \equiv \int_{C_1+C_2} \frac{e^{iz}}{z^2+1}dz \tag{3.63}$$
を考える (図 3.29). $f(z) \equiv \frac{e^{iz}}{z+i}$ とおくと $f(z)$ は積分路 $C_1 + C_2$ の周上および内部で常に正則なのでコーシーの積分公式により次のように計算される.
$$I = \int_{C_1+C_2} \frac{f(z)}{z-i}dz = 2\pi i f(i)$$
$$= 2\pi i \,\frac{1}{2i} e^{-1} = \pi e^{-1}$$

例 3.14 実数 $R(>1)$ を固定し, 積分路 $C_1 : z = (2t-1)R$ $(0 \leq t \leq 1)$ および積分路 $C_2 : z = R\,e^{it}$ $(0 \leq t \leq \pi)$ に対して複素積分

3.3 コーシーの積分公式

$$I \equiv \int_{C_1+C_2} \frac{e^{iz}}{(z^2+1)^2} dz \qquad (3.64)$$

を考える (図 3.29). $f(z) \equiv \frac{e^{iz}}{(z+i)^2}$ とおくと $f(z)$ は積分路 $C_1 + C_2$ の周上および内部で常に正則なのでコーシーの積分公式により次のように計算される.

$$I = \int_{C_1+C_2} \frac{f(z)}{(z-i)^2} dz = 2\pi i \times \lim_{z \to i} \frac{df(z)}{dz}$$
$$= 2\pi i \times \lim_{z \to i} \left(\frac{iz-3}{(z+i)^3} e^{iz} \right) = \pi e^{-1} \qquad (3.65)$$

例 3.15 実数 $R(>1)$ を固定し, 積分路 $C_1 : z = (2t-1)R \ (0 \le t \le 1)$ および積分路 $C_2 : z = R \, e^{it} \ (0 \le t \le \pi)$ に対して複素積分

$$I \equiv \int_{C_1+C_2} \frac{e^{iz}}{(4z^2+1)(z^2+1)} dz$$

を考える (図 3.30). このとき 2 つの積分路 $C_3 : z = i + \frac{1}{8} e^{it}$ $(0 \le t \le 2\pi)$ および $C_4 : z = \frac{i}{2} + \frac{1}{8} e^{it} \ (0 \le t \le 2\pi)$ を導入し, $f(z) \equiv \frac{e^{iz}}{(4z^2+1)(z+i)}$ $g(z) \equiv \frac{e^{iz}}{2(2z+i)(z^2+1)}$ とおくと積分 I はコーシーの積分定理により以下のように書き換えられる.

$$I = \int_{C_3} \frac{f(z)}{z-i} dz + \int_{C_4} \frac{g(z)}{z-\frac{i}{2}} dz$$

$f(z)$ は積分路 C_3 の周上および内部で常に正則であり, $g(z)$ は積分路 C_4 の周上および内部で常に正則なのでコーシーの積分公式により次のように計算される.

$$I = \int_{C_3} \frac{f(z)}{z-i} dz + \int_{C_4} \frac{g(z)}{z-\frac{i}{2}} dz = 2\pi i f(i) + 2\pi i g\left(\frac{i}{2}\right)$$
$$= 2\pi i \frac{e^{-1}}{(2i)(-4+1)} + 2\pi i \frac{e^{-\frac{1}{2}}}{2(2i)(-\frac{1}{4}+1)}$$

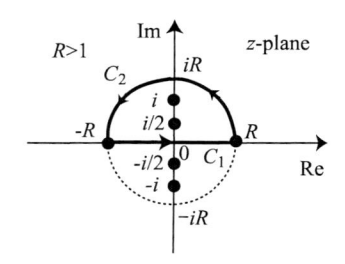

図 **3.30** 例 3.15 の積分路 C

$$= \frac{\pi e^{-1}}{-3} + \frac{2\pi e^{-\frac{1}{2}}}{3} \tag{3.66}$$

注意: ここで, C_3 は $z = i$ を内部にもち, かつ $z = -i$, $z = \frac{i}{2}$, $z = -\frac{i}{2}$ を外部にもつ正の向きをつけられた単一閉曲線であり, C_4 は $z = \frac{i}{2}$ を内部にもち, かつ $z = -i$, $z = i$, $z = -\frac{i}{2}$ を外部にもつ正の向きをつけられた単一閉曲線であるとすればコーシーの積分定理から常に

$$I = \int_{C_3} \frac{f(z)}{z - i} dz + \int_{C_4} \frac{g(z)}{z - \frac{i}{2}} dz$$

が成り立つ.

問 3.6 $z = 0$ を中心とし, 半径 2 の円周上を正の向きに 2π だけ回る積分路 C に対して複素積分 $\int_C \frac{\sin(\frac{\pi}{2}z)}{(z+1)(z+3)} dz$ をコーシーの積分公式を用いて求めよ (図 3.31).

(略解) $-\pi i$

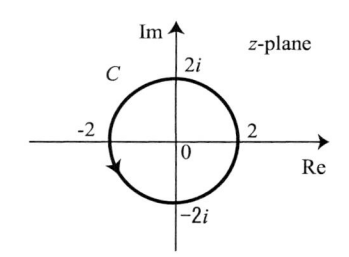

図 **3.31** 問 3.6 と問 3.7 の積分路 C

問 3.7 $z = 0$ を中心とし, 半径 2 の円周上を正の向きに 2π だけ回る積分路 C に対して複素積分 $\int_C \frac{\cos(z)}{(z+1)^2(z-1)} dz$ をコーシーの積分公式を用いて求めよ (図 3.31).

(略解) $-i\pi \sin(1)$

問 3.8 $z = 0$ を中心とし, 半径 1 の円周上を正の向きに 2π だけ回る積分路 C に対して複素積分 $\int_C \frac{\sin(z)}{z\cos(z)} dz$ をコーシーの積分公式を用いて求めよ.

(略解) 0

3.4 コーシーの積分公式の実積分への応用

複素積分は実定積分の計算に有効な手段となることがある．もともと複素関数は実関数を含むものであり，複素関数で証明された定理をそこに使い回すことができることがある．本節では実定積分の中でもコーシーの積分公式を用いることで比較的計算が楽になる例を紹介する．

例 3.16 実定積分 $I = \int_0^{2\pi} \dfrac{1}{2+\cos(\theta)} d\theta$ を求めよ．

(解答例) $z = e^{i\theta}$ $(0 \leq \theta \leq 2\pi)$ と変数変換することにより与えられた実定積分は次のような複素積分として書き換えられる．

$$I = \int_0^{2\pi} \frac{1}{2+\cos(\theta)} d\theta = \int_0^{2\pi} \frac{2}{4+e^{i\theta}+e^{-i\theta}} d\theta$$
$$= \frac{1}{i} \int_C \frac{2}{z(4+z+z^{-1})} dz$$
$$= \frac{2}{i} \int_C \frac{1}{(z+2-\sqrt{3})(z+2+\sqrt{3})} dz \quad (3.67)$$

ここで C は単位円 $|z|=1$ 上を 2π だけ回る積分路である (図 3.32)．$z = -2-\sqrt{3}$ は積分路 $|z|=1$ の外部にあることから，関数

$$f(z) \equiv \frac{1}{z+2+\sqrt{3}} \quad (3.68)$$

は積分路 C の内部および周上で正則である．また，$z = -2+\sqrt{3}$ は積分路 $|z|=1$ の内部にある．従って，コーシーの積分公式により

$$\int_C \frac{f(z)}{z+2-\sqrt{3}} dz = 2\pi i \lim_{z \to -2+\sqrt{3}} \left(\frac{1}{z+2+\sqrt{3}} \right) = \frac{\pi i}{\sqrt{3}} \quad (3.69)$$

が得られ，求める積分は次のように与えられる．

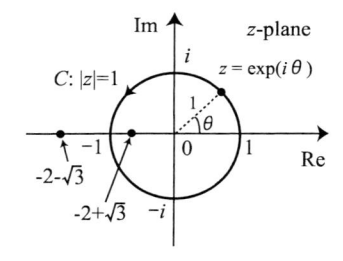

図 **3.32** 例 3.16 の積分路 C

$$I = \frac{2}{i}\int_C \frac{f(z)}{z+2-\sqrt{3}}dz = \frac{2}{i} \times \frac{\pi i}{\sqrt{3}} = \frac{2\pi}{\sqrt{3}} \qquad (3.70)$$

例 3.16 は以下の等式として一般化される (演習問題 3.7).

$$\int_0^{2\pi} \frac{1}{a+b\cos(\theta)}d\theta = \frac{2\pi}{\sqrt{a^2-b^2}} \quad (a>|b|>0) \qquad (3.71)$$

問 3.9 積分 $\int_0^{2\pi} e^{-i\theta}e^{e^{i\theta}}d\theta$ を求めよ. (略解) 2π

演 習 問 題

3.1 2 つの積分路 $C_1 : z = 1-t+it$ $(0\leq t\leq 1)$, $C_2 : z = e^{i\theta}$ $(0\leq\theta\leq\frac{\pi}{2})$ に対して複素積分 $\int_{C_1} z^2 dz$, $\int_{C_2} z^2 dz$, $\int_{C_1} e^z dz$ を求めよ (図 3.33). (略解) $\int_{C_1} z^2 dz = -\frac{1}{3}(i+1)$, $\int_{C_2} z^2 dz = -\frac{1}{3}(i+1)$, $\int_{C_1} z^2 dz = e^i - e$

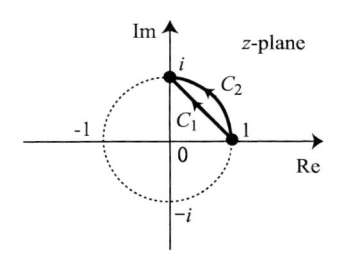

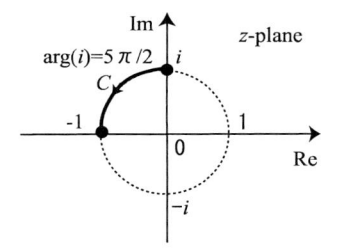

図 3.33 問題 1 の積分路 C_1 と C_2.

図 3.34 問題 2 の積分路 C.

3.2 $z = 0$ を中心とし, 半径 1 の円周上を始点を $z = i$, 終点を $z = -1$ として $\frac{\pi}{2}$ だけ正の向きに回る積分路 C に対して複素積分 $\int_C \frac{\log(z)}{z}dz$ を求めよ (図 3.34). ただし, $z = i$ での偏角は $\arg(i) = 5\pi/2$ とする. (略解) $\int_{C_1} \frac{\log(z)}{z}dz = -\frac{11\pi^2}{8}$

3.3 $z = \frac{\pi}{2}$ を中心とし, 半径 $\pi/2$ の円周上を始点を $z = \pi$, 終点を $z = 0$ として π だけ正の向きに回る積分路 C に対して複素積分 $\int_C z\cos(z)dz$ を求めよ. (略解) 2.

3.4 $z = 0$ を中心とし, 半径 2 の円周上を 2π だけ正の向きに回る積分路 C に対して複素積分 $\int_C \frac{z^4}{z^3-3z^2-z+3}dz$ をコーシーの積分定理を用いて求めよ. (略解) $-\frac{\pi i}{4}$

3.5 $z = -2$ を中心とし, 半径 1 の円周上を 2π だけ正の向きに回る積分路 C に対して複素積分 $\int_C \frac{1}{z(z+2)}dz$ をコーシーの積分定理を用いて求めよ. (略解) $-\pi i$

3.6 $z = \frac{5}{2}i$ を中心とし, 半径 1 の円周上を 2π だけ正の向きにまわる積分路 C に対して複素積分 $\int_C \frac{1}{z(z^2+4)}dz$ をコーシーの積分定理を用いて求めよ. (略解) $-\frac{\pi i}{4}$

3.7 $a > |b| > 0$ を満たす実定数 a, b に対して等式
$$\int_0^{2\pi} \frac{1}{a + b\cos(\theta)} d\theta = \frac{2\pi}{\sqrt{a^2 - b^2}}$$
が成り立つことを示せ．

3.8 関数 $f(x) = \frac{1}{2+\cos(x)}$ $(-\infty < x < +\infty)$ のフーリエ級数を求めよ．

(略解) $\frac{1}{2+\cos(x)} = \frac{1}{\sqrt{3}} + \sum_{n=1}^{+\infty} \frac{2}{\sqrt{3}}(-2+\sqrt{3})^n \cos(nx)$

4 複素関数の展開と留数定理

　本章では複素関数の展開を中心に説明する．その基礎として複素数で与えられた数列や級数について解析学で学習した知識がどれだけ複素関数に拡張して使い回すことができるかを前半で確認する．さらに，後半では解析学で学習するテイラー展開を複素関数に合わせての拡張について述べ，さらにこれを複素関数特有のものであるローラン展開について説明する．そしてローラン展開を基礎として留数と呼ばれる量について述べ，さらに留数定理へと発展し，留数を用いた複素積分の計算について説明する．ここで述べるローラン展開は実はディジタル信号処理[14)]における z 変換と呼ばれるものに対応する．z 変換の構造から FIR (finite impulse response) フィルター，IIR (infinite impulse response) フィルターなどの数理構造が議論され，留数定理や前節のコーシーの積分公式などから z 変換の逆変換が求められることがあるが，ローラン展開はこれらの数学的基礎を与えている．本書の最後ではこの留数定理を用いた実積分の計算のいくつかの代表例を紹介する．

4.1 複 素 数 列

　無限個の複素数の列 $z_1, z_2, z_3, \cdots$ を**複素数列** (complex sequence)（または単に**数列** (sequence)）といい，$\{z_n\}$ と表す．複素数列 $\{z_n\}$ に対して
$$\lim_{n \to +\infty} |z_n - c| = 0 \tag{4.1}$$
が成り立つならば，「複素数列 $\{z_n\}$ は c に**収束する** (converge)」といい，
$$\lim_{n \to +\infty} z_n = c \tag{4.2}$$
と表し，c を $\{z_n\}$ の**極限値** (limit value) という．複素数列 $\{z_n\}, \{w_n\}$ の極限値が存在すれば実数列のときと同様に
$$\lim_{n \to +\infty} (z_n + w_n) = \lim_{n \to +\infty} z_n + \lim_{n \to +\infty} w_n \tag{4.3}$$
$$\lim_{n \to +\infty} z_n w_n = \left(\lim_{n \to +\infty} z_n \right) \left(\lim_{n \to +\infty} w_n \right) \tag{4.4}$$

が成り立つ.

例 4.1 数列 $z_n = \left(\frac{i+1}{2}\right)^n$ $(n = 1, 2, 3, \cdots)$ は 0 に収束する. このことは $\left|\left(\frac{i+1}{2}\right)^n\right| = \left(\frac{1}{\sqrt{2}}\right)^n \to 0$ $(n \to +\infty)$ により示される.

複素数列 $\{z_n\}$ から構成される和

$$\sum_{n=1}^{+\infty} z_n \equiv \lim_{N \to +\infty} \sum_{n=1}^{N} z_n \tag{4.5}$$

を**複素級数** (complex series) という. 任意の自然数 n に対して**部分和** (partial sum)

$$s_N \equiv \sum_{k=1}^{N} z_n \tag{4.6}$$

から構成される複素数列 $\{s_N | N = 1, 2, 3, \cdots\}$ が複素数 s に収束するとき, s を複素級数 $\sum_{n=1}^{+\infty} z_n$ の和という.

$$s = \lim_{n \to +\infty} s_n \Leftrightarrow s = \sum_{n=1}^{+\infty} z_n \tag{4.7}$$

級数が収束しないとき, 級数は**発散する** (diverge) という. さらに, 級数 $\sum_{n=1}^{+\infty} |z_n|$ が収束するとき, 複素級数 $\sum_{n=1}^{+\infty} z_n$ は**絶対収束** (absolutely convergence) するという.

これらの複素数列 $\{z_n\}$ および級数 $\sum_{n=1}^{+\infty} z_n$ に対して $z_n = x_n + iy_n$ (x_n, y_n は実数) として実数列 $\{x_n\}$, $\{y_n\}$ および実級数 $\sum_{n=1}^{+\infty} x_n$, $\sum_{n=1}^{+\infty} y_n$ の収束性を解析学で学習した知識を用いて議論することにより導かれる.

【定理 4.1】 複素級数 $\sum_{n=1}^{+\infty} z_n$ は絶対収束すれば収束する.

【定理 4.2】 級数 $\sum_{n=1}^{+\infty} z_n$ が収束するならば, $\lim_{n \to +\infty} z_n = 0$ であり, またすべての n に対して $|z_n| < M$ となる定数 M が (有限の値として) 存在する.

z-平面上の領域 D で定義された関数の列

$$f_1(z), f_2(z), f_3(z), \cdots \tag{4.8}$$

を D における関数列といい, $\{f_n(z)\}$ と表す. D の各点で $\lim_{n \to +\infty} f_n(z)$ が有限に存在するとき, その各点での極限値から D 内で定義された複素関数を $f(z)$ とする. このとき関数列 $\{f_n(z)\}$ は D で $f(z)$ に収束するという.

$$f(z) = \lim_{n \to +\infty} f_n(z) \tag{4.9}$$

例 4.2 領域 $|z| < 1$ において関数列 $f_n(z) = z^n$ $(n = 1, 2, 3, \cdots)$ は関数 $f(z) = 0$ に収束する. このことは $|f_n(z)| = |z|^n \to 0$ $(n \to +\infty,$

$|z|<1$) により示される.

関数列 $\{f_n(z)\}$ を用いて構成される和
$$\sum_{n=1}^{+\infty} f_n(z) \equiv \lim_{N\to +\infty}\sum_{n=1}^{N} f_n(z) \tag{4.10}$$
を**関数項級数** (series of function) という. 任意の自然数 n に対して部分和
$$s_n(z) \equiv \sum_{k=1}^{N} f_n(z) \tag{4.11}$$
から構成される複素数列 $\{s_n(z)\}$ が複素関数 $s(z)$ に収束するとき, $s(z)$ を関数項級数 $\sum_{n=1}^{+\infty} f_n(z)$ の和という.
$$s(z) = \lim_{n\to +\infty} s_n(z) \Leftrightarrow s(z) = \sum_{n=1}^{+\infty} f_n(z) \tag{4.12}$$
関数項級数が収束しないとき, その関数項級数は発散する (diverge) という. さらに, 関数項級数 $\sum_{n=1}^{+\infty} |f_n(z)|$ が収束するとき, 関数項級数 $\sum_{n=1}^{+\infty} f_n(z)$ は**絶対収束**するという.

複素数列 $\{c_n\}$ と複素数 α に対して定義される関数項級数
$$\sum_{n=0}^{+\infty} c_n (z-\alpha)^n \tag{4.13}$$
を**べき級数** (power series) という. α をべき級数の中心という. $\alpha = 0$ とおくとべき級数は
$$\sum_{n=0}^{+\infty} c_n z^n \tag{4.14}$$
となる. 式 (4.14) が $|z|<r$ で収束すれば式 (4.13) は $|z-\alpha|<r$ で収束する. また, このとき, べき級数
$$\sum_{n=0}^{+\infty} c_n z^{2n} \tag{4.15}$$
は $|z^2|<r$ すなわち $|z|<\sqrt{r}$ で収束する. すなわち式 (4.14) のべき級数の性質が重要となる.

べき級数に対して次の定理が成り立つ.

【**定理 4.3**】(アーベルの定理; **Abel's theorem**) べき級数 $\sum_{n=0}^{+\infty} c_n z^n$ は $z=z_0$ のときに収束するならば, 領域 $|z|<|z_0|$ の任意の z で絶対収束する (図 4.1).

(証明) $\sum_{n=0}^{+\infty} c_n z_0^n$ が収束するので定理 4.2 によりすべての n に対して $|c_n z_0^n| < M$ となる定数 M が存在する. 故に,

4.1 複素数列

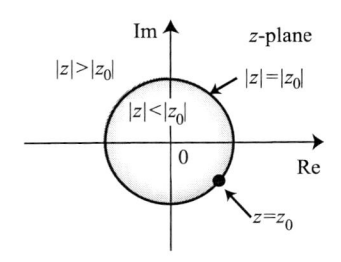

図 4.1 アーベルの定理

$$\left|c_n z^n\right| = \left|c_n z_0{}^n\right|\left|\frac{z}{z_0}\right|^n \leq M\left|\frac{z}{z_0}\right|^n \tag{4.16}$$

が成り立つ. すなわち,

$$\sum_{n=1}^{+\infty}\left|c_n z^n\right| \leq M\sum_{n=1}^{+\infty}\left|\frac{z}{z_0}\right|^n \tag{4.17}$$

である. $|z| < |z_0|$ を満たすとき, $\sum_{n=0}^{+\infty}|z/z_0|^n$ が収束するので, $\sum_{n=0}^{+\infty} c_n z^n$ は絶対収束する.

【定理 4.4】 べき級数 $\sum_{n=0}^{+\infty} c_n z^n$ は $z = z_0$ のときに絶対収束しないならば, 領域 $|z| > |z_0|$ の任意の z で発散する (図 4.1).

(証明) 背理法を用いる. もし, $|z| > |z_0|$ を満たすある点 z でべき級数 $\sum_{n=0}^{+\infty} c_n z^n$ が収束するならば, 点 z_0 は $|z_0| < |z|$ を満たすので, アーベルの定理により $\sum_{n=0}^{+\infty} c_n z_0{}^n$ は絶対収束してしまうということになる. これは定理の条件に反する.

定理 4.3 と定理 4.4 から, 一般に, べき級数 (4.14) は $|z| < r$ で絶対収束し, $|z| > r$ で発散するような半径 r の円 $|z| = r$ が存在する. この円 $|z| = r$ を**収束円** (convergent circle; circle of convergence), 半径 r を**収束半径** (convergent radius; radius of convergence) という (図 4.2). 収束半径が $+\infty$ の場合, 無限遠点 $z = \infty$ を除く任意の複素数 z に対してべき級数 (4.14) は収束する. 収束半径が 0 の場合, 原点 $z = 0$ を除く任意の複素数 z に対してべき級数 (4.14) は発散する.

【定理 4.5】(コーシー・アダマールの公式; **Cauchy-Hadamard's formula**) べき級数 (4.14) の収束半径 r は $\frac{1}{r} = \lim\limits_{n \to +\infty} \sup |c_n|^{1/n}$ で与えられる. ここで, 数列 α_n に対して $\sup \alpha_n$ は上限, すなわち $m \geq n$ である α_m に対して $s \geq \alpha_m$ となる s の内, 最小のものを表す.

【定理 4.6】 $\lim_{n\to+\infty}|\frac{c_{n+1}}{c_n}|=l$ が存在するとき，べき級数 (4.14) の収束半径 r は $r=\frac{1}{l}$ で与えられる．

定理 4.5 と 4.6 の証明は文献 [2] の第 5 章 5.4 節を参照されたい．

例 **4.3** $|z|<1$ の任意の複素数 z に対して

$$\sum_{n=0}^{+\infty} z^n = \frac{1}{1-z} \tag{4.18}$$

が成り立つことを次のように示すことができる (図 4.3)．

$$\left|\sum_{l=0}^{N-1} z^l - \frac{1}{1-z}\right| = \left|\frac{1-z^N}{1-z} - \frac{1}{1-z}\right| = \left|\frac{-z^N}{1-z}\right|$$

$$= \frac{|z|^N}{|1-z|} \to 0 \ (N\to +\infty) \tag{4.19}$$

例 **4.4** 次のべき級数の収束半径を求めよ．

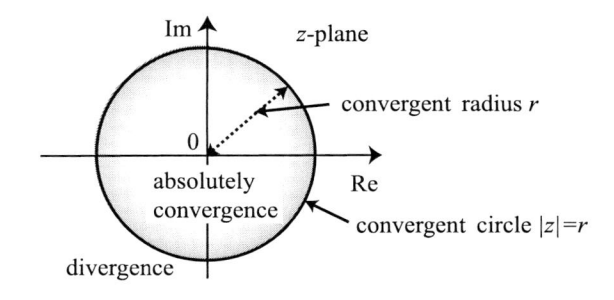

図 4.2 収束半径 r と収束円 $|z|=r$

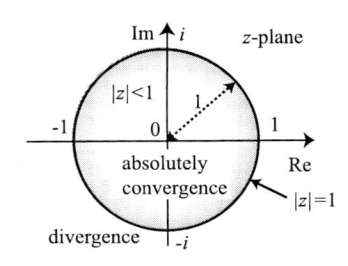

図 4.3 式 (4.18) の成り立つ領域 $|z|<1$

級数 $\sum_{n=0}^{+\infty} z^n$ は $|z|<1$ で絶対収束し，$|z|>1$ で発散する．$|z|>1$ で発散することは $z=1$ で発散することを示せば定理 4.4 より明らか．

$$\text{(1)} \sum_{n=0}^{+\infty} z^n \qquad \text{(2)} \sum_{n=0}^{+\infty} \frac{1}{n!} z^n \qquad \text{(3)} \sum_{n=0}^{+\infty} \left(\frac{z}{3}\right)^{2n}$$

(解答例)

(1) $\lim_{n\to+\infty} |1/1| = 1$ により収束半径は 1.

(2) $\lim_{n\to+\infty} \left| \left(\frac{1}{(n+1)!}\right) / \left(\frac{1}{n!}\right) \right| = 0$ により収束半径は $+\infty$.

(3) $w = \left(\frac{z}{3}\right)^2$ と変換すると $\sum_{n=0}^{+\infty} \left(\frac{z}{3}\right)^{2n} = \sum_{n=0}^{+\infty} w^n$ と書き換えられる. $\sum_{n=0}^{+\infty} w^n$ の収束半径は 1 であり, $|w| < 1$ で絶対収束し, $|w| > 1$ で発散する. $w = \left(\frac{z}{3}\right)^2$ の関係を考慮すると領域 $|w| < 1$ は $\left|\left(\frac{z}{3}\right)^2\right| < 1$ すなわち領域 $|z| < 3$ に対応する. すなわち $\sum_{n=0}^{+\infty} \left(\frac{z}{3}\right)^{2n}$ の収束半径は 3 である.

問 **4.1** 整級数 $\sum_{n=0}^{+\infty} \frac{n}{(1+i)^n} z^n$ の収束半径を求めよ. (略解) $\sqrt{2}$

問 **4.2** 整級数 $\sum_{n=0}^{+\infty} \frac{(z-2)^n}{(2+i)^n}$ の収束する範囲を求めよ. (略解) $|z-2| < \sqrt{5}$

問 **4.3** 整級数 $\sum_{n=0}^{+\infty} \frac{1}{2^n} (z-i)^n$ の収束する範囲を求めよ. (略解) $|z-i| > 2$

収束半径を用いるとべき級数 $\sum_{n=0}^{+\infty} c_n z^n$ により与えられる複素関数の正則性と微分および積分に対しての重要な以下の定理が与えられる. 証明は例えば文献 [1] の第 2 章 1.3 節の定理 1.16 および定理 1.17 とその系を参照されたい.

【定理 **4.7**】 収束半径 $r(>0)$ をもつべき級数 $\sum_{n=0}^{+\infty} c_n z^n$ は領域 $|z| < r$ においてひとつの正則関数を表し, 次の等式が成り立つ (図 4.2).

$$\frac{d^k}{dz^k} \left(\sum_{n=0}^{+\infty} c_n z^n \right) = \sum_{n=0}^{+\infty} \left(\frac{d^k}{dz^k} c_n z^n \right) \qquad (k = 1, 2, 3, \cdots) \quad (4.20)$$

$$\int_0^z \left(\sum_{n=0}^{+\infty} c_n \zeta^n \right) d\zeta = \sum_{n=0}^{+\infty} \left(\int_0^z c_n \zeta^n d\zeta \right) \quad (4.21)$$

式 (4.20) は**項別微分** (termwise differentiation), 式 (4.21) は**項別積分** (termwise integration) とそれぞれ呼ばれる.

例 **4.5** $|z| < 1$ の任意の複素数 z に対して

$$\sum_{n=0}^{+\infty} (n+1) z^n = \frac{1}{(1-z)^2} \quad (4.22)$$

$$\sum_{n=1}^{+\infty} \frac{1}{n} z^n = -\log(1-z) \quad (4.23)$$

が成り立つことを次のように示すことができる.

(解答例) $|z| < 1$ の任意の複素数 z に対して成り立つ式 (4.18) の両辺を z で微分し,定理 4.7 を使うと次のように得られる.

$$\frac{d}{dz}\left(\frac{1}{1-z}\right) = \frac{d}{dz}\left(\sum_{n=0}^{+\infty} z^n\right) = \sum_{n=0}^{+\infty}\left(\frac{d}{dz}z^n\right) \quad (4.24)$$

$$\frac{1}{(1-z)^2} = \sum_{n=1}^{+\infty} nz^{n-1} = \sum_{n=0}^{+\infty}(n+1)z^n \quad (4.25)$$

式 (4.18) の両辺を始点を 0,終点を z とする単一開曲線上の積分路に沿って複素積分し,定理 4.7 を使うと次のように得られる.

$$\int_0^z \frac{1}{1-\zeta}d\zeta = \int_0^z \left(\sum_{n=0}^{+\infty}\zeta^n\right)d\zeta = \sum_{n=0}^{+\infty}\left(\int_0^z \zeta^n d\zeta\right) \quad (4.26)$$

$$-\log(1-z) = \sum_{n=0}^{+\infty} \frac{1}{n+1}z^{n+1} \quad (4.27)$$

$$\log(1-z) = -\sum_{n=1}^{+\infty} \frac{1}{n}z^n \quad (4.28)$$

4.2 テイラー展開

本節では解析学において実関数の範囲で学んでいるテイラー展開について複素関数の範囲に拡張して説明する.

テイラー展開を複素関数に拡張したときの基本定理は次の通りである.

【定理 4.8】 $f(z)$ が $z = \alpha$ を中心とする半径 R の円の内部で正則であるとするとき,$f(z)$ は $z = \alpha$ を中心とするべき級数の形に一意的に次のように展開される (図 4.4).

$$f(z) = \sum_{n=0}^{+\infty} \frac{1}{n!}f^{(n)}(\alpha)(z-\alpha)^n \qquad (|z-\alpha| < R) \quad (4.29)$$

式 (4.29) を領域 $|z - \alpha| < R$ における $z = \alpha$ を中心とする (または $z = \alpha$ のまわりの) **テイラー級数** (Taylor series) という.テイラー級数を求めることを**テイラー展開** (Taylor expansion) するという.定理 4.8 の証明の詳細は文献 [1] の第 2 章 2.1 節または文献 [2] の第 7 章 7.2 節を参照されたい.

定理 4.8 と前節の例 4.3 および例 4.5 をもとにいくつかの具体的な関数に対してテイラー級数を計算してみよう.

4.2 テイラー展開

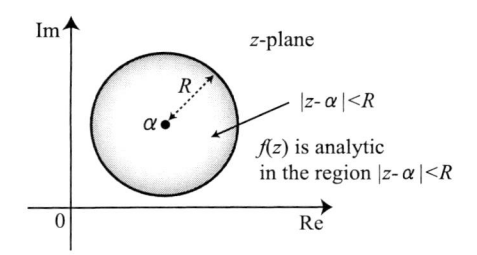

図 4.4 テイラー展開

例 4.6 $|z| < 1$ の任意の複素数 z に対して $\frac{1}{1-z}, \frac{1}{(1-z)^2}, \log(1-z)$ のテイラー展開は例 4.3 および例 4.5 から次のように与えられる.

$$\frac{1}{1-z} = \sum_{n=0}^{+\infty} z^n \qquad (|z| < 1) \tag{4.30}$$

$$\frac{1}{(1-z)^2} = \sum_{n=0}^{+\infty} (n+1) z^n \qquad (|z| < 1) \tag{4.31}$$

$$\log(1-z) = -\sum_{n=1}^{+\infty} \frac{1}{n} z^n \qquad (|z| < 1) \tag{4.32}$$

さらに式 (4.31) を得るのと同様の議論により式 (4.30) から $\frac{1}{(1-z)^k}$ ($k = 2, 3, 4, \cdots$) のテイラー展開が次のように与えられる.

$$\frac{1}{(1-z)^k} = \sum_{n=k}^{+\infty} \frac{n!}{k!(n-k)!} z^{n-k} = \sum_{n=0}^{+\infty} \frac{(n+k)!}{k!n!} z^n \qquad (|z| < 1) \tag{4.33}$$

例 4.7 $e^z, \sin(z), \cos(z), \sinh(z), \cosh(z)$ の $|z| < +\infty$ における $z = 0$ のまわりのテイラー展開は次のように与えられることを示せ.

$$e^z = \sum_{n=0}^{+\infty} \frac{1}{n!} z^n \tag{4.34}$$

$$\sin(z) = \sum_{n=0}^{+\infty} \frac{(-1)^n}{(2n+1)!} z^{2n+1}, \qquad \cos(z) = \sum_{n=0}^{+\infty} \frac{(-1)^n}{(2n)!} z^{2n} \tag{4.35}$$

$$\sinh(z) = \sum_{n=0}^{+\infty} \frac{1}{(2n+1)!} z^{2n+1}, \qquad \cosh(z) = \sum_{n=0}^{+\infty} \frac{1}{(2n)!} z^{2n} \tag{4.36}$$

(**解答例**) 任意の複素数 z において $\frac{d}{dz}e^z = e^z$ が成り立つことから，帰納的に $\frac{d^n}{dz^n}e^z = e^z$ $(n = 1, 2, 3, \cdots)$ がやはり任意の複素数 z について成り立つ．このことから定理 4.8 により式 (4.34) が得られる．式 (4.34) を式 (2.23)-(2.24) および式 (2.30)-(2.31) に代入することにより式 (4.35) および式 (4.36) が得られる．

例 4.8 $f(z) = \frac{1}{z+i}$ の領域 $|z - i| < 2$ における $z = i$ のまわりのテイラー展開は例 4.3 の結果を用いると次のように与えられる (図 4.5)．

$$f(z) = \frac{1}{z - i + 2i} = \left(\frac{1}{2i}\right)\left(\frac{1}{1 - \left(-\frac{z-i}{2i}\right)}\right)$$

$$= \frac{1}{2i} \times \sum_{n=0}^{+\infty}\left(-\frac{z-i}{2i}\right)^n$$

$$= -\sum_{n=0}^{+\infty}\left(\frac{i}{2}\right)^{n+1}(z-i)^n \quad (|z-i| < 2) \quad (4.37)$$

例 4.9 $f(z) = z^2 e^z$ の領域 $|z| < +\infty$ (無限遠点 $z = \infty$ を除く任意の複素数) における $z = 0$ のまわりのテイラー展開は例 4.7 の結果を用いると次のように与えられる．

$$f(z) = z^2 \sum_{n=0}^{+\infty}\frac{1}{n!}z^n = \sum_{n=0}^{+\infty}\frac{1}{n!}z^{n+2} = \sum_{n=2}^{+\infty}\frac{1}{(n-2)!}z^n \quad (4.38)$$

例 4.10 $f(z) = \frac{e^z}{(1-z)^2}$ の $|z| < 1$ における $z = 0$ のまわりのテイラー展開の z^3 の項まで求めよ．

$$f(z) = \left(\sum_{n=0}^{+\infty}\frac{1}{n!}z^n\right)\left(\sum_{n=0}^{+\infty}(n+1)z^n\right)$$

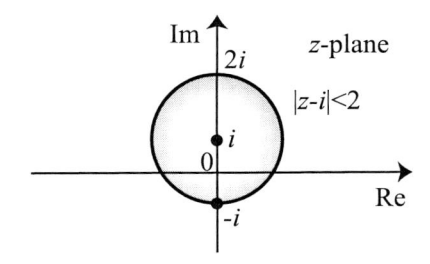

図 4.5 例 4.8 の領域 $|z - i| < 2$

$$= \left(1 + z + \frac{1}{2!}z^2 + \frac{1}{3!}z^3 + \cdots\right)\left(1 + 2z + 3z^2 + 4z^3 + \cdots\right)$$

$$= 1 + (2+1)z + \left(3 + 2 + \frac{1}{2}\right)z^2 + \left(4 + 3 + 1 + \frac{1}{6}\right)z^3 + \cdots$$

$$= 1 + 3z + \frac{11}{2}z^2 + \frac{49}{6}z^3 + \cdots \tag{4.39}$$

問 4.4 $f(z) = \frac{2z}{z-1}$ の領域 $|z| < 1$ における $z = 0$ のまわりのテイラー展開を求めよ．

(略解) $f(z) = -\sum_{n=1}^{+\infty} 2z^n \quad (|z| < 1)$

問 4.5 $f(z) = \frac{2z}{z-1}$ の領域 $|z-2| < 1$ における $z = 2$ のまわりのテイラー展開を求めよ．

(略解) $f(z) = 4 + \sum_{n=1}^{+\infty} 2(-1)^n (z-2)^n \quad (|z-2| < 1)$

問 4.6 $f(z) = \frac{1}{z}$ の領域 $|z-2| < 1$ における $z = 2$ のまわりのテイラー展開を求めよ．

(略解) $f(z) = \sum_{n=0}^{+\infty} \frac{(-1)^n}{2^{n+1}}(z-2)^n \quad (|z-2| < 1)$

問 4.7 $f(z) = e^z$ の無限遠点を除く任意の複素数に対する $z = \frac{\pi i}{2}$ のまわりのテイラー展開を求めよ．

(略解) $f(z) = \sum_{n=0}^{+\infty} \frac{i}{n!}\left(z - \frac{\pi i}{2}\right)^n$

4.3 ローラン展開

本節では前節のテイラー展開をもとにローラン展開という複素関数を想定することではじめて登場する展開について説明する．

ローラン展開に対する基本定理は次の通りである．

【定理 4.9】 $f(z)$ が $z = \alpha$ を中心とする円環領域 $D : R_1 < |z - \alpha| < R_2$ $(0 \leq R_1 < R_2 \leq +\infty)$ で正則であるとき，$f(z)$ は円環領域 D のすべての点 z において一意的に次のように展開される (図 4.6)．

$$f(z) = \sum_{n=-\infty}^{+\infty} A_n (z-\alpha)^n \quad (R_1 < |z-\alpha| < R_2) \tag{4.40}$$

$$A_n \equiv \frac{1}{2\pi i} \int_\Gamma \frac{f(z)}{(z-\alpha)^{n+1}} dz \quad (n = 0, \pm 1, \pm 2, \cdots) \tag{4.41}$$

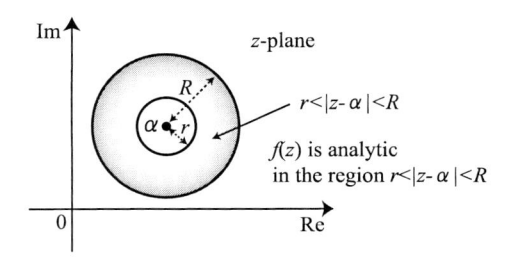

図 4.6 ローラン展開

ここで Γ は点 α を中心とし，半径 r $(R_1 < r < R_2)$ の円周上を 2π だけ回る積分路 $\Gamma : z = \alpha + r\,e^{it}$ $(0 \leq t \leq 2\pi)$ である．

(証明) コーシーの積分定理とコーシーの積分公式から

$$f(z) = \frac{1}{2\pi i}\int_{|z-\alpha|=R_2}\frac{f(\zeta)}{\zeta - z}d\zeta - \frac{1}{2\pi i}\int_{|z-\alpha|=R_1}\frac{f(\zeta)}{\zeta - z}d\zeta \quad (4.42)$$

が成り立つ．この等式の第 1 項と第 2 項に

$$\frac{1}{\zeta - z} = \frac{1}{\zeta - \alpha}\sum_{n=0}^{+\infty}\left(\frac{z - \alpha}{\zeta - \alpha}\right)^n \qquad (|\zeta - \alpha| > |z - \alpha|) \quad (4.43)$$

$$\frac{1}{\zeta - z} = -\frac{1}{z - \alpha}\sum_{n=0}^{+\infty}\left(\frac{\zeta - \alpha}{z - \alpha}\right)^n \qquad (|\zeta - \alpha| < |z - \alpha|) \quad (4.44)$$

を代入する．

$$\begin{aligned}f(z) &= \frac{1}{2\pi i}\int_{|z-\alpha|=R_2}\frac{f(\zeta)}{\zeta - z}d\zeta - \frac{1}{2\pi i}\int_{|z-\alpha|=R_1}\frac{f(\zeta)}{\zeta - z}d\zeta \\ &= \sum_{n=0}^{+\infty}\Big(\frac{1}{2\pi i}\int_{|z-\alpha|=R_2}\frac{f(\zeta)}{(\zeta - \alpha)^{n+1}}d\zeta\Big)(z - \alpha)^n \\ &\quad + \sum_{n=-\infty}^{-1}\Big(\frac{1}{2\pi i}\int_{|z-\alpha|=R_1}\frac{f(\zeta)}{(\zeta - \alpha)^{n+1}}d\zeta\Big)(z - \alpha)^n \\ &= \sum_{n=-\infty}^{+\infty}\Big(\frac{1}{2\pi i}\int_{|z-\alpha|=r}\frac{f(\zeta)}{(\zeta - \alpha)^{n+1}}d\zeta\Big)(z - \alpha)^n \quad (4.45)\end{aligned}$$

これにより定理 4.9 の条件のもとで式 (4.40) が成り立つことが導かれる．一意性については省略する．証明の詳細は文献 [1] の第 2 章 2.1 節または文献 [2] の第 7 章 7.4 節を参照されたい．

式 (4.40) を領域 $r < |z - \alpha| < R$ における $z = \alpha$ を中心とする (または $z = \alpha$ のまわりの) **ローラン級数** (Laurent series) という．ローラン級数を求

めることを**ローラン展開** (Laurent expansion) するという. $f(z)$ が $z = \alpha$ を中心とする領域 $D : |z - \alpha| < R_2$ $(R_2 > 0)$ で正則であるとき, コーシーの積分定理から任意の負の整数 n に対して $A_n = 0$ となる. さらにコーシーの積分公式から n が 0 または自然数のとき $A_n = \frac{1}{n!} \lim_{z \to \alpha} f^{(n)}(z)$ が成り立つことから定理 4.8 の式 (4.29) が導かれる.

定理 4.9 と前節の例 4.3 および例 4.5 の結果をもとにいくつかの具体的な関数に対してローラン級数を計算してみよう.

例 4.11 $f(z) = z^{-2} e^z$ の $z = 0$ のまわりのローラン展開は次のように与えられる.

$$f(z) = z^{-2} \sum_{n=0}^{+\infty} \frac{1}{n!} z^n = \sum_{n=0}^{+\infty} \frac{1}{n!} z^{n-2} = \sum_{n=-2}^{+\infty} \frac{1}{(n+2)!} z^n$$

$$= z^{-2} + z^{-1} + \sum_{n=0}^{+\infty} \frac{1}{(n+2)!} z^n \quad (0 < |z| < +\infty) \quad (4.46)$$

例 4.12. 関数 $f(z) = \frac{1}{z^2 - 3z + 2}$ に対するローラン展開.

(1) 領域 $0 < |z - 1| < 1$ における $z = 1$ のまわりのローラン級数

$$\frac{1}{z^2 - 3z + 2} = \frac{1}{(z-1)(z-2)} = \frac{1}{(z-1)(z-1-1)}$$

$$= -\frac{1}{(z-1)\bigl(1-(z-1)\bigr)} = -(z-1)^{-1} \sum_{n=0}^{+\infty} (z-1)^n$$

$$= \sum_{n=0}^{+\infty} (-1)(z-1)^{n-1} = \sum_{n=-1}^{+\infty} (-1)(z-1)^n$$

$$= -(z-1)^{-1} + \sum_{n=0}^{+\infty} (-1)(z-1)^n$$

$$(0 < |z - 1| < 1) \quad (4.47)$$

(2) 領域 $0 < |z - 2| < 1$ における $z = 2$ のまわりのローラン級数

$$\frac{1}{z^2 - 3z + 2} = \frac{1}{(z-1)(z-2)} = \frac{1}{(z-2)(z-2+1)}$$

$$= \frac{1}{(z-2)\bigl(1+(z-2)\bigr)} = (z-2)^{-1} \sum_{n=0}^{+\infty} (-1)^n (z-2)^n$$

$$= \sum_{n=0}^{+\infty} (-1)^n (z-2)^{n-1} = \sum_{n=-1}^{+\infty} (-1)^{n+1} (z-2)^n$$

$$= (z-2)^{-1} + \sum_{n=0}^{+\infty}(-1)^{n+1}(z-2)^n$$
$$(0 < |z-2| < 1) \qquad (4.48)$$

(3) 領域 $1 < |z-1| < +\infty$ における $z = 1$ の周りのローラン級数

$$\frac{1}{z^2 - 3z + 2} = \frac{1}{(z-1)(z-2)}$$
$$= \frac{1}{(z-1)(z-1-1)} = \frac{1}{(z-1)^2\bigl(1 - (z-1)^{-1}\bigr)}$$
$$= (z-1)^{-2}\sum_{n=0}^{+\infty}(z-1)^{-n} = \sum_{n=0}^{+\infty}(z-1)^{-n-2}$$
$$= \sum_{n=-\infty}^{-2}(z-1)^n \qquad (1 < |z-1| < +\infty) \qquad (4.49)$$

(4) 領域 $1 < |z-2| < +\infty$ における $z = 2$ のまわりのローラン級数:

$$\frac{1}{z^2 - 3z + 2} = \frac{1}{(z-1)(z-2)}$$
$$= \frac{1}{(z-2)(z-2+1)} = \frac{1}{(z-2)^2\bigl(1 + (z-2)^{-1}\bigr)}$$
$$= (z-2)^{-2}\sum_{n=0}^{+\infty}(-1)^n(z-2)^{-n} = \sum_{n=0}^{+\infty}(-1)^n(z-2)^{-n-2}$$
$$= \sum_{n=-\infty}^{-2}(-1)^{n+2}(z-2)^n \qquad (1 < |z-2| < +\infty) \qquad (4.50)$$

問 4.8 $f(z) = \frac{1}{(z-1)(z-3)}$ の $z = 3$ のまわりのローラン展開を求めよ.

(略解) $f(z) = \frac{1}{2(z-3)} - \sum_{n=0}^{+\infty}\left(\frac{-1}{2}\right)^{n+2}(z-3)^n$ $(0 < |z-3| < 2)$,
$f(z) = \sum_{n=2}^{+\infty}(-2)^{n-2}(z-3)^{-n}$ $(2 < |z-3| < +\infty)$

問 4.9 $f(z) = \frac{1}{z(z-1)}$ の領域 $0 < |z-1| < 1$ における $z = 1$ のまわりのローラン展開を求めよ (図 4.7).

(略解) $f(z) = \frac{1}{z-1} - \sum_{n=0}^{+\infty}(-1)^n(z-1)^n \qquad (0 < |z-1| < 1)$

問 4.10 $f(z) = \frac{1}{z^2+1}$ の $z = i$ のまわりのローラン展開を求めよ.

(略解) $f(z) = -\frac{i}{2}(z-i)^{-1} + \sum_{n=0}^{+\infty}\frac{i^n}{2^{n+2}}(z-i)^n$ $(0 < |z-i| < 2)$,

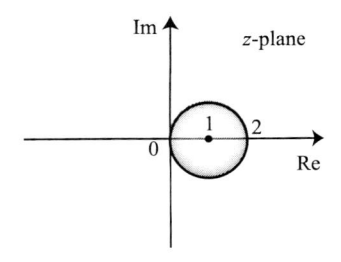

図 4.7 問 4.9 の領域 $0 < |z-1| < 1$

$$f(z) = \sum_{n=-\infty}^{-1} (-2i)^{-n-1}(z-i)^{n-1} \qquad (2 < |z-i| < +\infty)$$

問 4.11 $f(z) = e^{\frac{1}{z}}$ の領域 $|z| > 0$ における $z = 0$ のまわりのローラン展開を求めよ．(略解) $f(z) = \displaystyle\sum_{n=0}^{+\infty} \frac{1}{n!} z^{-n}$

4.4 孤立特異点と留数

特異点がそのある近傍に他の特異点がないとき**孤立特異点** (isolated singular point) であるという．$z = \alpha$ を孤立特異点とすると，十分小さい正の実数 ρ をとると $f(z)$ は $0 < |z - \alpha| < \rho$ で

$$\begin{aligned} f(z) &= \sum_{n=-\infty}^{+\infty} A_n (z-\alpha)^n \\ &= \sum_{n=1}^{+\infty} A_{-n}(z-\alpha)^{-n} + \sum_{k=0}^{+\infty} A_n (z-\alpha)^n \qquad (0 < |z-\alpha| < \rho) \end{aligned} \tag{4.51}$$

とローラン展開される．第 2 項 $\sum_{n=0}^{+\infty} A_n(z-\alpha)^n$ は領域 $|z-\alpha| < \rho$ で正則な関数であり，第 1 項 $\sum_{n=1}^{+\infty} A_{-n}(z-\alpha)^{-n}$ が $f(z)$ の $z = \alpha$ における特異性を決める部分である．第 1 項 $\sum_{n=1}^{+\infty} A_{-n}(z-\alpha)^{-n}$ をローラン展開の**主要部** (principal part) という．$A_n = 0$ $(n = -1, -2, -3, \cdots)$ であれば主要部が 0 となり，この場合，孤立特異点 $z = \alpha$ は**除去可能な特異点** (removable singular point) という．$A_{-p} \neq 0$ かつ $A_n = 0$ $(n = -p-1, -p-2, -p-3, \cdots)$ である場合，孤立特異点 $z = \alpha$ は p **位の極** (pole of order p) であるという．さらに主要部に無限個の項がある場合，孤立特異点 $z = \alpha$ は**真性特異点** (essential singular point) であるという．

除去可能な特異点の判定法 $z = \alpha$ が $f(z)$ の孤立特異点であるとき，$\lim_{z \to \alpha} f(z)$ が有限確定であるならば $z = \alpha$ は $f(z)$ の除去可能な特異点である．

極の判定法 $z = \alpha$ が $f(z)$ の孤立特異点であるとき，$\lim_{z \to \alpha} \frac{1}{f(z)} = 0$ であり，$\lim_{z \to \alpha} (z - \alpha)^n f(z)$ が有限確定かつ非零 ($\neq 0$) であるならば $z = \alpha$ は $f(z)$ の n 位の極である．

例 4.13 関数 $f(z) = \frac{1}{z^2 - 3z + 2}$ の孤立特異点は $z = 1$ と $z = 2$ である．$0 < |z - 1| < 1$ における $z = 1$ のまわりのローラン級数

$$\frac{1}{z^2 - 3z + 2} = -(z-1)^{-1} + \sum_{n=0}^{+\infty} (-1)(z-1)^n$$
$$(0 < |z - 1| < 1) \quad (4.52)$$

から $z = 1$ は 1 位の極である．$0 < |z - 2| < 1$ における $z = 2$ のまわりのローラン級数

$$\frac{1}{z^2 - 3z + 2} = (z-2)^{-1} + \sum_{n=0}^{+\infty} (-1)^{n+1}(z-2)^n$$
$$(0 < |z - 2| < 1) \quad (4.53)$$

から $z = 2$ は 1 位の極である．

$z = \alpha$ を $f(z)$ の孤立特異点とする．十分小さい正の実数 ρ に対して $0 < |z - \alpha| < \rho$ での $f(z)$ の $z = \alpha$ におけるローラン展開の $(z - \alpha)^{-1}$ の係数 A_{-1} を $z = \alpha$ における $f(z)$ の**留数** (residue) といい，$\operatorname*{Res}_{z=\alpha} f(z)$ と表す．すなわち，式として定義すれば次のように与えられる．

$$\operatorname*{Res}_{z=\alpha} f(z) \equiv \frac{1}{2\pi i} \int_\Gamma f(z) dz \quad (4.54)$$

ここで Γ は点 α を中心とし，半径 r ($0 < r < \rho$) の円周上を 2π だけ回る積分路 $\Gamma : z = \alpha + r\,e^{it}$ ($0 \leq t \leq 2\pi$) である．

例 4.14 関数 $f(z) = \frac{1}{z^2 - 3z + 2}$ について孤立特異点 $z = 1$ と $z = 2$ における留数を考える．$0 < |z - 1| < 1$ における $z = 1$ のまわりのローラン級数

$$\frac{1}{z^2 - 3z + 2} = -(z-1)^{-1} + \sum_{n=0}^{+\infty} (-1)(z-1)^n$$
$$(0 < |z - 1| < 1) \quad (4.55)$$

の $(z-1)^{-1}$ の係数から $z=1$ における留数は -1 である．$0 < |z-2| < 1$ における $z=2$ のまわりのローラン級数

$$\frac{1}{z^2 - 3z + 2} = (z-2)^{-1} + \sum_{n=0}^{+\infty} (-1)^{n+1}(z-2)^n$$
$$(0 < |z-2| < 1) \quad (4.56)$$

の $(z-2)^{-1}$ の係数から $z=2$ における留数は 1 である．
留数の計算には以下の 2 つの公式のいずれかを用いる．

【公式 1】 $z=\alpha$ が $f(z)$ の n 位の極であるとき，

$$\operatorname*{Res}_{z=\alpha} f(z) = \frac{1}{(n-1)!} \lim_{z \to \alpha} \frac{d^{n-1}}{dz^{n-1}} \{(z-\alpha)^n f(z)\} \quad (4.57)$$

により求められ, 特に, $z=\alpha$ が $f(z)$ の 1 位の極であるとき，

$$\operatorname*{Res}_{z=\alpha} f(z) = \lim_{z \to \alpha} (z-\alpha) f(z) \quad (4.58)$$

により与えられる．

【公式 2】 正則関数 $g(z)$ および $h(z)$ が $z=\alpha$ において $h(\alpha) \neq 0$, $g(\alpha) = 0$, $g'(\alpha) \neq 0$ を満たすならば, $z=\alpha$ における $h(z)/g(z)$ の留数は

$$\operatorname*{Res}_{z=\alpha} \frac{h(z)}{g(z)} = \frac{h(\alpha)}{g'(\alpha)} \quad (4.59)$$

で与えられる．

公式 1 は定理 4.9 とコーシーの積分公式を用いることで導かれる．例えば $z=\alpha$ が 1 位の極の場合, $0 < |z-\alpha| < \rho$ で $(z-\alpha)f(z)$ が正則となるような正数 ρ を適当に選ぶことができる．このとき $|z-\alpha| < \rho$ で $(z-\alpha)f(z)$ は正則となり

$$\operatorname*{Res}_{z=\alpha} f(z) = \int_{|z-\alpha|=\rho} f(z) dz = \lim_{z \to \alpha} (z-\alpha) f(z) \quad (4.60)$$

が成り立つ．特に公式 2 は, 例えば $f(z) = \tan(z)$ において $z = \frac{\pi}{2} + n\pi$ (n: 整数) における留数を求めるとき等に便利である．すなわち $g(z) = \cos(z)$, $h(z) = \sin(z)$ とすれば容易である．

例 **4.15** 関数 $f(z) = \frac{1}{z^3(1-2z)}$ に関して次の問に答えよ．
(1) 領域 $0 < |z| < \frac{1}{2}$ での $z=0$ のまわりのローラン級数を求めよ．
(2) 領域 $0 < |z - \frac{1}{2}| < \frac{1}{2}$ での $z = \frac{1}{2}$ のまわりのローラン級数を求めよ（ヒント: $f(z) = 8 \left(\frac{1}{1-(1-2z)} \right)^3 \left(\frac{1}{1-2z} \right)$ と書き換えて $\frac{1}{(1-z)^3} = \sum_{n=0}^{+\infty} \frac{1}{2!}(n+2)(n+1)z^n$ ($|z| < 1$) を使う．なお, この等式はテイラー展開の公式 $\frac{1}{1-z} = \sum_{n=0}^{+\infty} z^n$ ($|z| < 1$) の両辺を z で 2 階微分

(3) $f(z)$ の有限のところにある (無限遠点を除く) すべての特異点の種類を分類し, 孤立特異点については, そこでの留数を求めよ.

(解答例)

(1) $0 < |z| < \frac{1}{2}$ において $\frac{1}{1-2z} = \sum_{n=0}^{+\infty}(2z)^n$ が成り立つことから $f(z)$ は次のようにローラン展開できる.

$$f(z) = \frac{1}{z^3(1-2z)} = \frac{1}{z^3} \times \frac{1}{1-2z} = \frac{1}{z^3} \times \sum_{n=0}^{+\infty}(2z)^n$$

$$= 8\sum_{n=0}^{+\infty}(2z)^{n-3} = 8\sum_{n=-3}^{+\infty}(2z)^n = \sum_{n=-3}^{+\infty}2^{n+3}z^n$$

$$= \frac{1}{z^3} + \frac{2}{z^2} + \frac{4}{z} + \sum_{n=0}^{+\infty}2^{n+3}z^n \qquad \left(0 < |z| < \frac{1}{2}\right) \quad (4.61)$$

(2) テイラー展開の公式 $\frac{1}{1-z} = \sum_{n=0}^{+\infty}z^n$ ($|z|<1$) の両辺を z で 2 階微分することにより $\frac{1}{(1-z)^3} = \sum_{n=0}^{+\infty}\frac{1}{2!}(n+2)(n+1)z^n$ ($|z|<1$) が成り立つことから $f(z)$ は $0 < |z-\frac{1}{2}| < \frac{1}{2}$ において次のようにローラン展開される.

$$f(z) = \frac{1}{z^3(1-2z)} = 8 \times \frac{1}{1-2z}\frac{1}{\{1-(1-2z)\}^3}$$

$$= 8 \times \frac{1}{1-2z}\sum_{n=0}^{+\infty}\frac{1}{2!}(n+2)(n+1)(1-2z)^n$$

$$= \sum_{n=0}^{+\infty}4(n+2)(n+1)(1-2z)^{n-1}$$

$$= \sum_{n=-1}^{+\infty}4(n+3)(n+2)(1-2z)^n$$

$$= \sum_{n=-1}^{+\infty}(n+3)(n+2)(-2)^{n+2}\left(z-\frac{1}{2}\right)^n$$

$$= -\frac{4}{z-\frac{1}{2}} + \sum_{n=0}^{+\infty}(n+3)(n+2)(-2)^{n+2}\left(z-\frac{1}{2}\right)^n$$

$$\left(0 < \left|z-\frac{1}{2}\right| < \frac{1}{2}\right) \quad (4.62)$$

(3) $f(z)$ の有限のところにあるすべての特異点は $z = 0$ および $z = \frac{1}{2}$ で

あり, (1) から $z=0$ は 3 位の極であり, (2) から $z=\frac{1}{2}$ は 1 位の極である. さらに, (1) で得られた $z=0$ のまわりの $0<|z|<\frac{1}{2}$ におけるローラン展開の $\frac{1}{z}$ の係数が $z=0$ における $f(z)$ の留数であることから

$$\operatorname*{Res}_{z=0} f(z) = 4 \qquad (4.63)$$

同様に, (2) で得られた $z=\frac{1}{2}$ のまわりの $0<|z-\frac{1}{2}|<\frac{1}{2}$ におけるローラン展開の $\frac{1}{z-\frac{1}{2}}$ の係数が $z=\frac{1}{2}$ における $f(z)$ の留数であることから

$$\operatorname*{Res}_{z=\frac{1}{2}} f(z) = -4 \qquad (4.64)$$

が得られる.

問 4.12 $f(z) = \frac{e^z - 1}{z}$ の孤立特異点 $z=0$ の種類を述べ, そこでの留数を求めよ. (略解) 除去可能な特異点, $\operatorname*{Res}_{z=0} f(z) = 0$.

問 4.13 $f(z) = z^{-2} e^z$ の孤立特異点 $z=0$ の種類を述べ, そこでの留数を求めよ. (略解) 2 位の極, $\operatorname*{Res}_{z=0} f(z) = 1$.

問 4.14 $f(z) = e^{\frac{1}{z}}$ の孤立特異点 $z=0$ の種類を述べ, そこでの留数を求めよ. (略解) 真性特異点, $\operatorname*{Res}_{z=0} f(z) = 1$.

問 4.15 $f(z) = \frac{1}{(z-1)(z-3)^3}$ の孤立特異点 $z=1$ および $z=3$ の種類を述べ, そこでの留数を求めよ. (略解) $z=1$ は 1 位の極, $\operatorname*{Res}_{z=1} f(z) = -\frac{1}{8}$, $z=3$ は 3 位の極, $\operatorname*{Res}_{z=3} f(z) = \frac{1}{8}$.

4.5 留数定理

ここで複素積分に話を戻すことにする. 前章で閉曲線からなる積分路上の複素積分の計算にはコーシーの積分公式が有効な武器となることを既に説明した. このコーシーの積分公式を前節の留数という言葉で言い換え, より使いやすくまとめた定理として留数定理と呼ばれるものが知られている. 本節ではこの留数定理について説明する.

関数 $f(z)$ が閉曲線 C の内部に孤立特異点 α_1 と α_2 をもち, これらの点以外では曲線 C 上およびその内部で正則であるとき, 次の等式が成り立つ.

$$\int_C f(z)dz = \int_{C_1} f(z)dz + \int_{C_2} f(z)dz$$

$$= 2\pi i \operatorname*{Res}_{z=\alpha_1} f(z) + 2\pi i \operatorname*{Res}_{z=\alpha_2} f(z) \quad (4.65)$$

ここで C_1 は C の内部にあり, $z = \alpha_1$ を内部に $z = \alpha_2$ を外部にもつ単一閉曲線, C_2 は C の内部にあり, $z = \alpha_2$ を内部に $z = \alpha_1$ を外部にもつ単一閉曲線である. このことをさらに一般的に拡張すると次の定理としてまとめられる.

【定理 4.10】(留数定理; residue theorem) 関数 $f(z)$ が閉曲線 C の内部に有限個の孤立特異点 $\alpha_1, \alpha_2, \cdots, \alpha_K$ をもち, これらの点以外では曲線 C 上およびその内部で正則であるとき, 次の等式が成り立つ (図 4.8).

$$\int_C f(z)dz = 2\pi i \sum_{k=1}^{K} \operatorname*{Res}_{z=\alpha_k} f(z) \quad (4.66)$$

ただし, 積分路は閉曲線 C 上を正の向きに回るものとする.

例 4.16 中心 $z = 1$, 半径 1 の円周 $|z - 1| = 1$ 上を正の向きに 2π だけ回る積分路 C に対して複素積分 $\int_C \frac{1}{(z+2)(z-1)^2} dz$ の値を留数定理を用いて求めよ (図 4.9).

(解答例) 被積分関数 $f(z) \equiv \frac{1}{(z+2)(z-1)^2}$ の円 $|z - 1| = 1$ の内部にあるすべての特異点は $z = 1$ のみであり, 積分路 $|z - 1| = 1$ (向きは正) の内部 $|z - 1| < 1$ における $z = 1$ 以外の任意の z について $f(z)$ は常に正則なので留数定理により求める積分は

$$I = \int_C f(z)dz = 2\pi i \times \operatorname*{Res}_{z=1} f(z) \quad (4.67)$$

と与えられる. ここで

$$\lim_{z \to 1} \frac{1}{f(z)} = \lim_{z \to 1} (z+2)(z-1)^2 = 0 \quad (4.68)$$

$$\lim_{z \to 1} (z-1)^2 f(z) = \lim_{z \to 1} \frac{1}{z+2} = \frac{1}{3} \neq 0 \quad \text{(有限確定かつ非零)}$$

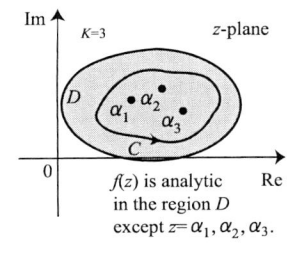

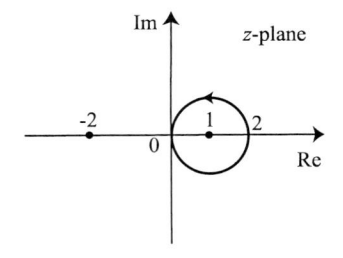

図 4.8 留数定理 ($K = 3$)

図 4.9 例 4.16 の積分路 C

であるので $z=1$ は $f(z)$ の 2 位の極である.
$$\underset{z=1}{\mathrm{Res}} f(z) = \frac{1}{1!} \lim_{z \to 1} \frac{d}{dz}\left((z-1)^2 f(z)\right)$$
$$= \lim_{z \to 1} \frac{d}{dz}\left(\frac{1}{z+2}\right)$$
$$= \lim_{z \to 1} \frac{-1}{(z+2)^2} = -\frac{1}{9} \qquad (4.70)$$

従って求める積分は次のように与えられる.
$$I = 2\pi i \times \left(-\frac{1}{9}\right) = -\frac{2\pi i}{9} \qquad (4.71)$$

問 4.16 $z=0$ を中心とし,半径 2 の円周上を正の向きに 2π だけ回る積分路 C に対して複素積分 $\int_C \frac{\sin(\frac{\pi}{2}z)}{(z+1)(z+3)} dz$ を留数定理を用いて求めよ (図 3.31).
(略解) $-\pi i$

問 4.17 $z=0$ を中心とし,半径 2 の円周上を正の向きに 2π だけ回る積分路 C に対して複素積分 $\int_C \frac{\cos(z)}{(z+1)^2(z-1)} dz$ を留数定理を用いて求めよ (図 3.31).
(略解) $-i\pi \sin(1)$

問 4.18 $z=0$ を中心とし,半径 1 の円周上を正の向きに 2π だけ回る積分路 C に対して複素積分 $\int_C \frac{\sin(z)}{z\cos(z)} dz$ を留数定理を用いて求めよ.
(略解) 0

4.6 無限遠点のまわりのローラン展開

無限遠点 $z=\infty$ が $f(z)$ の孤立特異点であるとは $f(1/\zeta)$ が $\zeta=0$ で孤立特異点をもつということである.$f(1/\zeta)$ の $\zeta=0$ から最も近い特異点までの距離を ε とすると
$$f(1/\zeta) = \sum_{n=-\infty}^{+\infty} A_n \zeta^n \qquad (0 < |\zeta| < \varepsilon) \qquad (4.72)$$
$$A_n = \frac{1}{2\pi i} \int_{|\zeta|=\varepsilon'} \frac{f(1/\zeta)}{\zeta^{n+1}} d\zeta \qquad (0 < \varepsilon' < \varepsilon) \qquad (4.73)$$
とローラン展開される.ここで $z=1/\zeta$ と変数変換すると $f(z)$ の無限遠点のまわりでのローラン展開が次のように得られる.

$$f(z) = \sum_{n=-\infty}^{+\infty} A_{-n} z^n \qquad (\varepsilon^{-1} < |z| < +\infty) \tag{4.74}$$

$$A_n = \frac{1}{2\pi i} \int_{|z|=1/\varepsilon'} z^{n-1} f(z) dz \qquad (0 < \varepsilon' < \varepsilon) \tag{4.75}$$

$f(1/\zeta)$ が $\zeta = 0$ で n 位の極をもつとき, $f(z)$ は $z = \infty$ に n 位の極をもつといい, $z = \infty$ のまわりのローラン展開は次のようになる.

$$f(z) = \sum_{k=-\infty}^{n} A_{-k} z^k \qquad (\varepsilon^{-1} < |z| < +\infty) \tag{4.76}$$

ローラン展開 (4.74) において z^{-1} の係数の符号を代えたもの, $-A_1$ を $z = \infty$ における $f(z)$ の留数といい, $\underset{z=\infty}{\mathrm{Res}} f(z)$ と表す.

$$\underset{z=\infty}{\mathrm{Res}} f(z) = -A_1 = -\frac{1}{2\pi i} \int_{|z|=1/\varepsilon'} f(z) dz \qquad (0 < \varepsilon' < \varepsilon) \tag{4.77}$$

単一閉曲線 $|z| = 1/\varepsilon'$ の内部には $f(z)$ の有限のところにあるすべての特異点が含まれている. このことと留数定理を用いると次の定理が得られる.

【定理 4.11】 関数 $f(z)$ が無限遠点を含めた全平面で高々有限個の孤立特異点 $\alpha_1, \alpha_2, \cdots, \alpha_K$ しかもたないとすれば次の等式が成り立つ.

$$\underset{z=\alpha_1}{\mathrm{Res}} f(z) + \underset{z=\alpha_2}{\mathrm{Res}} f(z) + \cdots + \underset{z=\alpha_K}{\mathrm{Res}} f(z) + \underset{z=\infty}{\mathrm{Res}} f(z) = 0 \tag{4.78}$$

例 4.17 $I = \int_{|z|=2} \frac{z^3}{z^2-1} dz$ を考える. 積分路は $z = 0$ を中心として半径 2 の円周上を 2π だけ正の向きに回るものである. 被積分関数 $f(z) = \frac{z^3}{z^2-1}$ は $|z| = 2$ の内部および周上では $z = \pm 1$ に 1 位の極をもつ以外は正則である. 従って留数定理により.

$$\begin{aligned} I &= 2\pi i \Big(\underset{z=1}{\mathrm{Res}} f(z) + \underset{z=-1}{\mathrm{Res}} f(z) \Big) \\ &= 2\pi i \Big(\lim_{z \to 1} (z-1) f(z) + \lim_{z \to -1} (z+1) f(z) \Big) \\ &= 2\pi i \Big(\lim_{z \to 1} \frac{z^3}{z+1} + \lim_{z \to -1} \frac{z^3}{z-1} \Big) \\ &= 2\pi i \Big(\frac{1}{2} + \frac{1}{2} \Big) = 2\pi i \end{aligned} \tag{4.79}$$

一方, $z = \zeta^{-1}$ と変数変換して得られる関数 $f(\zeta^{-1}) = \frac{\zeta^{-3}}{\zeta^{-2}-1} = \frac{1}{\zeta(1-\zeta^2)}$ は ζ-平面上の領域 $|\zeta| < 1$ において $\zeta = 0$ のまわりで次のようにローラン展開できる.

$$f(\zeta^{-1}) = \frac{1}{\zeta(1-\zeta^2)} = \frac{1}{\zeta} \sum_{n=0}^{+\infty} \zeta^{2n}$$

$$= \sum_{n=0}^{+\infty} \zeta^{2n-1} = \zeta^{-1} + \zeta + \zeta^3 + \zeta^5 + \cdots \quad (4.80)$$

従って, z-平面上の領域 $1 < |z| < +\infty$ において $z = \infty$ のまわりのローラン展開は次のように与えられる.

$$f(z) = \sum_{n=0}^{+\infty} z^{-2n+1} = z + z^{-1} + z^{-3} + z^{-5} + \cdots \quad (4.81)$$

これにより $f(z)$ の $1 < |z| < +\infty$ における無限遠点 $z = \infty$ のまわりのローラン展開の z^{-1} の係数は 1 であり, 無限遠点 $z = \infty$ での留数は

$$\operatorname*{Res}_{z=\infty} f(z) = -1 \quad (4.82)$$

となる. そこで与えられた複素積分 I は次のように計算することもできる.

$$I = 2\pi i \Big(\operatorname*{Res}_{z=1} f(z) + \operatorname*{Res}_{z=-1} f(z) \Big)$$
$$= -2\pi i \Big(\operatorname*{Res}_{z=\infty} f(z) \Big) = 2\pi i \quad (4.83)$$

なお, この計算は積分そのものを $z = 1/\zeta$ と変数変換し, $\zeta = 1/2$ 上を正の向きに回る積分路上での複素積分

$$I = \int_{|\zeta|=1/2} \frac{1}{\zeta^3(1-\zeta^2)} d\zeta \quad (4.84)$$

と書き換えた上で留数定理を用いたと考えてもよい. というかその方が簡単である. この場合は被積分関数 $g(\zeta) = \frac{1}{\zeta(1-\zeta^2)}$ は $\zeta = 0$ に孤立特異点をもつ以外は $|\zeta| = 1/2$ の内部および周上で常に正則である. 従って留数定理により

$$I = 2\pi i \Big(\operatorname*{Res}_{\zeta=0} g(\zeta) \Big) = 2\pi i \Big(\frac{1}{2!} \lim_{\zeta \to 0} \frac{d^2}{d\zeta^2} \zeta^3 g(\zeta) \Big) = 2\pi i \quad (4.85)$$

という形に同じ解を得ることができる.

単一閉曲線からなる積分路上で与えられた複素積分を求める際, 被積分関数が孤立特異点しかもたないとして, 積分路の内部に比べて外側の方が孤立特異点の個数が少なければ, 外側の孤立特異点および無限遠点の留数を考えるか, または $z = 1/\zeta$ と変数変換して考えた方が計算が楽になることもある.

問 4.19 $f(z) = \frac{1}{z(1-z)}$ の $1 < |z| < +\infty$ における $z = \infty$ のまわりのローラン展開を用いて求めよ. (略解) $f(z) = -\sum_{n=-\infty}^{-2} z^n$

4.7 母関数と z 変換

数列 $\{a_n | n = 0, \pm1, \pm2, \cdots\}$ が与えられたとき関数

$$g(z) \equiv \sum_{n=-\infty}^{+\infty} a_n z^n \tag{4.86}$$

を数列 $\{a_n | n = 0, \pm1, \pm2, \cdots\}$ の**母関数** (generating function) という．関数 $g(z)$ の $z = 0$ のまわりのローラン展開の z^n の係数が a_n である．式 (4.86) の両辺に ζ^{-m-1} (m は整数) を掛けて，積分路 C: $z = e^{i\theta}$ ($-\pi \leq \theta \leq +\pi$) に沿って積分することで a_n が得られる．

$$\begin{aligned}
\int_C g(z) z^{-m-1} dz &= \int_C z^{-m-1} \bigg(\sum_{n=-\infty}^{+\infty} a_n z^n \bigg) dz \\
&= \sum_{n=-\infty}^{+\infty} a_n \bigg(\int_C z^{-(m-n)-1} z^n \bigg) \\
&= \sum_{n=-\infty}^{+\infty} a_n \big(2\pi i \delta_{m,n} \big) = 2\pi i a_n
\end{aligned} \tag{4.87}$$

すなわち

$$a_m = \frac{1}{2\pi i} \int_C g(z) z^{-m-1} dz \quad (m = 0, \pm1, \pm2, \cdots) \tag{4.88}$$

このタイプの母関数の具体的な応用例は第 6.3 節で与えられる．

この母関数において $a_{-n} = 0$ ($n = 1, 2, 3, \cdots$) であり

$$g(z) \equiv \sum_{n=0}^{+\infty} a_n z^n \tag{4.89}$$

と与えられていれば，a_n ($n = 0, 1, 2, \cdots$) は関数 $g(z)$ の $z = 0$ のまわりのテイラー展開の z^n の係数である．式 (4.89) の両辺に z で m 階微分して $z = 0$ を代入することで a_m の表式が得ることができる．

$$\frac{d^m}{dz^m} g(z) = \frac{d^m}{dz^m} \sum_{n=0}^{+\infty} a_n z^n \tag{4.90}$$

$$\frac{d^m}{dz^m} g(z) = \sum_{n=m}^{+\infty} n(n-1)\cdots(n-m+1) a_n z^{n-m} \tag{4.91}$$

$$a_m = \frac{1}{m!} \bigg[\frac{d^m}{dz^m} g(z) \bigg]_{z=0} \tag{4.92}$$

こちらのタイプの母関数の具体的な応用例は第 6.2 節で与えられる．

4.7 母関数と z 変換

例 4.18 $c > 0$ に対して $a_n = \begin{cases} e^{-cn} & (n = 0, 1, 2, \cdots) \\ 0 & (n = -1, -2, -3, \cdots) \end{cases}$ により与えられる数列の母関数は次のように与えられる．

$$g(z) = \sum_{n=0}^{+\infty} e^{-cn} z^n = \frac{1}{1 - e^{-c}z} \qquad (|z| < e^c) \quad (4.93)$$

逆に母関数 $g(z) = \frac{1}{1-e^{-c}z}$ が与えられたときに対応する数列 $\{a_n\}$ を求めよといわれたら $|z| < e^c$ における $z = 0$ のまわりのテイラー展開の係数を求めればよい．

例 4.19 $c > 0$ に対して $a_n = e^{-c|n|}$ で与えられる数列の母関数は次のように与えられる．

$$g(z) = \sum_{n=0}^{+\infty} e^{-cn} z^n + \sum_{n=1}^{+\infty} e^{-cn} z^{-n}$$
$$= \frac{1}{1 - e^{-c}z} - \frac{z}{1 - e^c z} \qquad (e^{-c} < |z| < e^c) \quad (4.94)$$

逆に母関数 $g(z) = \frac{1}{1-e^{-c}z} - \frac{z}{1-e^c z}$ が与えられたときに対応する数列 $\{a_n\}$ を求めよといわれたら，その $e^{-c} < |z| < e^c$ における $z = 0$ のまわりのローラン展開の係数を求めればよい．

また，$a_{-n} = 0 \ (n = 1, 2, 3, \cdots)$ の場合に

$$f(z) \equiv \sum_{n=0}^{+\infty} a_n z^{-n} \qquad (4.95)$$

と考えたとき，式 (4.95) の右辺は数列 $\{a_n | n = 0, 1, 2, \cdots\}$ の **z 変換** (z-tranformation) と呼ばれ，システム制御工学，ディジタル信号処理などでしばしば用いられる[*1)]．これは $f(z)$ の $z = 0$ のまわりのローラン展開に対応する．z 変換を用いて簡単な差分方程式を解く応用例を以下に与える．

例 4.20 任意の非負の整数 n に対して漸化式 $2a_{n+1} - a_n = 2^{-n}$ を満たし，$a_0 = 1$ とする．与えられた漸化式 $-a_n + 2a_{n+1} = 2^{-n}$ の両辺に z^{-n} を掛けて n についてすべての非負の整数についての和をとり，$a_0 = 1$ を用いると次の等式が得られる．

$$2z \sum_{n=0}^{+\infty} a_n z^{-n} - \sum_{n=0}^{+\infty} a_n z^{-n} - 2z = \sum_{n=0}^{+\infty} 2^{-n} z^{-n} \quad (4.96)$$

さらに $\{a_n\}$ の z 変換 $f(z) \equiv \sum_{n=0}^{+\infty} a_n z^{-n}$ を導入すると次のように書き換えられる．

[*1)] z 変換については本シリーズ第 6 巻「システム制御工学[19)]」の第 4 章などを参照されたい．

$$-f(z) - 2z + 2zf(z) = \frac{2z}{2z-1}, \qquad (4.97)$$

$$(2z-1)f(z) = 2z + \frac{2z}{2z-1} \qquad (4.98)$$

これを $f(z)$ について解くことで $f(z)$ の表式が次のように与えられる.

$$f(z) = \frac{4z^2}{(2z-1)^2} = \left(\frac{2z}{2z-1}\right)^2 = \left(\frac{1}{1-\frac{1}{2z}}\right)^2 \qquad (4.99)$$

得られた関数 $f(z)$ の $|z| > \frac{1}{2}$ における $z = 0$ を中心とするローラン展開は

$$f(z) = \sum_{n=0}^{+\infty}(n+1)\left(\frac{1}{2z}\right)^n$$

$$= \sum_{n=0}^{+\infty}(n+1)2^{-n}z^{-n} \qquad \left(|z| > \frac{1}{2}\right) \qquad (4.100)$$

となるので, $f(z)$ の定義式 $f(z) = \sum_{n=0}^{+\infty} a_n z^{-n}$ と比較すると

$$a_n = (n+1)2^{-n} \qquad (n = 0, 1, 2, \cdots) \qquad (4.101)$$

が得られ, これは与えられた漸化式 $2a_{n+1} - a_n = 2^{-n}$ および初期値 $a_0 = 1$ を満たしている.

4.8 複素積分と留数定理の実積分への応用

本節では既に説明した定理 4.10 (留数定理) および留数の公式 (4.57)-(4.58) を用いることにより, 実関数の解析学では複雑な計算や技巧的な方法の工夫を要する実積分の計算が見通しよく計算できるようになるいくつかの例を示す.

まずジョルダンの補助定理 (Jordan's lemma) と呼ばれる重要な定理を与える.

【定理 4.12】(ジョルダンの補助定理; Jordan's lemma) 積分路 $C(R)$: $z = \alpha + Re^{i\theta}$ ($0 \leq \theta_1 \leq \theta \leq \theta_2 \leq \pi$) 上で複素関数 $f(z)$ が連続かつ

$$\lim_{R \to +\infty}\left(\max_{z \in C(R)}|f(z)|\right) = 0 \qquad (4.102)$$

であれば次の等式が成り立つ.

$$\lim_{R \to +\infty}\int_{C(R)} f(z)e^{itz}dz = 0 \ (t > 0) \qquad (4.103)$$

証明の詳細は文献 [1] の第 2 章 3.2 節または文献 [2] の第 6 章 6.1 節を参照さ

系 積分路 $C(R): z = \alpha + Re^{i\theta}$ $(-\pi \leq \theta_1 \leq \theta \leq \theta_2 \leq 0)$ 上で複素関数 $f(z)$ が連続かつ

$$\lim_{R \to +\infty} \left(\max_{z \in C(R)} |f(z)| \right) = 0 \tag{4.104}$$

であれば次の等式が成り立つ (図 4.11).

$$\lim_{R \to +\infty} \int_{C(R)} f(z) e^{-itz} dz = 0 \qquad (t > 0) \tag{4.105}$$

ジョルダンの補助定理を留数定理と組み合わせることで計算できるいくつかの実定積分を紹介する.

例 4.21 実定積分 $I \equiv \displaystyle\int_0^{+\infty} \frac{\cos(x)}{x^2+4} dx$ を留数定理とジョルダンの補助定理を用いて求める.

まず, 積分 I は次のように書き換えられる.

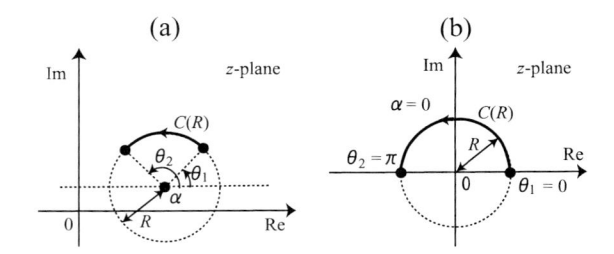

図 4.10 ジョルダンの補助定理における積分路 $C(R)$
(a) $0 \leq \theta_1 < \theta_2 \leq \pi$, (b) $\theta_1 = 0, \theta_2 = \pi, \alpha = 0$.

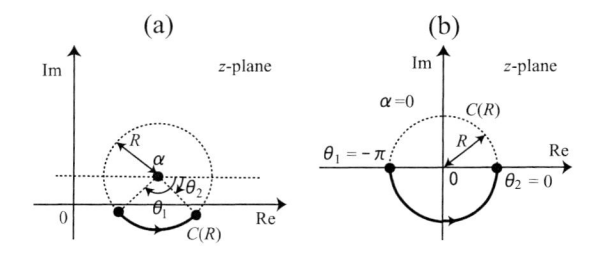

図 4.11 ジョルダンの補助定理における積分路 $C(R)$
(a) $-\pi \leq \theta_1 < \theta_2 \leq 0$, (b) $\theta_1 = -\pi, \theta_2 = 0, \alpha = 0$.

4. 複素関数の展開と留数定理

$$I = \lim_{R\to +\infty}\int_0^{+R}\frac{\cos(x)}{x^2+4}dx$$
$$= \lim_{R\to +\infty}\frac{1}{2}\int_0^{+R}\frac{e^{ix}+e^{-ix}}{x^2+4}dx$$
$$= \lim_{R\to +\infty}\Big(\frac{1}{2}\int_0^{+R}\frac{e^{ix}}{x^2+4}dx + \frac{1}{2}\int_0^{+R}\frac{e^{-ix}}{x^2+4}dx\Big)$$
$$= \lim_{R\to +\infty}\Big(\frac{1}{2}\int_0^{+R}\frac{e^{ix}}{x^2+4}dx - \frac{1}{2}\int_0^{-R}\frac{e^{iy}}{y^2+4}dy\Big)$$
(第2項のみ $x=-y$ と変数変換)
$$= \frac{1}{2}\lim_{R\to +\infty}\int_{-R}^{+R}\frac{e^{ix}}{x^2+4}dx$$
$$= \frac{1}{2}\lim_{R\to +\infty}\int_{C_1(R)}\frac{e^{iz}}{z^2+4}dz \qquad (4.106)$$

ここで，積分路 $C_1(R)$ $(R>2)$ は z-平面上で $z=-R$ を始点とし，$z=+R$ を終点として実軸上を進む積分路である (図 4.12)．

これに新たな積分路として，z-平面上の $z=+R$ を始点とし，$z=-R$ を終点として，円 $|z|=R$ の周上を正の向きに進む積分路を $C_2(R)$ とする．以後，R は $R>2$ ととるものとする (図 4.12)．また $f(z)\equiv\frac{e^{iz}}{z^2+4}$ とすると次の等式が成り立つことは自明である．

$$\int_{C_1(R)}f(z)dz = \int_{C_1(R)+C_2(R)}f(z)dz - \int_{C_2(R)}f(z)dz$$
(4.107)

$f(z)$ の $C_1(R)+C_2(R)$ の内部にあるすべての孤立特異点は $z=2i$ であり，これは 1 位の極である．$C_1(R)+C_2(R)$ の周上および内部の $z=2i$ を除くすべての点において $f(z)$ は常に正則である．従って留

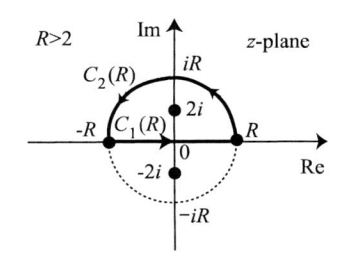

図 4.12　例 4.21 の積分路 $C_1(R)$ および $C_2(R)$

4.8 複素積分と留数定理の実積分への応用

数定理により,

$$\int_{C_1(R)+C_2(R)} f(z)dz = 2\pi i \times \operatorname*{Res}_{z=i2} f(z) = 2\pi i \times \lim_{z \to i2}(z-i2)f(z)$$

$$= 2\pi i \times \lim_{z \to i2} \frac{e^{iz}}{z+i2} = 2\pi i \times \frac{e^{-2}}{4i}$$

$$= \frac{\pi}{2e^2} \tag{4.108}$$

が得られる. 一方, 積分路 $C_2(R)$ 上では, $f(z)$ は正則であり, かつ, $R \to +\infty$ において $\left|\frac{1}{z^2+4}\right| \to 0$ ($z \in C_2(R)$) が成り立つことが三角不等式 ($||a|-|b|| \le |a+b|$) を用いて次のようにして示される.

$$\left|\frac{1}{z^2+4}\right| = \frac{1}{|z^2+4|} \le \frac{1}{||z|^2-4|}$$

$$= \frac{1}{|R^2-4|} \to 0 \quad (z \in C_2(R);\ R \to +\infty) \tag{4.109}$$

従って, ジョルダンの補助定理により

$$\lim_{R \to +\infty} \int_{C_2(R)} f(z)dz = 0 \tag{4.110}$$

が得られる. 故に, 求める定積分 I は次のように与えられる.

$$I = \frac{1}{2} \lim_{R \to +\infty} \int_{C_1(R)} f(z)dz$$

$$= \frac{1}{2}\left(\frac{\pi}{2e^2} - 0\right) = \frac{\pi}{4e^2} \tag{4.111}$$

上記の例 4.21 の補足説明　等式 $\lim_{R \to +\infty} \int_{C_2(R)} f(z)dz = 0$ は

$$\lim_{R \to +\infty} \left|\int_{C_2(R)} f(z)dz\right| = 0 \tag{4.112}$$

と等価であり, 弧長による積分とその性質:

$$\int_C |dz| = L \quad (\because 積分路\ C\ の長さ), \tag{4.113}$$

$$\left|\int_C f(z)dz\right| \le \int_C |f(z)||dz| \tag{4.114}$$

を用いて次のようにも示すことができる.

$$\left|\int_{C_2(R)} \frac{e^{iz}}{z^2+4} dz\right| = \int_{C_2(R)} \left|\frac{e^{iz}}{z^2+4}\right| |dz| = \int_{C_2(R)} \frac{|e^{iz}|}{|z^2+4|} |dz|$$

$$\le \int_{C_2(R)} \frac{e^{-\operatorname{Im}(z)}}{||z|^2-4|} |dz| = \int_{C_2(R)} \frac{e^{-\operatorname{Im}(z)}}{|R^2-4|} |dz|$$

$$\le \int_{C_2(R)} \frac{1}{|R^2-4|} |dz| = \frac{1}{|R^2-4|} \int_{C_2(R)} |dz|$$

$$= \frac{\pi R}{|R^2 - 4|} \to 0 \qquad (R \to +\infty) \tag{4.115}$$

問 4.20 実定積分 $\int_0^{+\infty} \frac{1}{x^2+1} dx$ の値を求めよ．(略解) $\frac{\pi}{2}$

問 4.21 実定積分 $\int_0^{+\infty} \frac{x\sin(x)}{x^2+4} dx$ の値を求めよ．(略解) $\frac{\pi}{2e^2}$

例 4.22 等式 $\int_0^{+\infty} \frac{\sin(x)}{x} dx = \frac{\pi}{2}$ を証明せよ[*1]．

(解答例) まず，積分 $I \equiv \int_0^{+\infty} \frac{\sin(x)}{x} dx$ を指数関数を使って書き換える．

$$I = \lim_{R \to +\infty} \lim_{r \to +0} \int_r^R \frac{\sin(x)}{x} dx$$

$$= \lim_{R \to +\infty} \lim_{r \to +0} \frac{1}{2i} \left(\int_r^R \frac{e^{ix}}{x} dx + \int_{-R}^{-r} \frac{e^{ix}}{x} dx \right) \tag{4.116}$$

以下の 4 種類の積分路を導入する (図 4.13)．

$$C_1(r, R): \ z = t \qquad (r \leq t \leq R) \tag{4.117}$$

$$C_2(R): \ z = Re^{it} \qquad (0 \leq t \leq \pi) \tag{4.118}$$

$$C_3(r, R): \ z = t \qquad (-R \leq t \leq -r) \tag{4.119}$$

$$C_4(r): \ z = re^{i(\pi-t)} \qquad (0 \leq t \leq \pi) \tag{4.120}$$

これらの積分路を用いて I を以下のように書き換える．

$$I = \lim_{R \to +\infty} \lim_{r \to +0} \frac{1}{2i} \left(\int_{C_1(r,R)} \frac{e^{iz}}{z} dz + \int_{C_3(r,R)} \frac{e^{iz}}{z} dz \right)$$

$$= \lim_{R \to +\infty} \lim_{r \to +0} \frac{1}{2i} \left(\int_{C_1(r,R)+C_2(R)+C_3(r,R)+C_4(r)} \frac{e^{iz}}{z} dz \right.$$

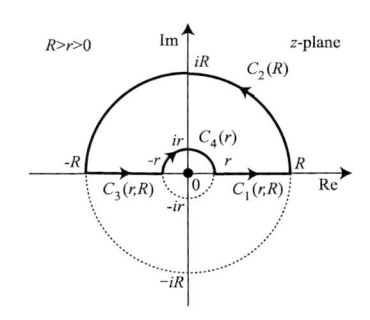

図 4.13 例 4.22 の積分路 $C_1(r, R)$, $C_2(R)$, $C_3(r, R)$ および $C_4(r)$

[*1] 例 4.22 に関連する計算が本シリーズ第 15 巻「量子力学基礎[15]」の演習問題 8.1 の略解の中でも与えられている．

$$-\int_{C_2(R)} \frac{e^{iz}}{z} dz - \int_{C_4(r)} \frac{e^{iz}}{z} dz\Big) \tag{4.121}$$

積分路 $C_1(r,R) + C_2(R) + C_3(r,R) + C_4(r)$ の内部および周上で関数 $\frac{e^{iz}}{z}$ は正則なのでコーシーの積分定理により

$$\int_{C_1(r,R)+C_2(R)+C_3(r,R)+C_4(r)} \frac{e^{iz}}{z} dz = 0 \tag{4.122}$$

となる．積分路 $C_2(R)$ 上では $\frac{1}{z}$ は連続であり，$\left|\frac{1}{z}\right| = \frac{1}{R} \to 0$ $(R \to +\infty)$ なのでジョルダンの補助定理から

$$\lim_{R \to +\infty} \int_{C_2(R)} \frac{e^{iz}}{z} dz = 0 \tag{4.123}$$

が得られる．そして $C_4(r)$ に積分は指数関数のテイラー展開と項別積分を用いて

$$\lim_{r \to +0} \int_{C_4(r)} \frac{e^{iz}}{z} dz = \lim_{r \to +0} \int_{C_4(r)} \frac{1}{z} \Big(\sum_{n=0}^{+\infty} \frac{1}{n!}(iz)^n\Big) dz$$

$$= \lim_{r \to +0} \Big(\int_{C_4(r)} \frac{1}{z} dz + \sum_{n=0}^{+\infty} \frac{i^{n+1}}{(n+1)!} \int_{C_4(r)} z^n dz\Big) \tag{4.124}$$

と書き換えられ，ここで

$$\int_{C_4(r)} \Big(\frac{1}{z}\Big) dz = -i\pi \tag{4.125}$$

$$\int_{C_4(r)} z^n dz = \frac{1}{n+1}\{1 - (-1)^{n+1}\} r^{n+1}$$

$$(n = 0, 1, 2, \cdots) \tag{4.126}$$

が成り立つことから

$$\lim_{r \to +0} \int_{C_4(r)} \Big(\frac{e^{iz}}{z}\Big) dz = -i\pi \tag{4.127}$$

が得られる．従って，

$$I = \frac{1}{2i}\Big(0 - 0 + i\pi\Big) = \frac{\pi}{2} \tag{4.128}$$

が導かれる．

例 4.23 等式 $\int_0^{+\infty} \frac{x^{a-1}}{x+1} dx = \frac{\pi}{\sin(\pi a)}$ $(0 < a < 1)$ を証明せよ．

(解答例) 与えられた積分

$$I \equiv \int_0^{+\infty} \frac{x^{a-1}}{x+1} dx = \lim_{r \to +0} \lim_{R \to +\infty} \int_r^R \frac{x^{a-1}}{x+1} dx \tag{4.129}$$

に対して以下の 4 種類の積分路を導入する (図 4.14)．

126   4. 複素関数の展開と留数定理

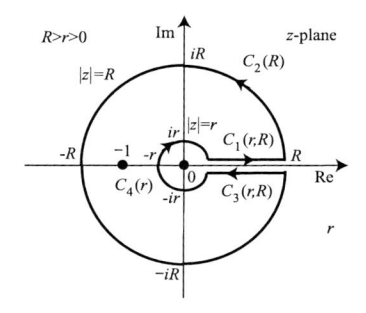

図 4.14 例 4.23 の積分路 $C_1(r,R)$, $C_2(R)$, $C_3(r,R)$ および $C_4(r)$

$$C_1(r,R): z = t \qquad (r \leq t \leq R) \tag{4.130}$$

$$C_2(R): z = Re^{it} \qquad (0 \leq t \leq 2\pi) \tag{4.131}$$

$$C_3(r,R): z = (R+r-t)e^{2\pi i} \qquad (r \leq t \leq R) \tag{4.132}$$

$$C_4(r): z = re^{i(2\pi-t)} \qquad (0 \leq t \leq 2\pi) \tag{4.133}$$

このとき次の等式が成り立つ.

$$\int_{C_1(r,R)+C_2(R)+C_3(r,R)+C_4(r)} \frac{z^{a-1}}{z+1} dx$$
$$= \int_{C_1(r,R)} \frac{z^{a-1}}{z+1} dz + \int_{C_2(R)} \frac{z^{a-1}}{z+1} dz$$
$$+ \int_{C_3(r,R)} \frac{z^{a-1}}{z+1} dz + \int_{C_4(r)} \frac{z^{a-1}}{z+1} dz$$
$$\tag{4.134}$$

ここで $z = -1$ は単一閉曲線 $C_1(r,R)+C_2(R)+C_3(r,R)+C_4(r)$ の内部にあり, z^{a-1} は単一閉曲線 $C_1(r,R)+C_2(R)+C_3(r,R)+C_4(r)$ の内部および周上で正則である. よってコーシーの積分公式により左辺の複素積分は次のように与えられる.

$$\int_{C_1(r,R)+C_2(R)+C_3(r,R)+C_4(r)} \frac{z^{a-1}}{z+1} dz = -2\pi i e^{ia\pi}$$
$$\tag{4.135}$$

また $C_1(r,R)$ 上での z の偏角を θ とする. z の偏角は単一閉曲線 $C_1(r,R)+C_2(R)+C_3(r,R)+C_4(r)$ 上で連続であることに注意すると $C_3(r,R)$ 上での z の偏角は $\theta+2\pi$ となる. このことから次の等式が成り立つ.

4.8 複素積分と留数定理の実積分への応用

$$\int_{C_3(r,R)} \frac{z^{a-1}}{z+1} dx = -e^{i2\pi a} \int_{C_1(r,R)} \frac{z^{a-1}}{z+1} dx \quad (4.136)$$

従って式 (4.135) と式 (4.136) を式 (4.134) に代入することで次の式が得られる．

$$-2\pi i e^{ia\pi} = \left(1 - e^{i2\pi a}\right) \int_{C_1(r,R)} \frac{z^{a-1}}{z+1} dz$$
$$+ \int_{C_2(R)} \frac{z^{a-1}}{z+1} dz + \int_{C_4(r)} \frac{z^{a-1}}{z+1} dz \quad (4.137)$$

式 (4.137) の右辺の第 2 項については $a<1$ であることから

$$\left| \int_{C_2(R)} \frac{z^{a-1}}{z+1} dz \right| \leq \int_{C_2(R)} \left| \frac{z^{a-1}}{z+1} \right| |dz| \leq \frac{2\pi R^a}{|R-1|} \to 0$$
$$(R \to +\infty) \quad (4.138)$$

となる．第 3 項については，$a>0$ であることから

$$\left| \int_{C_4(r)} \frac{z^{a-1}}{z+1} dz \right| \leq \int_{C_4(r)} \left| \frac{z^{a-1}}{z+1} \right| |dz| \leq \frac{2\pi r^a}{|r-1|} \to 0$$
$$(r \to +0) \quad (4.139)$$

が得られる．従って式 (4.137) は次のようになる．

$$-2\pi i e^{ia\pi} = \left(1 - e^{i2\pi a}\right) \lim_{r \to +0} \lim_{R \to +\infty} \int_{C_1(r,R)} \frac{z^{a-1}}{z+1} dz \quad (4.140)$$

故に求める等式が以下のように導かれる．

$$I = \lim_{r \to +0} \lim_{R \to +\infty} \int_{C_1(r,R)} \frac{z^{a-1}}{z+1} dz = \frac{2\pi i e^{ia\pi}}{e^{i2\pi a} - 1} = \frac{\pi}{\sin(\pi a)} \quad (4.141)$$

例 **4.24** $f(z)$ を次の関数として，問に答えよ．

$$f(z) = \frac{1}{z^2(1-z^2)\sin(z)} \quad (4.142)$$

(1) $f(z)$ の $z=0$ のまわりのローラン展開

$$f(z) = \sum_{n=-3}^{+\infty} A_n z^n \quad (0 < |z| < 1) \quad (4.143)$$

の A_{-3}, A_{-2}, A_{-1} を求めよ．

(2) $f(z)$ の (無限遠点を除く) すべての特異点を書き，そこでの留数を求めよ．

(3) 積分路 $C(N)$ を $|z| = (N+\frac{1}{2})\pi$ の円周上を反時計回りに 2π だけ

回るものとして，積分 $I_N = \int_{C(N)} f(z)dz$ を留数定理を用いて計算せよ．ただし，N は正整数とする．

(4) $I_N \to 0$ $(N \to +\infty)$ であることを証明せよ．また，このことと (3) の結果を使う次の等式が得られることを示せ．

$$\frac{1}{\sin(1)} = \frac{7}{6} + \sum_{n=1}^{+\infty} \frac{2(-1)^n}{n^2\pi^2(1-n^2\pi^2)} \quad (4.144)$$

(解答例)

(1) $f(z)$ は

$$f(z) = z^{-2}(1-z^2)^{-1}\frac{1}{\sin(z)} \quad (4.145)$$

と書き直すことができるので

$$\frac{1}{z^2(1-z^2)} = z^{-2}\sum_{n=0}^{+\infty} z^{2n} = z(z^{-3} + z^{-1} + z + \cdots)$$
$$(0 < |z| < 1) \quad (4.146)$$

$$\frac{1}{\sin(z)} = \Big(\sum_{n=0}^{+\infty} \frac{(-1)}{(2n+1)!} z^{2n+1}\Big)^{-1}$$
$$= z^{-1}\Big\{1 - \Big(\frac{1}{3!}z^2 - \frac{1}{5!}z^4 + \cdots\Big)\Big\}^{-1}$$
$$= z^{-1}\Big\{1 + \Big(\frac{1}{3!}z^2 - \frac{1}{5!}z^4 + \cdots\Big) + \Big(\frac{1}{3!}z^2 - \frac{1}{5!}z^4 + \cdots\Big)^2 + \cdots\Big\}$$
$$= z^{-1}\Big[1 + \frac{1}{3!}z^2 + \Big\{\Big(\frac{1}{3!}\Big)^2 - \frac{1}{5!}\Big\}z^4 + \cdots\Big]$$
$$(0 < |z| < +\infty) \quad (4.147)$$

$$f(z) = \Big(z^{-3} + z^{-1} + z + \cdots\Big)\Big[1 + \frac{1}{3!}z^2 + \Big\{\Big(\frac{1}{3!}\Big)^2 - \frac{1}{5!}\Big\}z^4 + \cdots\Big]$$
$$= z^{-3} + \Big(1 + \frac{1}{3!}\Big)z^{-1} + \Big(1 + \frac{1}{3!} + \Big(\frac{1}{3!}\Big)^2 - \frac{1}{5!}\Big)z\cdots$$
$$(0 < |z| < 1) \quad (4.148)$$

従って，$A_{-3} = 1$, $A_{-2} = 0$, $A_{-1} = \frac{7}{6}$ と得られる．

(2) $f(z)$ の特異点は $z = 0, \pm 1, n\pi$ $(n = \pm 1, \pm 2, \cdots)$ である．このうち $z = 0$ 以外は 1 位の極であり，その留数は次の通りである．

$$\operatorname*{Res}_{z=1} f(z) = \lim_{z \to 1}(z-1)f(z) = -\frac{1}{2\sin(1)} \quad (4.149)$$

$$\operatorname*{Res}_{z=-1} f(z) = \lim_{z \to 1}(z+1)f(z) = -\frac{1}{2\sin(1)} \quad (4.150)$$

$$\mathop{\mathrm{Res}}_{z=n\pi} f(z) = \lim_{z \to n\pi}(z-n\pi)f(z) = \frac{(-1)^n}{n^2\pi^2(1-n^2\pi^2)} \quad (4.151)$$

$$\mathop{\mathrm{Res}}_{z=0} f(z) = A_{-1} = \frac{7}{6} \quad (4.152)$$

(3) 積分路 $C(N)$ の内部にある特異点は $z = 0, \pm 1, n\pi$ ($n = \pm 1, \pm 2, \cdots, \pm N$) であるから，積分 I_N は留数定理により次のように与えられる．

$$\begin{aligned}
I_N &= 2\pi i \Big(\mathop{\mathrm{Res}}_{z=0} f(z) + \mathop{\mathrm{Res}}_{z=1} f(z) + \mathop{\mathrm{Res}}_{z=-1} f(z) \\
&\quad + \sum_{n=1}^{N} \mathop{\mathrm{Res}}_{z=n\pi} f(z) + \sum_{n=-N}^{-1} \mathop{\mathrm{Res}}_{z=n\pi} f(z) \Big) \\
&= 2\pi i \Big(\frac{7}{6} - \frac{1}{\sin(1)} + \sum_{n=1}^{N} \frac{2(-1)^n}{n^2\pi^2(1-n^2\pi^2)} \Big) \quad (4.153)
\end{aligned}$$

(4) $|I_N|$ は $N \to +\infty$ において次のように評価できる．

$$\begin{aligned}
|I_N| &= \Big| \int_{C(N)} f(z)dz \Big| \leq \int_{C(N)} |f(z)||dz| \\
&= \int_{C(N)} \frac{1}{|z|^2|1-z^2||\sin(z)|}|dz| \\
&\leq \int_{C(N)} \frac{1}{|z|^2|1-|z|^2||\sin(|z|)|}||dz| \\
&= \frac{1}{\pi^2(N+\frac{1}{2})^2|1-\pi^2(N+\frac{1}{2})^2||\sin\{\pi(N+\frac{1}{2})\}|} \int_{C(N)} |dz| \\
&= \frac{1}{\pi^2(N+\frac{1}{2})^2|1-\pi^2(N+\frac{1}{2})^2|} \int_{C(N)} |dz| \\
&= \frac{2\pi^2(N+\frac{1}{2})}{\pi^2(N+\frac{1}{2})^2|1-\pi^2(N+\frac{1}{2})^2|} \to 0 \quad (N \to +\infty) \quad (4.154)
\end{aligned}$$

従って，$\lim_{N \to +\infty} I_N$ が得られ，式 (4.153) において $N \to +\infty$ とすると，展開式 (4.144) が得られる．

例 4.24 は大変有名な例題であり，さらに拡張した問題が文献 [1] の第 2 章 3 節の問題 3, 問題 4 として与えられているので腕に自信のある読者は是非挑戦してみていただきたい．

4.9 フーリエ変換と複素積分を用いた微分方程式と積分方程式の解法

フーリエ変換は区間 $(-\infty, +\infty)$ を想定して与えられた微分方程式, 積分方程式を扱う際によく用いられる. その解は定理 1.8 のフーリエ変換の反転公式 (1.107) の右辺の積分の形に与えられる. この積分は複素積分の技法を使うと解析的に計算できることがある. 本節ではそのような取り扱いが可能であるいくつかの例を紹介する[*1].

まず, フーリエ変換の反転公式の形に表した後, 例 4.21 と同様の手順を踏むことで解が求められる例を微分方程式と積分方程式に対してひとつずつ与える.

例 4.25 $f(x)$, $f'(x)$, $f''(x)$ が $-\infty < x < +\infty$ において絶対積分可能であり, 連続かつ区分的に滑らかであると仮定し, 微分方程式 $f''(x) - f(x) = e^{-|x|}$ $(-\infty < x < +\infty)$ の両辺をフーリエ変換することにより, 解 $f(x)$ をフーリエ変換の反転公式の形に表し, さらに留数定理, コーシーの積分公式, ジョルダンの補助定理等の複素積分の方法を用いて $f(x)$ の表式を求めよ.

(解答例) 微分方程式の両辺をフーリエ変換すると以下のようになる.

$$-w^2 F(w) - F(w) = \sqrt{\frac{2}{\pi}}\Big(\frac{1}{w^2+1}\Big),$$

$$F(w) \equiv \frac{1}{\sqrt{2\pi}}\int_{-\infty}^{+\infty} f(x)e^{-iwx}dx \quad (4.155)$$

これを $F(w)$ について解くと以下のようになる.

$$F(w) = -\sqrt{\frac{2}{\pi}}\Big(\frac{1}{(w^2+1)^2}\Big) \quad (4.156)$$

$-\infty < x < +\infty$ で $f(x)$ が連続関数であるという範囲で解を求めるとフーリエ変換の反転公式により $f(x)$ は以下のように与えられる.

$$f(x) = -\lim_{R \to +\infty}\int_{-R}^{+R} \frac{e^{iwx}}{\pi(w^2+1)^2}dw \quad (-\infty < x < +\infty)$$

$x > 0$ に対して実軸上の積分路 $C_1(R)$: $z = z(t) = (2t-1)R$ $(0 \leq t \leq 1)$ および複素平面上の積分路 $C_2(R)$: $z = Re^{it}$ $(0 \leq t \leq \pi)$ を導入し (図 4.15(a)),

---

[*1] 積分方程式の一般的な形などの説明については第 5.3 節で改めて説明する.

4.9 フーリエ変換と複素積分を用いた微分方程式と積分方程式の解法　　　131

$$g(z) \equiv -\frac{e^{ixz}}{\pi(z^2+1)^2} \tag{4.157}$$

すると，以下のような複素積分として書き直される．

$$\begin{aligned}f(x) &= \lim_{R\to+\infty}\int_{C_1(R)} g(z)dz \\ &= \lim_{R\to+\infty}\Bigl(\int_{C_1(R)+C_2(R)} g(z)dz - \int_{C_2(R)} g(z)dz\Bigr)\end{aligned} \tag{4.158}$$

積分路 $C_2(R)$ 上の任意の複素数 z に対して

$$\lim_{R\to+\infty}\Bigl|-\frac{1}{\pi(z^2+1)^2}\Bigr| = 0 \tag{4.159}$$

が成り立つのでジョルダンの補助定理により次の等式が得られる．

$$\lim_{R\to+\infty}\int_{C_2(R)} g(z)dz = 0 \tag{4.160}$$

単一閉曲線からなる積分路 $C_1(R)+C_2(R)$ の内部にあるすべての特異点は $z=i$ だけであり，2位の極である．$z=i$ 以外の $C_1(R)+C_2(R)$ の内部の任意の点および $C_1(R)+C_2(R)$ の周上で $g(z)$ は常に正則なので留数定理により次の等式が成り立つ．

$$\begin{aligned}\int_{C_1(R)+C_2(R)} g(z)dz &= 2\pi i \operatorname*{Res}_{z=i} g(z) \\ &= 2i \lim_{z\to i}\Bigl(\frac{d}{dz}(z-i)^2 g(z)\Bigr) \\ &= 2i\Bigl(-\frac{(x+1)e^{-x}}{4i}\Bigr) \\ &= -\frac{1}{2}(x+1)e^{-x} \end{aligned} \tag{4.161}$$

従って次の結果が得られる．

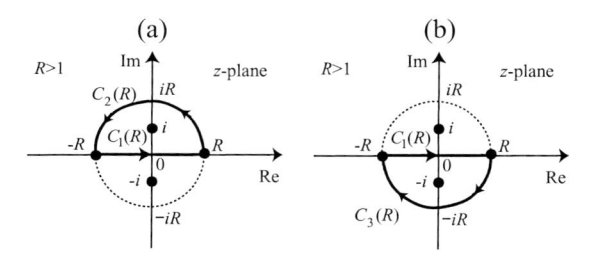

図 **4.15**　例 4.25 の積分路 $C_1(R)$ および $C_2(R)$
(a) $x \geq 0$, (b) $x < 0$．

$$f(x) = \lim_{R \to +\infty} \Big(\int_{C_1(R)+C_2(R)} g(z)dz - \int_{C_2(R)} g(z)dz \Big)$$
$$= -\frac{1}{2}(x+1)e^{-x} \qquad (x>0) \tag{4.162}$$

$x<0$ に対して実軸上の積分路 $C_1(R)$: $z = z(t) = (2t-1)R$ ($0 \le t \le 1$) および複素平面上の積分路 $C_3(R)$: $z = Re^{-it}$ ($0 \le t \le \pi$) を導入し (図 4.15(b)),

$$h(z) \equiv -\frac{e^{ixz}}{\pi(z^2+1)^2} \tag{4.163}$$

とすると，以下のような複素積分として書き直される．

$$f(x) = \lim_{R \to +\infty} \int_{C_1(R)} h(z)dz$$
$$= \lim_{R \to +\infty} \Big(\int_{C_1(R)+C_3(R)} h(z)dz - \int_{C_3(R)} h(z)dz \Big) \tag{4.164}$$

積分路 $C_2(R)$ 上の任意の複素数 z に対して

$$\lim_{R \to +\infty} \Big| -\frac{1}{\pi(z^2+1)^2} \Big| = 0 \tag{4.165}$$

が成り立つのでジョルダンの補助定理により次の等式が得られる．

$$\lim_{R \to +\infty} \int_{C_3(R)} h(z)dz = -\lim_{R \to +\infty} \int_{C_3(R)} \frac{e^{ixz}}{\pi(z^2+1)^2} dz$$
$$= \lim_{R \to +\infty} \int_{C_2(R)} \frac{e^{-ixz'}}{\pi(z'^2+1)^2} dz'$$
$$= 0 \tag{4.166}$$

単一閉曲線からなる積分路 $C_1(R) + C_3(R)$ の内部にあるすべての特異点は $z = -i$ だけであり，2位の極である．$z = -i$ 以外の $C_1(R) + C_3(R)$ の内部任意の点および $C_1(R) + C_3(R)$ の周上で $g(z)$ は常に正則なので留数定理により次の等式が成り立つ[*1]．

$$\int_{C_1(R)+C_3(R)} h(z)dz = -2\pi i \operatorname*{Res}_{z=-i} h(z)$$
$$= -2\pi i \lim_{z \to -i} \frac{d}{dz}(z-i)^2 h(z)$$
$$= -2\pi i \Big(\frac{(-x+1)e^x}{4i} \Big)$$
$$= -\frac{1}{2}(-x+1)e^x \tag{4.167}$$

[*1] $C_1(R) + C_2(R)$ が負の向きであることに注意する．

4.9 フーリエ変換と複素積分を用いた微分方程式と積分方程式の解法

従って次の結果が得られる.

$$f(x) = \lim_{R \to +\infty} \left(\int_{C_1(R)+C_3(R)} h(z)dz - \int_{C_3(R)} h(z)dz \right)$$
$$= -\frac{1}{2}(-x+1)e^x \qquad (x < 0) \qquad (4.168)$$

以上の結果をまとめると $f(x)$ は次のように得られる.

$$f(x) = -\frac{1}{2}(|x|+1)e^{-|x|} \qquad (-\infty < x < +\infty) \qquad (4.169)$$

例 4.26 $f(x)$ は $-\infty < x < +\infty$ において有界で絶対積分可能な連続関数であることを仮定して, 次の積分方程式を満足する $f(x)$ をフーリエ変換の反転公式の形に求めよ.

$$f(x) = e^{-|x|} + a \int_x^{+\infty} e^{x-y} f(y) dy$$

ここで, a は $a < 1$ を満たす実定数であるとする.

(解答例) 与えられた積分方程式の両辺をフーリエ変換する. その際, 以下のように定義した関数 $g(x)$ を使って, 与えられた積分方程式の右辺の第 2 項を書き換え, 定理 1.9 を使う.

$$g(x) \equiv \begin{cases} e^x & (x \leq 0) \\ 0 & (x > 0) \end{cases}$$

これにより, $f(x)$ のフーリエ変換 $F(w) \equiv \frac{1}{\sqrt{2\pi}} \int_{-\infty}^{+\infty} f(x) e^{-iwx} dx$ が以下のように計算される.

$$F(w) = \sqrt{\frac{2}{\pi}} \left(\frac{1}{1+w^2} \right) + a \frac{1}{1-iw} F(w) \qquad (4.170)$$

$$F(w) = \sqrt{\frac{2}{\pi}} \frac{1}{(1+iw)(1-a-iw)} \qquad (4.171)$$

得られた $F(w)$ からフーリエ変換の反転公式を使って $f(x)$ は以下のような積分表示の形に与えられる. フーリエ変換の反転公式の形の解 $f(x)$ は以下のように与えられる.

$$f(x) = \int_{-\infty}^{+\infty} \frac{e^{iwx}}{\pi(1+iw)(1-a-iw)} dw \qquad (4.172)$$

この積分表示における w に対する積分は例 4.25 と同じようにして $x \geq 0$ と $x < 0$ の場合に分けて積分路を考え, 留数定理およびジョルダンの補助定理を用いることにより解析的に計算することができる. 詳細は省略するが最終的には

$$f(x) = \begin{cases} \frac{2}{2-a} e^{-x} & (x \geq 0) \\ \frac{2}{2-a} e^{(1-a)x} & (x < 0) \end{cases} \qquad (4.173)$$

となる．

さらに，フーリエ変換の反転公式の形に表した後，例 4.22 と同様の手順を踏むことで解が求められる例をひとつ与える．

例 4.27 微分方程式

$$\frac{d^2}{dx^2}f(x) - f(x) = \begin{cases} 1 & (|x| \leq 1) \\ 0 & (|x| > 1) \end{cases} \quad (4.174)$$

の解を $f(x)$, $\frac{d}{dx}f(x)$, $\frac{d^2}{dx^2}f(x)$ は区間 $(-\infty, +\infty)$ において高々有限個の不連続点しかもたず，連続かつ区分的に滑らかであるという範囲で求めよ．

(解答例) 微分方程式の両辺をフーリエ変換すると以下のようになる．

$$-w^2 F(w) - F(w) = \sqrt{\frac{2}{\pi}}\Big(\frac{\sin(w)}{w}\Big) \quad (4.175)$$

$$F(w) \equiv \frac{1}{\sqrt{2\pi}}\int_{-\infty}^{+\infty} f(x)e^{-iwx}dx \quad (4.176)$$

これを $F(w)$ について解くと以下のようになる．

$$F(w) = -\sqrt{\frac{2}{\pi}}\Big(\frac{\sin(w)}{w(1+w^2)}\Big) \quad (4.177)$$

$-\infty < x < +\infty$ で $f(x)$ が連続関数であるという範囲で解を求めるとフーリエ変換の反転公式により $f(x)$ は以下のように与えられる．

$$f(x) = -\int_{-\infty}^{+\infty}\frac{\sin(w)e^{iwx}}{\pi w(1+w^2)}dw \quad (4.178)$$

この積分は関数 $F(w,x)$ を

$$F(w,x) \equiv -\frac{e^{ixw}}{2\pi i w(1+w^2)}, \quad (4.179)$$

と導入すると

$$f(x) = \int_{-\infty}^{+\infty}F(w,x+1)dw - \int_{-\infty}^{+\infty}F(w,x-1)dw \quad (4.180)$$

と書き換えられる．すなわち $\int_{-\infty}^{+\infty}F(w,u)dw$ が $-\infty < u < +\infty$ で計算できればよいわけである．この積分 $\int_{-\infty}^{+\infty}F(w,u)dw$ は $u > 0$ と $u < 0$ の場合とで z-平面上の図 4.16 のように選び，次のような複素積分を考える．

$$\int_{-\infty}^{+\infty}F(w,u)dw$$
$$= \lim_{R\to+\infty}\lim_{r\to+0}\Big(\int_{C_1(r,R)}F(z,u)dz + \int_{C_3(r,R)}F(z,u)dz\Big)$$

$$= \lim_{R\to+\infty}\lim_{r\to+0}\Bigl(\int_{C_1(r,R)+C_2(R)+C_3(r,R)+C_4(r)} F(z,u)dz$$
$$-\int_{C_2(R)} F(z,u)dz + \int_{C_4(r)} F(z,u)dz\Bigr) \quad (4.181)$$

例 4.22 と同様の手順で計算を実行することにより

$$\int_{-\infty}^{+\infty} F(w,u)dw = \begin{cases} -\dfrac{1}{2}e^u + \dfrac{1}{2} & (u>0) \\ \dfrac{1}{2}e^{-u} - \dfrac{1}{2} & (u<0) \end{cases} \quad (4.182)$$

が得られる．従って，次の解が得られる．

$$f(x) = \begin{cases} e^{-1}\cosh(x) - 1 & (|x|\leq 1) \\ -e^{-|x|}\sinh(1) & (|x|>1) \end{cases} \quad (4.183)$$

4.10 一致の定理と解析接続

本節では一致の定理と解析接続について説明する．ここで与えられる定理の証明の詳細は文献 [1] の第 2 章 2.2 節または文献 [2] の第 7 章 7.5 節を参照されたい．

【定理 4.13】(一致の定理; unicity theorem) 領域 D で正則な 2 つの関数が D に含まれるある曲線上で値が一致するならば，この 2 つの関数は D において恒等的に等しい．

例 4.28 $f(z)$ は $z=x$ (x は実数) で $f(x)=e^x$ となり，任意の複素数 z で正則な関数であるとする．これに対して $g(z)$ は任意の複素数 z に

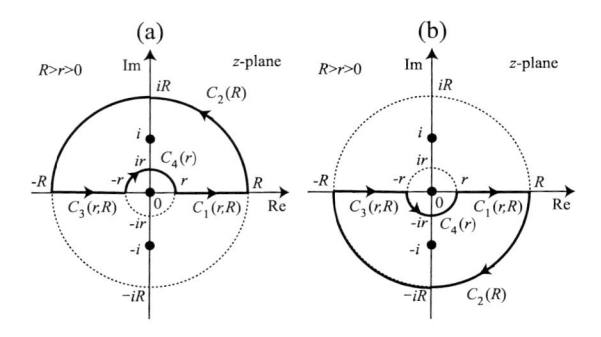

図 4.16 例 4.27 の式 (4.181) の積分路 $C_1(r,R)$, $C_2(R)$, $C_3(r,R)$ および $C_4(r)$
(a) $u>0$, (b) $u<0$.

ついて $g(z) \equiv \sum_{n=0}^{+\infty} \frac{1}{n!} z^n$ により定義されているものとする．ただしこの例では我々は任意の実数 x に対して $e^x = \sum_{n=0}^{+\infty} \frac{1}{n!} x^n$ により指数関数が表されることは知っていても，この等式が複素数にまで拡張できるということは我々はまだ知らず，複素数 z に対する関数としての指数関数 e^z はまだ定義されていないものとする．このとき $f(z)$ と $g(z)$ の関係を考えてみよう．まず，$g(z)$ は収束半径が無限大のべき級数であり，任意の複素数 z について正則である．さらに任意の実数 x に対して $f(x) = g(x)$ が成り立つ．従って一致の定理により，任意の複素数 z に対して $f(z) = g(z)$ が成り立つこととなる．$z = x$ (x は実数) で $f(x) = e^x$ となり，任意の複素数 z で正則な関数 $f(z)$ を e^z という記号で表すことにすると e^z の定義は $e^z = \sum_{n=0}^{+\infty} \frac{1}{n!} z^n$ 以外にはあり得ないことを意味する．

2 つの異なる領域 D_1, D_2 がどちらも領域 D を含み，$f_1(z)$ は D_1 で正則，$f_2(z)$ は D_2 で正則であり，D において $f_1(z) = f_2(z)$ が成り立つものとする．一致の定理により D で $f_1(z)$ に一致し，D_2 で正則である関数はただひとつでありそれは $f_2(z)$ である．このとき，$f_2(z)$ を $f_1(z)$ の D_2 への**解析接続** (analytic continuation) という．逆に，D で $f_2(z)$ に一致し，D_1 で正則である関数はただひとつでありそれは $f_1(z)$ である．このとき，$f_1(z)$ を $f_2(z)$ の D_1 への解析接続という．関数 $f(z) \equiv \begin{cases} f_1(z) & (z \in D_1) \\ f_2(z) & (z \in D_2) \end{cases}$ は D_1 と D_2 を合わせた領域で正則である．このように解析接続とは正則性を保ちながら関数の定義域を拡張してゆく操作のことである．

演 習 問 題

4.1 $f(z) = \frac{\sin(z)}{(z-\pi)^2}$ の $z = \pi$ のまわりでのローラン展開を求めよ．

(略解) $f(z) = -(z-\pi)^{-1} + \sum_{n=1}^{+\infty} \frac{(-1)^n}{(2n+1)!} (z-\pi)^{2n-1}$

4.2 $f(z) = \frac{z^2}{(z-1)^2(z+3)}$ の $z = 1$ のまわりでのローラン展開を求めよ．

(略解)

$f(z) = \frac{1}{4}(z-1)^{-2} + \frac{7}{16}(z-1)^{-1} + \sum_{n=2}^{+\infty} \frac{9(-1)^n}{4^{n+1}} (z-1)^{n-2} \quad (0 < |z-1| < 4),$

$$f(z) = \frac{1}{z-1} - \frac{2}{(z-1)^2} + 9\sum_{n=1}^{\infty}(-4)^{n-1}(z-1)^{-n-2} \qquad (4 < |z-1| < +\infty)$$

4.3 $z = 0$ を中心とし，半径 2 の円周上を正の向きに回る積分路 C に対して複素積分 $\int_C \frac{z^4}{z^3-3z^2-z+3}dz$ を留数定理を用いて求めよ．
(略解) $-\frac{\pi i}{4}$．

4.4 $z = 0$ を中心とし，半径 1 の円周上を 2π だけ正の向きに回る積分路 C に対して複素積分 $\int_C \frac{1}{z^3(z^2+4)}dz$ を留数定理を用いて求めよ．
(略解) $-\frac{\pi i}{8}$．

4.5 $z = \frac{\pi}{4}$ を中心とし，半径 $\frac{\pi}{2}$ の円周上を正の向きに 2π だけ回る積分路 C に対して複素積分 $\int_C \frac{e^{iz}}{\cos(z)}dz$ を留数定理を用いて求めよ．
(略解) 2π．

4.6 $z = 0$ を中心とし，半径 π の円周上を正の向きに 2π だけ回る積分路 C に対して複素積分 $\int_C z^n e^{\frac{1}{z}}dz$ (n は整数) の値を求めよ．(略解) $\frac{2\pi i}{(n+1)!}$

4.7 実定積分 $\int_0^{+\infty}\frac{\cos(x)}{x^2+1}dx$ の値を求めよ．(略解) $\frac{\pi}{2e}$

4.8 $f(x)$ は区間 $(-\infty, +\infty)$ において有界で絶対積分可能な連続関数であることを仮定して，次の積分方程式を満足する $f(x)$ を求めよ．

$$f(x) = e^{-|x|} + a\int_{-\infty}^{+\infty}e^{-|x-y|}f(y)dy \qquad (4.184)$$

ここで，a は $a < \frac{1}{2}$ を満たす実定数であるとする．

(略解) $f(x) = \int_{-\infty}^{+\infty}\frac{e^{iwx}}{\pi(w^2+1-2a)}dw = \begin{cases} \frac{1}{\sqrt{1-2a}}e^{-\sqrt{1-2a}x} & (x > 0) \\ \frac{1}{\sqrt{1-2a}}e^{\sqrt{1-2a}x} & (x < 0) \end{cases}$

5 ラプラス変換

ラプラス変換は特に電気回路[20,21]，システム制御工学[19,22]において線形システムを取り扱う基本となる数学的技法であり，ラプラス積分と解析接続から定義される[*1]．本章ではその定義の数学的組み立てについて説明し，その後，いくつかのラプラス変換の性質と公式について述べる．そしてラプラス逆変換とその反転公式について説明し，微分方程式，積分方程式への応用例について紹介する．

5.1 ラプラス積分とラプラス変換

$(0, +\infty)$ で定義された実数値または複素数値をとる関数 $f(t)$ を考え，$f(t)$ は不連続点を高々有限個しかもたないものとする．このとき，p を複素数として，広義積分

$$\int_0^{+\infty} f(t)e^{-pt}dt \equiv \lim_{\varepsilon \to 0}\lim_{R \to +\infty}\int_\varepsilon^R f(t)e^{-pt}dt \tag{5.1}$$

が存在するとき，これを $f(t)$ の**ラプラス積分** (Laplace integral) という．

【定理 5.1】 $f(t)$ のラプラス積分は，それが $p = p_0$ のときに絶対収束するならば，$\mathrm{Re}(p) \geq \mathrm{Re}(p_0)$ であるすべての p で絶対収束する (図 5.1)．

(証明) 領域 $\mathrm{Re}(p) \geq \mathrm{Re}(p_0)$ では $t > 0$ に対して

$$\int_0^{+\infty} |f(t)e^{-pt}|dt = \int_0^{+\infty} |f(t)|e^{-t\mathrm{Re}(p)}dt$$

$$\leq \int_0^{+\infty} |f(t)|e^{-t\mathrm{Re}(p_0)}dt \tag{5.2}$$

が成り立つことにより証明される．

【定理 5.2】 $f(t)$ のラプラス積分は，それが $p = p_0$ のときに絶対収束しな

[*1] ラプラス変換は定係数線形常微分方程式などで，状態方程式としてモデル化された線形システムの解析・設計における基本的計算技法である．その詳細は例えば本シリーズ第 6 巻「システム制御工学[19]」などを参照されたい．

いならば，$\mathrm{Re}(p) \leq \mathrm{Re}(p_0)$ であるすべての p で絶対収束しない．

(証明) 背理法を用いる．もし，$\mathrm{Re}(p) \leq \mathrm{Re}(p_0)$ を満たすある点 p でラプラス積分が絶対収束するならば，点 p_0 は $\mathrm{Re}(p_0) \geq \mathrm{Re}(p)$ を満たすので，定理 5.1 により $\int_0^{+\infty} f(t)e^{-p_0 t} dt$ は絶対収束してしまうということになる．これは定理の条件に反する．

定理 5.1 と定理 5.2 によって，$\mathrm{Re}(p) > s_0$ ならばラプラス積分が絶対収束し，$\mathrm{Re}(p) < s_0$ ならば絶対収束しないような実数 s_0 が存在する．この s_0 を $f(t)$ のラプラス積分の**増加指数**という (図 5.2)．任意の複素数 p でラプラス積分が絶対収束するときその増加指数 s_0 は $-\infty$ であり，絶対収束しないとき $+\infty$ である．

【定理 5.3】 $f(t)$ が有界な増加指数 s_0 をもつとき，ラプラス積分
$$F(p) \equiv \int_0^{+\infty} f(t)e^{-pt} dt \tag{5.3}$$
は領域 $\mathrm{Re}(p) > s_0$ において正則である．

(証明) 領域 $\mathrm{Re}(p) > s_0$ で $F(p)$ は連続である．領域 $\mathrm{Re}(p) > s_0$ に含まれる任意の単一閉曲線に対して
$$\int_C F(p) dp = \int_0^{+\infty} f(t) \int_C e^{-pt} dp dt = 0 \tag{5.4}$$
が成り立つ．モレラの定理により $F(p)$ は領域 $\mathrm{Re}(p) > s_0$ で正則である．

$(0, +\infty)$ で定義された関数 $f(t)$ が不連続点を高々有限個しかもたず，$(0, +\infty)$ に含まれる任意の有限閉区間で絶対積分可能であり，そのラプラス積分の増加指数 s_0 が $+\infty$ ではないとき，$f(t)$ を**原関数**と呼ぶ．$F(p)$ は領域 $\mathrm{Re}(p) > s_0$ においてラプラス積分で

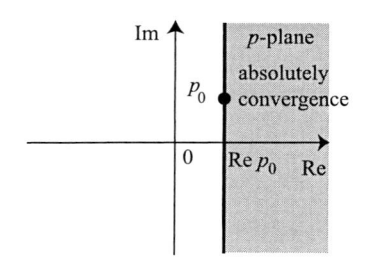

図 5.1 領域 $\mathrm{Re}(p) \geq \mathrm{Re}(p_0)$

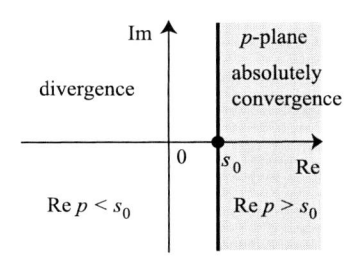

図 5.2 増加指数 s_0

ラプラス積分は領域 $\mathrm{Re}(p) > s_0$ で絶対収束し，領域 $\mathrm{Re}(p) < s_0$ では絶対収束せず発散する．

$$F(p) \equiv \int_0^{+\infty} f(t)e^{-pt}dt \tag{5.5}$$

と定義され，定理 5.2 によりその右辺のラプラス積分は $\mathrm{Re}(p) > s_0$ で正則である．ラプラス積分 $\int_0^{+\infty} f(t)e^{-pt}dt$ は $\mathrm{Re}(p) < s_0$ では絶対収束しないが，$\mathrm{Re}(p) > s_0$ で得られた関数 $F(p)$ は実は $\mathrm{Re}(p) < s_0$ でも正則である．$\mathrm{Re}(p) > s_0$ でラプラス積分 (5.5) により定義された正則関数 $F(p)$ を $\mathrm{Re}(p) < s_0$ に解析接続して得られる解析関数を，原関数 $f(t)$ の**像関数**という．解析接続して像関数 $F(p)$ を p-平面全体で定義することで原関数 $f(t) \to$ 像関数 $F(p)$ の対応を $f(t)$ の**ラプラス変換** (Laplace transformation) と呼び，本書では，以後，

$$F(p) = \mathcal{L}[f(t)] \equiv \int_0^{+\infty} f(t)e^{-pt}dt \tag{5.6}$$

と $\mathcal{L}[f(t)]$ という記号を用いて表すことにする．また，その逆の対応 $F(p) \to f(t)$ を**ラプラス逆変換** (Laplace inverse transformation) といい，本書では，以後，$f(t) = \mathcal{L}^{-1}[F(p)]$ と表すことにする．

例 5.1 関数 $f(t) = e^{at}$ $(t \geq 0)$ のラプラス積分をその定義に基づいて求めよ (図 5.3).

(解答)

$$\begin{aligned}
\mathcal{L}[f(t)] &= \int_0^{+\infty} f(t)e^{-pt}dt = \int_0^{+\infty} e^{at}e^{-pt}dt \\
&= \int_0^{+\infty} e^{-(p-a)t}dt = \left[\frac{-1}{p-a}e^{-(p-a)t}\right]_0^{+\infty} \\
&= \lim_{t \to +\infty}\frac{-1}{p-a}e^{-(p-a)t} - \lim_{t \to 0}\frac{-1}{p-a}e^{-(p-a)t}
\end{aligned}$$

5.1 ラプラス積分とラプラス変換

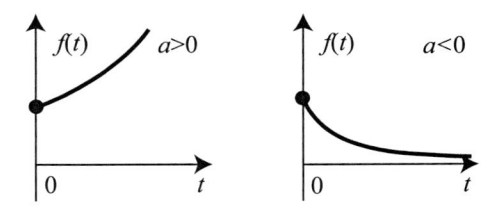

図 5.3 例 5.1 の関数 $f(t)$

$$= \frac{1}{p-a} \quad (\mathrm{Re}(p) > \mathrm{Re}(a)) \tag{5.7}$$

ここで，$\mathrm{Re}(p) > \mathrm{Re}(a)$ において

$$\lim_{t \to +\infty} \frac{-1}{p-a} e^{-(p-a)t} = 0 \tag{5.8}$$

であることを使ったが，これは $\mathrm{Re}(p) > \mathrm{Re}(a)$ において

$$\lim_{t \to +\infty} \left| \frac{-1}{p-a} e^{-(p-a)t} \right| = 0 \tag{5.9}$$

であることを p が複素数であることに注意して以下のように示すことにより得られる (図 5.4)．

$$\lim_{t \to +\infty} \left| \frac{-1}{p-a} e^{-(p-a)t} \right| = \lim_{t \to +\infty} \frac{1}{|p-a|} \left| e^{-(p-a)t} \right|$$

$$= \lim_{t \to +\infty} \frac{1}{|p-a|} e^{-t\mathrm{Re}(p-a)} = 0$$

$$(\mathrm{Re}(p-a) > 0 \text{ による}) \tag{5.10}$$

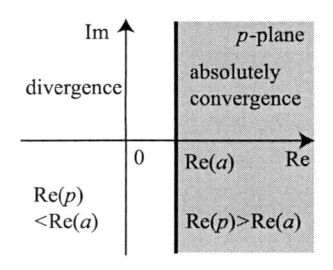

図 5.4 例 5.1 の関数 $f(t)$ のラプラス積分の絶対収束する領域と発散する領域

例 5.2 $a \geq 0$ に対して関数 $f(t) = \begin{cases} 1 & (t \geq a) \\ 0 & (t < a) \end{cases}$ のラプラス積分をその定義に基づいて求めよ (図 5.5)．

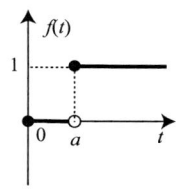

図 5.5 例 5.2 の関数 $f(t)$

(解答例)
$$\mathcal{L}[f(t)] = \int_a^{+\infty} f(t)e^{-pt}dt = \int_a^{+\infty} e^{-pt}dt$$
$$= \left[\frac{-1}{p}e^{-pt}\right]_a^{+\infty}$$
$$= \lim_{t\to+\infty}\frac{-1}{p}e^{-pt} - \lim_{t\to a}\frac{-1}{p}e^{-pt}$$
$$= \frac{1}{p}e^{-pa} \quad (\mathrm{Re}(p) > 0) \tag{5.11}$$

ここで，$\mathrm{Re}(p) > 0$ において $\lim_{t\to+\infty}\frac{-1}{p}e^{-pt} = 0$ であることを使ったが，これは $\mathrm{Re}(p) > 0$ において $\lim_{t\to+\infty}\left|\frac{-1}{p}e^{-pt}\right| = 0$ であることを p が複素数であることに注意して以下のように示すことにより得られる (図 5.6)．

$$\lim_{t\to+\infty}\left|\frac{-1}{p}e^{-pt}\right| = \lim_{t\to+\infty}\frac{1}{|p|}\left|e^{-pt}\right|$$
$$= \lim_{t\to+\infty}\frac{1}{|p|}e^{-t\mathrm{Re}(p)}$$
$$= 0 \quad (\mathrm{Re}(p) > 0 \text{ による}) \tag{5.12}$$

例 5.3 関数 $f(t) = t$ $(t \geq 0)$ の像関数 $F(p)$ をラプラス積分を計算することにより求めよ (図 5.7)．

(解答例) $f(t)$ のラプラス積分 $F(p)$ は $\mathrm{Re}(p) > 0$ において次のように得られる．

$$F(p) = \int_0^{+\infty} f(t)e^{-pt}dt = \int_0^{+\infty} te^{-pt}dt$$
$$= \left[\left(-\frac{t}{p}\right)e^{-pt}\right]_0^{+\infty} - \int_0^{+\infty}\left(-\frac{1}{p}\right)e^{-pt}dt$$

5.1 ラプラス積分とラプラス変換

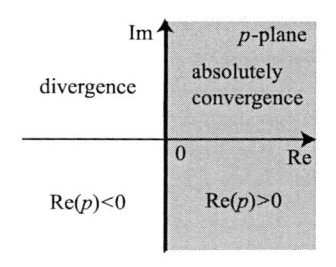

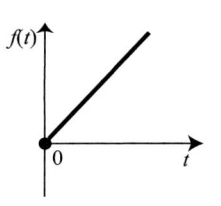

図 5.6 例 5.2 と例 5.3 の関数 $f(t)$ のラプラス積分の絶対収束する領域と発散する領域

図 5.7 例 5.3 の関数 $f(t)$

$$= \left[\left(-\frac{t}{p}\right)e^{-pt}\right]_0^{+\infty} - \left[\left(\frac{1}{p^2}\right)e^{-pt}\right]_0^{+\infty}$$
$$= \frac{1}{p^2} \tag{5.13}$$

ここで,$\mathrm{Re}(p) > 0$ において $\lim_{t\to+\infty} te^{-pt} = 0$ であることを使ったが,これは $\mathrm{Re}(p) > 0$ において p が複素数であることに注意して以下のように示すことにより得られる.

$$\lim_{t\to+\infty}\left|\frac{t}{e^{pt}}\right| = \lim_{t\to+\infty}\frac{t}{e^{t\mathrm{Re}(p)}}$$
$$= \lim_{t\to+\infty}\frac{1}{\mathrm{Re}(p)e^{t\mathrm{Re}(p)}} = 0$$

従って $F(p) = \mathcal{L}[f(t)] = \frac{1}{p^2}$ が像関数として得られる.

例 5.4 $a > 0$ に対して関数 $f(t) = \delta(t-a)$ のラプラス積分を求めよ.
(解答例)
$$\mathcal{L}[f(t)] = \int_0^{+\infty} \delta(t-a)e^{-pt}dt = e^{-ap} \tag{5.14}$$

問 5.1 $\cos(at)$ と $\sin(at)$ のラプラス積分を求めよ.

(略解) $\cos(at)$ のラプラス積分は $\frac{p}{p^2+a^2}$ ($\mathrm{Re}(p) > |\mathrm{Im}(a)|$),$\sin(at)$ のラプラス積分は $\frac{a}{p^2+a^2}$ ($\mathrm{Re}(p) > |\mathrm{Im}(a)|$)

問 5.2 $f(t) = \sinh(at)$ のラプラス積分と増加指数を求めよ.

(略解) ラプラス積分は $\frac{a}{p^2-a^2}$,増加指数は $|\mathrm{Re}(a)|$

【**定理 5.4**】 $f(t)$,$g(t)$ が原関数であるとき,c_1,c_2 を任意の複素数として
$$\mathcal{L}[c_1 f(t) + c_2 g(t)] = c_1 \mathcal{L}[f(t)] + c_2 \mathcal{L}[g(t)] \tag{5.15}$$
が成り立つ.

(証明)

$$\mathcal{L}[c_1 f(t) + c_2 g(t)] = \int_0^{+\infty} \{c_1 f(t) + c_2 g(t)\} e^{-pt} dt$$
$$= c_1 \int_0^{+\infty} f(t) e^{-pt} dt + c_2 \int_0^{+\infty} g(t) e^{-pt} dt$$
$$= c_1 \mathcal{L}[f(t)] + c_2 \mathcal{L}[g(t)] \tag{5.16}$$

例 5.5 例 5.1 の結果を用いて関数 $f(t) = \cos(t)$ $(t > 0)$ の像関数 $F(p)$ を求めよ.

(解答例) $\quad F(p) = \mathcal{L}[f(t)] = \mathcal{L}[\cos(t)] = \dfrac{1}{2}\mathcal{L}[e^{it}] + \dfrac{1}{2}\mathcal{L}[e^{-it}]$
$$= \dfrac{1}{2}\dfrac{1}{p-i} + \dfrac{1}{2}\dfrac{1}{p+i} = \dfrac{p}{p^2+1} \tag{5.17}$$

【定理 5.5】 原関数 $f(t)$, $g(t)$ の像関数を $F(p) = \mathcal{L}[f(t)]$, $G(p) = \mathcal{L}[g(t)]$ と表すこととすると以下のラプラス変換の諸公式が成り立つ. なお, $t < 0$ まで定義域を拡張する必要がある場合には $f(t) = 0$ $(t < 0)$ とする.

(1) $\quad \mathcal{L}[f(t-a)] = F(p) e^{-ap}$ $(a \geq 0)$

(2) $\quad \mathcal{L}[f(at)] = \dfrac{1}{a} F(\dfrac{p}{a})$ $(a > 0)$

(3) $\quad \mathcal{L}[f(t) e^{ct}] = F(p-c)$ (c は複素数)

(4) $\quad \mathcal{L}[f'(t)] = p F(p) - f(+0)$

(5) $\quad \mathcal{L}[f^{(n)}(t)] = p^n F(p) - \sum_{k=0}^{n-1} f^{(n-1-k)}(+0) p^k$ $(n = 1, 2, 3, \cdots)$

(6) $\quad \mathcal{L}[\int_0^t f(\tau) d\tau] = \dfrac{1}{p} F(p)$

(7) $\quad \mathcal{L}[\dfrac{1}{t} f(t)] = \int_p^\infty F(q) dq = \lim_{\mathrm{Re}(P) \to +\infty} \int_p^P F(q) dq$,
$\quad \mathcal{L}[t f(t)] = -\dfrac{d}{dp} F(p)$

(8) $\quad \mathcal{L}[\int_0^t f(\tau) g(t-\tau) d\tau] = \mathcal{L}[f(t)] \mathcal{L}[g(t)]$

(証明)

(1) の導出
$$\mathcal{L}[f(t-a)] = \int_0^{+\infty} f(t-a) e^{-pt} dt = \int_a^{+\infty} f(t-a) e^{-pt} dt$$
$$= \int_0^{+\infty} f(t') e^{-p(t'+a)} dt' = e^{-ap} \int_0^{+\infty} f(t') e^{-pt'} dt'$$
$$= F(p) e^{-ap} \tag{5.18}$$

(2) の導出

$$\mathcal{L}[f(at)] = \int_0^{+\infty} f(at)e^{-pt}dt$$
$$= \frac{1}{a}\int_0^{+\infty} f(t')e^{-\left(\frac{p}{a}\right)t'}dt' = \frac{1}{a}F\left(\frac{p}{a}\right) \quad (5.19)$$

(3) の導出

$$\mathcal{L}[f(t)e^{ct}] = \int_0^{+\infty} f(t)e^{ct}e^{-pt}dt$$
$$= \int_0^{+\infty} f(t)e^{-(p-c)t}dt = F(p-c) \quad (5.20)$$

(4) の導出

$$\mathcal{L}[f'(t)] = \int_0^{+\infty} f'(t)e^{-pt}dt$$
$$= \left[f(t)e^{-pt}\right]_0^{+\infty} + p\int_0^{+\infty} f(t)e^{-pt}dt$$
$$= \lim_{t\to+\infty} f(t)e^{-pt} - \lim_{t\to+0} f(t)e^{-pt} + p\int_0^{+\infty} f(t)e^{-pt}dt$$
$$= -f(+0) + p\int_0^{+\infty} f(t)e^{-pt}dt$$
$$= pF(p) - f(+0) \quad (5.21)$$

(5) の導出 (4) を $\mathcal{L}[f^{(m)}(t)]$ に対して繰り返し適用することで帰納的に導かれる.

$$\mathcal{L}[f^{(n)}(t)] = p\mathcal{L}[f^{(n-1)}(t)] - f^{(n-1)}(+0)$$
$$= p\bigl(p\mathcal{L}[f^{(n-2)}(t)] - f^{(n-2)}(+0)\bigr) - f^{(n-1)}(+0)$$
$$= p\Bigl(p\bigl\{p\mathcal{L}[f^{(n-3)}(t)] - f^{(n-3)}(+0)\bigr\}$$
$$\quad - f^{(n-2)}(+0)\Bigr) - f^{(n-1)}(+0)$$
$$= \cdots$$
$$= p^n F(p) - \sum_{k=0}^{n-1} f^{(n-1-k)}(+0)p^k \quad (5.22)$$

(6) の導出 (4) から次の等式が成り立つ.

$$\mathcal{L}\Bigl[\frac{d}{dt}\int_0^t f(\tau)d\tau\Bigr] = p\mathcal{L}\Bigl[\int_0^t f(\tau)d\tau\Bigr] - \lim_{t\to+0}\int_0^t f(\tau)d\tau \quad (5.23)$$

ここで

$$\frac{d}{dt}\int_0^t f(\tau)d\tau = f(t), \quad \lim_{t\to+0}\int_0^t f(\tau)d\tau = 0 \quad (5.24)$$

が成り立つことを使うと求める等式が導かれる．

(7) の導出 $\int_0^{+\infty} \frac{1}{t}f(t)e^{-pt}dt$ を p で微分することで次の等式が得られる．

$$\frac{d}{dp}\int_0^{+\infty}\frac{1}{t}f(t)e^{-pt}dt = -F(p) \quad (5.25)$$

この両辺を p で積分することにより求める等式が得られる．第 2 式は式 (5.6) の両辺を p で微分すれば得られる．

(8) の導出

$$\begin{aligned}
\mathcal{L}\Big[\int_0^t f(\tau)g(t-\tau)d\tau\Big] &= \int_0^{+\infty}\Big(\int_0^t f(\tau)g(t-\tau)d\tau\Big)e^{-pt}dt \\
&= \int_0^{+\infty}\int_0^t f(\tau)g(t-\tau)e^{-pt}d\tau dt \\
&= \int_0^{+\infty}\int_\tau^{+\infty} f(\tau)g(t-\tau)e^{-pt}dt d\tau \\
&= \int_0^{+\infty}\int_0^{+\infty} f(\tau)g(s)e^{-ps-p\tau}ds d\tau \\
&= \Big(\int_0^{+\infty} f(\tau)e^{-p\tau}d\tau\Big)\Big(\int_0^{+\infty} g(s)e^{-ps}ds\Big) \\
&= \mathcal{L}[f(t)]\mathcal{L}[g(t)] \quad (5.26)
\end{aligned}$$

定理 5.5 の (8) の等式に現れる関数 $h(t) \equiv \int_0^t f(\tau)g(t-\tau)d\tau$ は合成関数または畳み込み積分と呼ぶ．

例 5.6 関数 $f(t) = \cos(t)$ の像関数が $F(p) = \frac{p}{p^2+1}$ であることを用いて関数 $g(t) = e^t\cos(t)$ $(t>0)$ の像関数 $G(p)$ を用いて求めよ．

(解答例) $G(p) = \mathcal{L}[\cos(t)e^t] = F(p-1) = \frac{p-1}{(p-1)^2+1}$

例 5.7 関数 $f(t) = t$ の像関数が $F(p) = \frac{1}{p^2}$ であることを用いて関数 $g(t) = te^{-t}$ $(t>0)$ の像関数 $G(p)$ を用いて求めよ．

(解答例) $G(p) = \mathcal{L}[te^{-t}] = F(p+1) = \frac{1}{(p+1)^2}$

例 5.8 $a \geq 0$ に対して関数 $f(t) = \begin{cases} g(t-a) & (t \geq a) \\ 0 & (t < a) \end{cases}$ のラプラス変換を $g(t)$ のラプラス変換 $G(p) = \mathcal{L}[g(t)]$ を用いて表せ．

(解答例)

$$\mathcal{L}[f(t)] = \int_a^{+\infty} g(t-a)e^{-pt}dt = \int_0^{+\infty} g(t')e^{-p(t'+a)}dt'$$

$$= G(p)e^{-ap} \qquad (\mathrm{Re}(p) > 0) \tag{5.27}$$

例 5.9 周期 1 の関数 $f(t)$ を

$$f(t) = e^t \quad (0 < t < 1), \qquad f(t) = f(t+1) \tag{5.28}$$

と定義する．$f(t)$ のラプラス変換を求めよ．

(解答例)

$$\begin{aligned}
\mathcal{L}[f(t)] &= \int_0^{+\infty} f(t)e^{-pt}dt = \sum_{n=0}^{+\infty}\int_n^{n+1} e^{t-n}e^{-pt}dt \\
&= \sum_{n=0}^{+\infty}\Big[-\frac{1}{p-1}e^{-(p-1)t}\Big]_n^{n+1}e^{-n} \\
&= \sum_{n=0}^{+\infty}\frac{1}{p-1}e^{-np}\Big(1 - e^{-(p-1)}\Big) \\
&= \Big(\frac{1}{1-e^{-p}}\Big)\Big(\frac{1}{p-1}\Big)\Big(1 - e^{-(p-1)}\Big) \tag{5.29}
\end{aligned}$$

一般に $g(t) = 0$ ($t < 0, T < t$) を満たす関数 $g(t)$ が原関数であり，その像関数を $G(p)$ とする．このとき $f(t) = g(t - (n-1)T)$ ($(n-1)T < t \leq nT$; $n = 1, 2, 3, \cdots$) により与えられ，周期 T をもつ関数 $f(t)$ は原関数であり，その像関数 $F(p)$ は

$$F(p) = \frac{1}{1 - e^{-pT}}G(p) \tag{5.30}$$

によって与えられる．

問 5.3 $\cosh(at)$ と $\sinh(at)$ の像関数を求めよ．

(略解) $\mathcal{L}[\cosh(at)] = \frac{p}{p^2-a^2}$, $\mathcal{L}[\sinh(at)] = \frac{a}{p^2-a^2}$

問 5.4 $\cos(at)\sin(at)$ の像関数を求めよ．

(略解) $\mathcal{L}[\cos(at)\sin(at)] = \frac{a}{p^2+4a^2}$

問 5.5 $f(t) = e^{at}\sinh(bt)$ の像関数を求めよ．

(略解) $\frac{b}{(p-a)^2-b^2}$

問 5.6 $f(t) = \frac{\sin(2t)}{t}$ の像関数を求めよ (ヒント: 定理 5.5(7) を使う).

(略解) $\arctan(\frac{2}{p})$

問 5.7 $f(t) = \int_0^t \frac{\sin(2\tau)}{\tau}d\tau$ の像関数を求めよ (ヒント: 問 5.6 の結果と定理 5.5(6) を使う).

(略解) $\frac{1}{p}\arctan(\frac{2}{p})$

問 5.8 $f(t) = \cos(at)$ と $g(t) = \sin(bt)$ の合成関数 (たたみ込み積分)

$\int_0^t f(\tau)g(t-\tau)d\tau$ の像関数を求めよ．
(略解) $\dfrac{bp}{(p^2+a^2)(p^2+b^2)}$

5.2　ラプラス変換の反転公式

　本節ではラプラス逆変換の具体的な計算について説明する．ラプラス逆変換の基本となるのはラプラス変換の反転公式と呼ばれるものである．ごく簡単な場合には前節のラプラス変換の公式と性質を逆に使うことで逆変換が得られる場合もある．しかし，一般的な方針はこの公式と前章までで学んだ留数定理，ジョルダンの補助定理などを応用することで与えられる．本節ではその手順について説明する．

【定理 5.6】(ラプラス変換の反転公式)　原関数 $f(t)$ は区間 $[0,+\infty)$ で区分的に滑らかであり，その増加指数を s_0 とする．$f(t)$ の像関数を $F(p)$ とすると，$a > s_0$ である任意の実数 a について，次の等式が成り立つ．

$$\lim_{R\to+\infty} \frac{1}{2\pi i}\int_{a-iR}^{a+iR} F(p)e^{pt}dp = \begin{cases} f(t) & (t>0) \\ \frac{1}{2}f(+0) & (t=0) \\ 0 & (t<0) \end{cases} \quad (5.31)$$

ただし $t > 0$ のとき，$f(t)$ の不連続点では $f(t) = \frac{1}{2}\{f(+0)+f(t-0)\}$ が成り立つとする．式 (5.31) の積分路は図 5.8 の通りである．

　式 (5.31) をラプラス変換の反転公式 (inversion formula of Laplace transformation) という．定理 5.6 の証明の詳細は文献 [1] の第 5 章 1.3 節または文献 [2] の第 9 章 9.3 節を参照されたい．

　ここで，定理 5.6 を具体的に使ってラプラス逆変換を求めようとする際に，a をどのように選べばよいかについて，具体的な説明を与えておこう．増加指数 s_0 をもつ原関数 $f(t)$ の像関数 $F(p)$ は領域 $\mathrm{Re}(p) > s_0$ で正則なので，式 (5.31) の積分路は，$F(p)$ のすべての特異点がその左側にあるように選ばれる必要がある．例えば $F(p)$ が高々有限個の

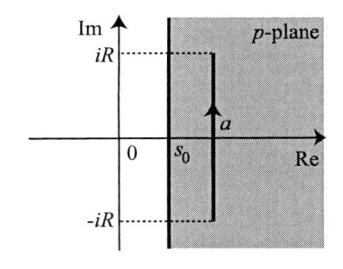

図 5.8　ラプラス変換の反転公式の積分路

極 $\alpha_1, \alpha_2, \cdots, \alpha_K$ のみを持ち，それ以外の任意の複素数 p で正則であれば $a > \max\limits_{k=1,2,\cdots,K} \mathrm{Re}(\alpha_k)$ を満たすように式 (5.31) の積分路を選ぶことになる．仮に $\max\limits_{k=1,2,\cdots,K} \mathrm{Re}(\alpha_k) < 0$ であれば $a = 0$ すなわち式 (5.31) の積分路は虚軸上に選んでよいことになる．

【定理 5.7】(ジョルダンの補助定理; Jordan's lemma)　積分路 $C(R)$：
$p = \alpha + Re^{i\theta}$ ($\theta_1 \leq \theta \leq \theta_2$; $\frac{\pi}{2} \leq \theta_1 < \theta_2 \leq \frac{3\pi}{2}$) 上で $F(p)$ が連続かつ

$$\lim_{R \to +\infty} \left(\max_{p \in C(R)} |F(p)| \right) = 0 \qquad (5.32)$$

であれば次の等式が成り立つ (図 5.9)*1).

$$\lim_{R \to +\infty} \int_{C(R)} F(p) e^{pt} dp = 0 \qquad (t > 0) \qquad (5.33)$$

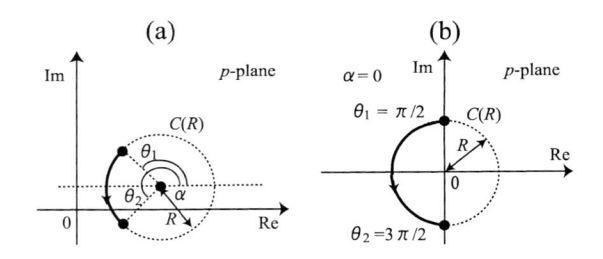

図 5.9　ジョルダンの補助定理における積分路 $C(R)$

証明の詳細は 文献 [1] の第 2 章 3.2 節または文献 [2] の第 9 章 9.3 節 を参照されたい．

例 5.10　像関数 $F(p) = \dfrac{1}{(p-1)(p-2)}$ の原関数をラプラス変換の反転公式，留数定理 (またはコーシーの積分公式) およびジョルダンの補助定理を用いて求めよ．

(解答例)　p-平面上の $\mathrm{Re}(p) > 2$ において $F(p)$ は正則なので，$a > 2$ である実数 a に対してラプラス変換の反転公式を用いて

$$f(t) = \lim_{R \to +\infty} \frac{1}{2\pi i} \int_{a-iR}^{a+iR} F(p) e^{pt} dp \qquad (t > 0) \qquad (5.34)$$

$R > a - 1$ を満たす任意の実数 R に対して 3 つの積分路 $A(R)$：$p = a + i\theta$ ($-R \leq \theta \leq +R$), $C(R)$：$p = a + Re^{i\theta}$ ($\frac{\pi}{2} \leq \theta \leq \frac{3\pi}{2}$)，

---

*1)　定理 5.7 で $-\frac{\pi}{2} \leq \theta_1 < \theta_2 \leq \frac{\pi}{2}$ のときは式 (5.33) は $t < 0$ において成り立つ．

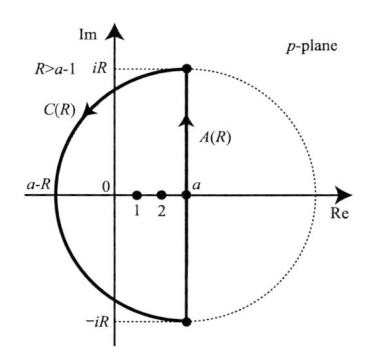

図 **5.10** 例 5.10 における積分路 $A(R)$ と $C(R)$

$B(R) \equiv A(R) + C(R)$ を導入する (図 5.10). このとき次の等式が成り立つ.

$$\frac{1}{2\pi i}\int_{a-iR}^{a+iR} F(p)e^{pt}dp = \frac{1}{2\pi i}\int_{A(R)} F(p)e^{pt}dp$$
$$= \frac{1}{2\pi i}\int_{B(R)} F(p)e^{pt}dp - \frac{1}{2\pi i}\int_{C(R)} F(p)e^{pt}dp \quad (5.35)$$

ここで, $F(p)e^{pt}$ は p-平面上の $p=1$ および $p=2$ に 1 位の極をもち, 積分路 $B(R)$ の内部および周上のそれ以外の任意の複素数 p において正則なので留数定理により次の等式が成り立つ.

$$\frac{1}{2\pi i}\int_{B(R)} F(p)e^{pt}dp$$
$$= \operatorname*{Res}_{p=1}\Big(F(p)e^{pt}\Big) + \operatorname*{Res}_{p=2}\Big(F(p)e^{pt}\Big)$$
$$= \lim_{p\to 1}\Big((p-1)F(p)e^{pt}\Big) + \lim_{p\to 2}\Big((p-2)F(p)e^{pt}\Big)$$
$$= -e^t + e^{2t} \quad (5.36)$$

また, 積分路 $C(R)$ 上の任意の複素数 p に対して常に $|p-a|=R$ が成り立つことから次の不等式が得られる.

$$|F(p)| = \frac{1}{|p-1||p-2|} = \frac{1}{|p-a+a-1||p-a+a-2|}$$
$$\leq \frac{1}{||p-a|-|a-1|| \, ||p-a|-|a-2||}$$
$$= \frac{1}{|R-|a-1|| \, |R-|a-2||} \quad (p \in C(R)) \quad (5.37)$$

$F(p)$ は積分路 $C(R)$ 上で連続であり，不等式 (5.37) から $\lim_{R \to +\infty} |F(p)| = 0$ が得られることにより，ジョルダンの補助定理から次の等式が成り立つ．

$$\lim_{R \to +\infty} \int_{C(R)} F(p) e^{pt} dp = 0 \qquad (5.38)$$

従って，式 (5.34), (5.35), (5.36), (5.38) から $t > 0$ に対して $f(t)$ は次のように得られる．

$$\begin{aligned} f(t) &= \lim_{R \to +\infty} \frac{1}{2\pi i} \int_{a-iR}^{a+iR} F(p) e^{pt} dp \\ &= -e^t + e^{2t} \qquad (t > 0) \end{aligned} \qquad (5.39)$$

例 5.11 像関数 $F(p) = \frac{1}{p^2(p-2)}$ の原関数を上記のラプラス変換の反転公式，留数定理 (またはコーシーの積分公式) およびジョルダンの補助定理を用いて求めよ．

(解答例) p-平面上の $\mathrm{Re}(p) > 2$ において $F(p)$ は正則なので，$a > 2$ である実数 a に対してラプラス変換の反転公式を用いて

$$f(t) = \lim_{R \to +\infty} \frac{1}{2\pi i} \int_{a-iR}^{a+iR} F(p) e^{pt} dp \qquad (t > 0) \quad (5.40)$$

$R > a$ を満たす任意の実数 R に対して 3 つの積分路 $A(R)$: $p = a + i\theta$ ($-R \le \theta \le +R$), $C(R)$: $p = a + Re^{i\theta}$ ($\frac{\pi}{2} \le \theta \le \frac{3\pi}{2}$), $B(R) \equiv A(R) + C(R)$ を導入する (図 5.11)．このとき次の等式が成り立つ．

$$\frac{1}{2\pi i} \int_{a-iR}^{a+iR} F(p) e^{pt} dp = \frac{1}{2\pi i} \int_{A(R)} F(p) e^{pt} dp$$

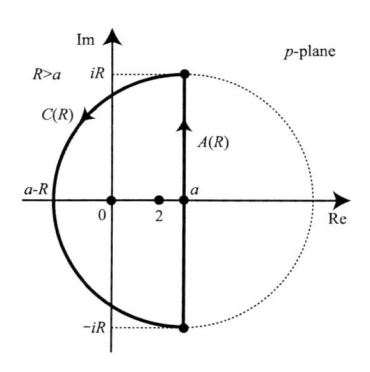

図 5.11 例 5.11 における積分路 $A(R)$ と $C(R)$

$$= \frac{1}{2\pi i}\int_{B(R)} F(p)e^{pt}dp - \frac{1}{2\pi i}\int_{C(R)} F(p)e^{pt}dp \quad (5.41)$$

ここで，$F(p)e^{pt}$ は p-平面上の $p=0$ に 2 位の極，$p=2$ に 1 位の極をそれぞれもち，積分路 $B(R)$ の内部および周上のそれ以外の任意の複素数 p において正則なので留数定理により次の等式が成り立つ．

$$\frac{1}{2\pi i}\int_{B(R)} F(p)e^{pt}dp$$
$$= \underset{p=0}{\mathrm{Res}}\Big(F(p)e^{pt}\Big) + \underset{p=2}{\mathrm{Res}}\Big(F(p)e^{pt}\Big)$$
$$= \lim_{p\to 0}\Big(\frac{d}{dp}p^2 F(p)e^{pt}\Big) + \lim_{p\to 2}\Big((p-2)F(p)e^{pt}\Big)$$
$$= -\frac{1}{2}t - \frac{1}{4} + \frac{1}{4}e^{2t} \quad (5.42)$$

また，積分路 $C(R)$ 上の任意の複素数 p に対して常に $|p-a|=R$ が成り立つことから次の不等式が得られる．

$$|F(p)| = \frac{1}{|p|^2|p-2|} = \frac{1}{|p-a+a|^2|p-a+a-2|}$$
$$\leq \frac{1}{\big||p-a|-|a|\big|^2\big||p-a|-|a-2|\big|}$$
$$= \frac{1}{\big|R-|a|\big|^2\big|R-|a-2|\big|} \quad (p\in C(R)) \quad (5.43)$$

$F(p)$ は積分路 $C(R)$ 上で連続であり，不等式 (5.43) から $\lim_{R\to +\infty}|F(p)| = 0$ が得られることにより，ジョルダンの補助定理から次の等式が成り立つ．

$$\lim_{R\to +\infty}\int_{C(R)} F(p)e^{pt}dp = 0 \quad (5.44)$$

従って，式 (5.40), (5.41), (5.42), (5.44) から $t>0$ に対して $f(t)$ は次のように得られる．

$$f(t) = \lim_{R\to +\infty}\frac{1}{2\pi i}\int_{a-iR}^{a+iR} F(p)e^{pt}dp$$
$$= -\frac{1}{2}t - \frac{1}{4} + \frac{1}{4}e^{2t} \quad (t>0) \quad (5.45)$$

例 5.12 像関数 $F(p) = \frac{e^{-p}}{p+1}$ の原関数をラプラス変換の反転公式，留数定理（またはコーシーの積分公式），ジョルダンの補助定理を用いて求めよ．

(解答例) p-平面上の $\mathrm{Re}(p) > -1$ において $F(p)$ は正則なので，ラプラス変換の反転公式を用いて

5.2 ラプラス変換の反転公式

$$f(t) = \lim_{R \to +\infty} \frac{1}{2\pi i} \int_{-iR}^{+iR} F(p) e^{pt} dp \qquad (t > 0) \quad (5.46)$$

$t > 1$ のときと，$0 < t < 1$ に分けて考える．$t > 1$ のときは $R > 1$ を満たす任意の実数 R に対して 3 つの積分路 $A(R)$: $p = i\theta$ $(-R \leq \theta \leq +R)$, $C(R)$: $p = Re^{i\theta}$ $(\frac{\pi}{2} \leq \theta \leq \frac{3\pi}{2})$, $B(R) \equiv A(R) + C(R)$ を導入する (図 5.12)．このとき次の等式が成り立つ．

$$\frac{1}{2\pi i} \int_{-iR}^{+iR} F(p) e^{pt} dp = \frac{1}{2\pi i} \int_{A(R)} F(p) e^{pt} dp$$
$$= \frac{1}{2\pi i} \int_{B(R)} F(p) e^{pt} dp - \frac{1}{2\pi i} \int_{C(R)} F(p) e^{pt} dp \quad (5.47)$$

ここで，$F(p)e^{pt}$ は p-平面上の $p = -1$ に 1 位の極をもち，積分路 $B(R)$ の内部および周上のそれ以外の任意の複素数 p において正則なので留数定理により次の等式が成り立つ．

$$\frac{1}{2\pi i} \int_{B(R)} F(p) e^{pt} dp = \operatorname*{Res}_{p=-1} \Big(F(p) e^{pt} \Big) = \lim_{p \to -1} \Big((p+1) F(p) e^{pt} \Big)$$
$$= e^{1-t} \qquad (5.48)$$

また，積分路 $C(R)$ 上の任意の複素数 p に対して常に $|p| = R$ が成り立つことから次の不等式が得られる．

$$\left| \frac{1}{p+1} \right| \leq \frac{1}{||p|-|1||} = \frac{1}{|R-1|} \qquad (p \in C(R)) \quad (5.49)$$

$\frac{1}{p+1}$ は積分路 $C(R)$ 上で連続であり，不等式 (5.49) から $\lim_{R \to +\infty} |\frac{1}{p+1}| = 0$ が得られることにより，$t > 1$ のときにはジョルダンの補助定理から次の等式が成り立つ[*1)]．

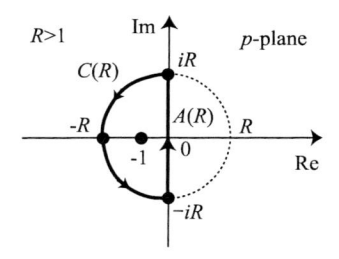

図 5.12 例 5.12 における積分路 $A(R)$ と $C(R)$

[*1)] 式 (5.50) で $1/(p+1)$ を式 (5.33) の $F(p)$ とみて，定理 5.7 を使う．その際，式 (5.33) で t を $t-1$ に読みかえなければならないことも注意する．

$$\lim_{R \to +\infty} \int_{C(R)} F(p)e^{pt}dp$$
$$= \lim_{R \to +\infty} \int_{C(R)} \frac{1}{p+1} e^{p(t-1)} dp = 0 \qquad (5.50)$$

従って，式 (5.46), (5.47), (5.48), (5.50) から $t > 1$ に対して $f(t)$ は次のように得られる．

$$f(t) = e^{1-t} \qquad (t > 1) \qquad (5.51)$$

また，$0 < t < 1$ のときには $C(R)$ を $C(R): p = Re^{i(\pi-\theta)}$ ($\frac{\pi}{2} \leq \theta \leq \frac{3\pi}{2}$) に選び，同様の議論を行うことによって

$$f(t) = \lim_{R \to +\infty} \frac{1}{2\pi i} \int_{-iR}^{+iR} F(p)e^{pt} dp = 0 \qquad (0 < t < 1) \tag{5.52}$$

が得られる．

問 5.9 像関数 $F(p) = \frac{1}{(p+1)(p+2)}$ のラプラス逆変換をラプラス変換の反転公式を用いて求めよ．

(略解) $e^{-t} - e^{-2t}$

問 5.10 像関数 $F(p) = \frac{1}{p^2(p-1)}$ のラプラス逆変換をラプラス変換の反転公式を用いて求めよ．

(略解) $e^t - 1 - t$

領域 D で定義された関数 $F(p)$ が極以外の特異点をもたないならば，$F(p)$ は領域 D で**有理形** (meromorphy) であるという．2つの多項式 $H(p)$ と $G(p)$ を用いて $F(p) = H(p)/G(p)$ と表されるとき，$F(p)$ を**有理関数** (rational function) という．例 5.10 と例 5.11 の $F(p)$ は有理関数であるが，そのなかで積分路 $C(R)$ 上の複素積分 $\int_{C(R)} F(p)e^{pt}dp$ が $R \to +\infty$ において 0 に収束することを三角不等式 (2.10)，弧長による積分の不等式 (3.14)，定理 5.7 のジョルダンの補助定理などを用いてその都度証明している．実は $F(p)$ が有理関数である場合には例 5.10 と例 5.11 で行った計算と同様の議論をそのまま一般に拡張することで以下の定理が成り立つことを示すことができる．

【定理 5.8】 $F(p)$ を分母の次数が分子の次数より高い有理関数である像関数とし，その極を $p_1, p_2, \cdots, p_K$ とするとき，原関数 $f(t)$ は

$$f(t) = \sum_{k=1}^{K} \operatorname*{Res}_{p=p_k} \left(F(p)e^{pt} \right) \qquad (t > 0) \qquad (5.53)$$

で求められる.

(証明) 図 5.8 に表されるラプラス変換の反転公式 (5.31) の左辺の積分路を $C_1(R)$ とし,像関数 $F(p)$ の極 $p_1, p_2, \cdots, p_K$ に対して $a > \max_{k=1,2,\cdots,K} \mathrm{Re}(p_k)$ を満たすように選ぶ. これに新たに積分路 $C_2(R)$: $p = a + Re^{i\theta}$ ($\frac{\pi}{2} \leq \theta \leq \frac{3\pi}{2}$) を付け加える (図 5.13 参照). ここで $R(>0)$ を像関数 $F(p)$ のすべての極 $p_1, p_2, \cdots, p_K$ が単一閉曲線からなる積分路 $C_1 + C_2$ の内部にあるように十分大きく選ぶと,

$$\frac{1}{2\pi i} \int_{a-iR}^{a+iR} F(p) e^{pt} dp$$
$$= \frac{1}{2\pi i} \Big(\int_{C_1(R)+C_2(R)} F(p) e^{pt} dp - \int_{C_2(R)} F(p) e^{pt} dp \Big)$$
$$= \sum_{k=1}^{K} \mathrm{Res}_{p=p_k} F(p) e^{pt} - \frac{1}{2\pi i} \int_{C_2(R)} F(p) e^{pt} dp \qquad (5.54)$$

が得られる. 第 2 項の積分 $\int_{C_2(R)} F(p) e^{pt} dp$ については $F(p)$ が有理関数であり,分母の多項式の次数が分子の多項式の次数より大きいことから $\lim_{R \to +\infty} \max_{p \in C_2(R)} |F(p)| = 0$ であり,定理 5.7 (ジョルダンの補助定理) から $\lim_{R \to +\infty} \int_{C_2(R)} F(p) e^{pt} dp = 0$ が得られる. 従って,式 (5.54) と定理 5.6 から等式 (5.53) が得られる.

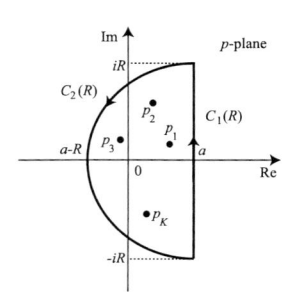

図 5.13 定理 5.8 の証明における積分路 $C_1(R)$ と $C_2(R)$

例 5.13 次の有理関数 $F(p)$ を像関数として,その原関数 $f(t)$ を求めよ.

(1) $F(p) = \frac{p+1}{p^2+5p+6}$ (2) $F(p) = \frac{1}{(p+1)^2(p+2)}$

(3) $F(p) = \frac{p^2+1}{p(p+2)^3}$

(解答例)

(1) $F(p) = \frac{p+1}{(p+2)(p+3)}$ は $p=-2$ および $p=-3$ に 1 位の極をもち，それ以外の p-平面上の任意の複素数 p においては常に正則である．また $F(p)$ は有理関数であり，分母の多項式の次数は 2，分子の多項式の次数は 1 なので，分母の多項式の次数は分子の多項式の次数より大きい．従って，原関数 $f(t)$ が以下のように得られる．

$$\begin{aligned}f(t) &= \operatorname*{Res}_{p=-2}(F(p)e^{pt}) + \operatorname*{Res}_{p=-3}(F(p)e^{pt}) \\ &= \lim_{p \to -2}(p+2)F(p)e^{pt} + \lim_{p \to -3}(p+3)F(p)e^{pt} \\ &= -e^{-2t} + 2e^{-3t} \qquad (t > 0) \end{aligned} \qquad (5.55)$$

(2) $F(p)$ は $p=-1$ に 2 位の極，$p=-2$ に 1 位の極をそれぞれもち，それ以外の p-平面上の任意の複素数 p においては常に正則である．また $F(p)$ は有理関数であり，分母の多項式の次数は 3，分子の多項式の次数は 0 なので，分母の多項式の次数は分子の多項式の次数より大きい．従って，原関数 $f(t)$ が以下のように得られる．

$$\begin{aligned}f(t) &= \operatorname*{Res}_{p=-1}(F(p)e^{pt}) + \operatorname*{Res}_{p=-2}(F(p)e^{pt}) \\ &= \lim_{p \to -1}\frac{d}{dp}\Big((p+1)^2 F(p)e^{pt}\Big) + \lim_{p \to -2}(p+2)F(p)e^{pt} \\ &= \lim_{p \to -1}\frac{t(p+2)-1}{(p+2)^2}e^{pt} + \lim_{p \to -2}\frac{1}{(p+1)^2}e^{pt} \\ &= (t-1)e^{-t} + e^{-2t} \qquad (t > 0) \end{aligned} \qquad (5.56)$$

(3) $F(p)$ は $p=0$ に 1 位の極，$p=-2$ に 3 位の極をそれぞれもち，それ以外の p-平面上の任意の複素数 p においては常に正則である．また $F(p)$ は有理関数であり，分母の多項式の次数は 4，分子の多項式の次数は 2 なので，分母の多項式の次数は分子の多項式の次数より大きい．従って，原関数 $f(t)$ が以下のように得られる．

$$\begin{aligned}f(t) &= \operatorname*{Res}_{p=0}(F(p)e^{pt}) + \operatorname*{Res}_{p=-2}(F(p)e^{pt}) \\ &= \lim_{p \to 0}\Big(pF(p)e^{pt}\Big) + \frac{1}{2!}\lim_{p \to -2}\Big\{\frac{d^2}{dp^2}\Big((p+1)^3 F(p)e^{pt}\Big)\Big\} \\ &= \lim_{p \to 0}\frac{p^2+1}{(p+2)^3}e^{pt} \end{aligned}$$

$$+\frac{1}{2!}\lim_{p\to-2}\left\{\frac{2}{p^3}+\left(\frac{2(p^2-1)}{p^2}\right)t+\left(\frac{p^2+1}{p}\right)t^2\right\}e^{pt}$$

$$=\frac{1}{8}+\frac{1}{2}\left(-\frac{1}{4}+\frac{3}{2}t-\frac{5}{2}t^2\right)e^{-2t}$$

$$=\frac{1}{8}-\left(\frac{1}{8}-\frac{3}{4}t+\frac{5}{4}t^2\right)e^{-2t} \qquad (t>0) \tag{5.57}$$

問 5.11 次の有理関数 $F(p)$ を像関数として,その原関数 $f(t)$ を求めよ.

(1) $F(p)=\frac{1}{p(p+1)}$ (2) $F(p)=\frac{p}{p^2+4}$

(3) $F(p)=\frac{p}{(p+2)(p+3)}$ (4) $F(p)=\frac{p+8}{p^2+4p-5}$

(略解) (1) $1-e^{-t}$, (2) $\cos(2t)$, (3) $-2e^{-2t}+3e^{-3t}$,(4) $\frac{3}{2}e^t-\frac{1}{2}e^{-5t}$

5.3 ラプラス変換を用いた微分方程式と積分方程式の解法

本節では前節までのラプラス変換とその逆変換を用いた微分方程式と積分方程式の解法についていくつかの具体例を通して説明する[*1)].

まず,定係数 2 階線形微分方程式について 2 つの例を以下に与える.

例 5.14 微分方程式

$$f''(t)+3f'(t)+2f(t)=e^{-t} \tag{5.58}$$

を初期条件 $f(0)=0$, $f'(0)=0$ のもとで解け.

(解答) $F(p)\equiv\mathcal{L}[f(t)]$ として与えられた微分方程式の両辺をラプラス変換する.

$$p^2F(p)+3pF(p)+2F(p)=\frac{1}{p+1} \tag{5.59}$$

この代数方程式を $F(p)$ について解くと,

$$F(p)=\frac{1}{(p+1)^2(p+2)} \tag{5.60}$$

が得られ,ラプラス逆変換することにより原関数 $f(t)$ が以下のように得られる.

$$f(t)=\operatorname*{Res}_{p=-1}\Big(F(p)e^{pt}\Big)+\operatorname*{Res}_{p=-2}\Big(F(p)e^{pt}\Big)\ (t>0) \tag{5.61}$$

$F(p)e^{pt}=\frac{e^{pt}}{(p+1)^2(p+2)}$ は $p=-1$ に 2 位の極をもち,$p=-2$ に 1 位の極をもつことより,原関数 $f(t)$ は次のように得られる.

[*1)] 本節で紹介する例題の解法の電気回路への応用については文献 [2] の第 9 章 9.6 節,文献 [20] の第 5 章,第 6 章,第 7 章等を参照されたい.

$$f(t) = \lim_{p \to -1} \left\{ \frac{d}{dp}\left((p+1)^2 F(p) e^{pt}\right) \right\}$$
$$+ \lim_{p \to -2} \left((p+2) F(p) e^{pt}\right)$$
$$= (t-1)e^{-t} + e^{-2t} \qquad (t > 0) \tag{5.62}$$

例 5.15 微分方程式
$$f''(t) + f(t) = \cos(t) \tag{5.63}$$
を初期条件 $f(0) = 0$, $f'(0) = 0$ のもとで解け.

(解答) $F(p) \equiv \mathcal{L}[f(t)]$ として与えられた微分方程式の両辺をラプラス変換する.
$$p^2 F(p) + F(p) = \frac{p}{p^2+1}$$
この代数方程式を $F(p)$ について解くと,
$$F(p) = \frac{p}{(p^2+1)^2} \tag{5.64}$$
が得られ,これをラプラス逆変換することにより原関数 $f(t)$ が以下のように得られる.
$$f(t) = \operatorname*{Res}_{p=+i} F(p)e^{pt} + \operatorname*{Res}_{p=-i} F(p)e^{pt} \qquad (t > 0) \tag{5.65}$$
$F(p)e^{pt} = \frac{pe^{pt}}{(p^2+1)^2}$ は $p = \pm i$ に 2 位の極をもつことより,原関数 $f(t)$ は次のように得られる.
$$f(t) = \lim_{p \to +i} \left\{ \frac{d}{dp}\left((p-i)^2 F(p) e^{pt}\right) \right\}$$
$$+ \lim_{p \to -i} \left\{ \frac{d}{dp}\left((p+i)^2 F(p) e^{pt}\right) \right\}$$
$$= \frac{1}{2} t \sin(t) \qquad (t > 0) \tag{5.66}$$

問 5.12 次の微分方程式の初期値問題をラプラス変換を用いて解け.
$$f''(t) + 5f'(t) + 6f(t) = 0 \quad (t > 0) \tag{5.67}$$
$$f(0) = 3, \qquad f'(0) = 1 \tag{5.68}$$
(略解) $f(t) = 10e^{-2t} - 7e^{-3t} \ (t > 0)$

問 5.13 次の微分方程式の初期値問題をラプラス変換を用いて解け.
$$f''(t) + f'(t) = e^{-t} \qquad (t > 0) \tag{5.69}$$
$$f(0) = 0, \qquad f'(0) = -1 \tag{5.70}$$
(略解) $f(t) = -te^{-t} \ (t > 0)$

5.3 ラプラス変換を用いた微分方程式と積分方程式の解法

次にラプラス変換の積分方程式への応用例について説明する．積分方程式については フーリエ変換を用いた解法について第 1 章でも説明したが，ここで説明する積分方程式は例えば制御工学においてフィードバック項を有する線形システムなどにおいて現れる．積分方程式には大きく分けて 2 つの代表的な形がある．関数 $\mathcal{K}(t)$ と $\rho(t)$ が与えられ，$f(x)$ が未知関数であるとき，

$$\int_0^t \mathcal{K}(t-\tau)f(\tau)d\tau = \rho(t) \tag{5.71}$$

をアーベル (Abel) 形の積分方程式，

$$f(t) + \int_0^t \mathcal{K}(t-\tau)f(\tau)d\tau = \rho(t) \tag{5.72}$$

をポアッソン (Poisson) 形の積分方程式という．ここではポアッソン形の積分方程式に対してそのラプラス変換を用いた解法を例として説明し，アーベル形については問として与える．

例 5.16 積分方程式を満たす関数 $f(t)$ をラプラス変換を用いて求めよ．

$$f(t) + \int_0^t e^{t-\tau}f(\tau)d\tau = \cos(t) \qquad (t>0) \tag{5.73}$$

(解答) $f(t)$ の像関数を $F(p)$ とし，両辺のラプラス変換をとると

$$F(p) + \frac{1}{p-1} \times F(p) = \frac{p}{p^2+1} \tag{5.74}$$

これを $F(p)$ について解くと以下のようになる．

$$F(p) = \frac{p-1}{(p^2+1)} = \frac{p-1}{(p+i)(p-i)} \tag{5.75}$$

が得られ，$F(p)$ は $p=\pm i$ に 1 位の極をもち，それ以外の p-平面上の任意の複素数 p においては常に正則である．また $F(p)$ は有理関数であり，分母の多項式の次数は 2，分子の多項式の次数は 1 なので，分母の多項式の次数は分子の多項式の次数より大きい．従って，原関数 $f(t)$ が以下のように得られる．

$$\begin{aligned}f(t) &= \underset{p=i}{\mathrm{Res}}F(p)e^{pt} + \underset{p=-i}{\mathrm{Res}}F(p)e^{pt} \\ &= \cos(t) - \sin(t) \qquad (t>0)\end{aligned} \tag{5.76}$$

問 5.14 次の積分方程式の初期値問題をラプラス変換を用いて解け．

$$\int_0^t e^{-2(t-\tau)}f(\tau)d\tau = te^{-t} \qquad (t>0) \tag{5.77}$$

(略解) $f(t) = e^{-t} + te^{-t} \ (t>0)$

最後に定係数線形の連立微分方程式に対するラプラス変換の応用の例について紹介する．

例 5.17 初期条件 $f_1(0) = f_2(0) = 0$ のもとで次の連立微分方程式を解け.
$$\begin{cases} 3\frac{d}{dt}f_1(t) & +2f_1(t) & +\frac{d}{dt}f_2(t) & = & 1 \\ \frac{d}{dt}f_1(t) & +4\frac{d}{dt}f_2(t) & +3f_2(t) & = & 0 \end{cases} \quad (t > 0) \tag{5.78}$$

(解答例) $F_1(p) = \mathcal{L}[f_1]$, $F_2(p) = \mathcal{L}[f_2]$ として与えられた連立微分方程式の両辺をラプラス変換すると以下の式が得られる.
$$\begin{cases} 3pF_1(p) & +2F_1(p) & +pF_2(p) & = & 1/p \\ pF_1(p) & +4pF_2(p) & +3F_2(p) & = & 0 \end{cases} \tag{5.79}$$

$$\begin{pmatrix} 3p+2 & p \\ p & 4p+3 \end{pmatrix} \begin{pmatrix} F_1(p) \\ F_2(p) \end{pmatrix} = \begin{pmatrix} 1/p \\ 0 \end{pmatrix} \tag{5.80}$$

これを $F_1(p), F_2(p)$ について解くと次の式が得られる.
$$\begin{pmatrix} F_1(p) \\ F_2(p) \end{pmatrix} = \frac{1}{(11p+6)(p+1)} \begin{pmatrix} 4p+3 & -p \\ -p & 3p+2 \end{pmatrix} \begin{pmatrix} 1/p \\ 0 \end{pmatrix}$$
$$= \begin{pmatrix} \frac{4p+3}{p(11p+6)(p+1)} \\ -\frac{1}{(11p+6)(p+1)} \end{pmatrix} \tag{5.81}$$

$$F_1(p) = \frac{4p+3}{p(11p+6)(p+1)} \tag{5.82}$$

$$F_2(p) = -\frac{1}{(11p+6)(p+1)} \tag{5.83}$$

$F_1(p)$ は p-平面上の $p = 0, -\frac{6}{11}, -1$ にそれぞれ 1 位の極をもち, それ以外の任意の複素数 p で正則である. また $F_1(p)$ は有理関数であり, 分母の多項式の次数は 3, 分子の多項式の次数は 1 なので, 分母の多項式の次数は分子の多項式の次数より大きい. 従って, 原関数 $f_1(t)$ $(t > 0)$ が以下のように得られる.
$$\begin{aligned} f_1(t) &= \operatorname*{Res}_{p=0} F_1(p)e^{pt} + \operatorname*{Res}_{p=-1} F_1(p)e^{pt} + \operatorname*{Res}_{p=-\frac{6}{11}} F_1(p)e^{pt} \\ &= \lim_{p \to 0} pF_1(p)e^{pt} + \lim_{p \to -1}(p+1)F_1(p)e^{pt} \\ &\quad + \lim_{p \to -\frac{6}{11}} \left(p + \frac{6}{11}\right) F_1(p)e^{pt} \\ &= \frac{1}{2} - \frac{1}{5}e^{-t} - \frac{3}{10}e^{-\frac{6}{11}t} \end{aligned} \tag{5.84}$$

$F_2(p)$ は p-平面上の $p = -\frac{6}{11}, -1$ にそれぞれ 1 位の極をもち, それ以外の任意の複素数 p で正則である. また $F_2(p)$ は有理関数であり,

分母の多項式の次数は 2, 分子の多項式の次数は 0 なので，分母の多項式の次数は分子の多項式の次数より大きい．従って，原関数 $f_2(t)$ $(t>0)$ が以下のように得られる．

$$f_2(t) = \operatorname*{Res}_{p=-1} F_2(p)e^{pt} + \operatorname*{Res}_{p=-\frac{6}{11}} F_2(p)e^{pt}$$
$$= \lim_{p \to -1}(p+1)F_2(p)e^{pt} + \lim_{p \to -\frac{6}{11}}\left(p+\frac{6}{11}\right)F_2(p)e^{pt}$$
$$= \frac{1}{5}e^{-t} - \frac{1}{5}e^{-\frac{6}{11}t} \tag{5.85}$$

演 習 問 題

5.1 $0 < t \leq 1$ で $f(t) = t$ により定義され，任意の正の実数 t に対して周期 1 をもつ関数として定義される関数 $f(t)$ のラプラス変換を求めよ．
(略解) $\frac{1}{1-e^{-p}}\left(\frac{1}{p^2} - \frac{1}{p^2}e^{-p} - \frac{1}{p}e^{-p}\right)$

5.2 $f(t) = n \ (n-1 < t \leq n, \ n = 1, 2, 3, \cdots)$ により定義される関数 (階段関数; step function) $f(t)$ のラプラス変換を求めよ．
(略解) $\frac{1}{p(1-e^{-p})}$

5.3 関数 $\frac{e^{-p}-e^{-2p}}{p}$ を像関数として，その原関数 $f(t)$ を求めよ．

5.4 次の微分方程式の初期値問題をラプラス変換を用いて解け．

$$f''(t) - f(t) = 0 \qquad (t > 0) \tag{5.86}$$
$$f(0) = 2, \qquad f'(0) = 1 \tag{5.87}$$

(略解) $f(t) = \frac{1}{2}e^{-t} + \frac{3}{2}e^{t} \ (t > 0)$

5.5 次の微分方程式の初期値問題をラプラス変換を用いて解け．

$$f''(t) + f(t) = t\cos(2t) \qquad (t > 0) \tag{5.88}$$
$$f(0) = f'(0) = 0 \tag{5.89}$$

(略解) $f(t) = -\frac{5}{9}\sin(t) + \frac{5}{18}\sin(2t) + \frac{1}{6}\bigl(-2t\cos(2t) + \sin(2t)\bigr) \ (t > 0)$

5.6 次の微分方程式の初期値問題をラプラス変換を用いて解け．

$$f''(t) + 3f'(t) + 2f(t) = te^{-t} \qquad (t > 0) \tag{5.90}$$
$$f(0) = 2, \qquad f'(0) = 0 \tag{5.91}$$

(略解) $f(t) = \left(\frac{1}{2}t^2 - t + 5\right)e^{-t} - 3e^{-2t} \ (t > 0)$

5.7 次の積分方程式の初期値問題をラプラス変換を用いて解け．

$$f'(t) + f(t) + \int_0^t f(t-\tau)e^\tau d\tau = e^t \qquad (t > 0) \tag{5.92}$$

$$f(0) = 0 \tag{5.93}$$

(略解) $f(t) = t\ (t > 0)$

5.8 次の積分方程式の初期値問題をラプラス変換を用いて解け．

$$f'(t) - \int_0^t \cos(t-\tau)f(\tau)d\tau = 1 \qquad (t > 0) \tag{5.94}$$

$$f(0) = 0 \tag{5.95}$$

(略解) $f(t) = t + \frac{1}{6}t^3\ (t > 0)$

6 　特　殊　関　数

　本章では特殊関数のなかでも特に工学において重要であるガンマ関数，ベータ関数，ルジャンドル関数，ベッセル関数について説明する．ガンマ関数とベータ関数は広義積分と解析接続を用いて定義され，ルジャンドル関数とベッセル関数はある微分方程式の解として定義される．これらは第 2 章で定義した指数関数をはじめとする初等関数とは異なり，その性質の理解には複素関数の高度な技法が必要とされる．また，ルジャンドル関数，ベッセル関数は例えば第 7 章において与えられる 3 次元のラプラスの方程式の極座標表示，円柱座標表示のもとでの解法の過程で現れるものであり，電磁気学[23, 24]などで重要である．

6.1　ガンマ関数とベータ関数

a.　ガンマ関数
1)　広義積分とガンマ関数

　一般に実変数 t と複素変数 z の 2 つの変数をもつ関数 $f(t,z)$ を考え，複素変数 z の定義域は z-平面上の領域 D であるとする．実定数 a, b $(b>a)$ に対して $F(z)\equiv\int_a^b f(t,z)dt$ は z の関数と見なすことができる．その想定される代表的な関数のひとつとしてガンマ関数 (gamma function) $\Gamma(z)$ を考えてみる．

$$\Gamma(z) \equiv \int_0^{+\infty} t^{z-1}e^{-t}dt \quad (\text{Re}(z)>0,\ \arg(t)=0) \quad (6.1)$$

式 (6.1) の被積分関数 $t^{z-1}e^{-t}$ は $t^{z-1}e^{-t}=e^{(z-1)\log t}e^{-t}$ と書き換えて，z が任意の複素数として眺めてみると，$t=0$ では一般には正則性が保証されていないことがわかる．つまり $\int_0^{+\infty}t^{z-1}e^{-t}dt\equiv\lim_{\delta\to+0}\lim_{R\to+\infty}\int_\delta^R t^{z-1}e^{-t}dt$ という意味で広義積分により定義される関数と見なすことができる．

　広義積分 $\int_0^{+\infty}t^{z-1}e^{-t}dt$ の絶対収束性について考えてみよう．まず

$$\int_0^{+\infty}|t^{z-1}e^{-t}|dt = \int_0^1 t^{\text{Re}(z)-1}e^{-t}dt + \int_1^{+\infty}t^{\text{Re}(z)-1}e^{-t}dt \quad (6.2)$$

と書き換える．$1 < t < +\infty$ においては任意の自然数 M に対して不等式 $0 < t^{\text{Re}(z)-1}e^{-t} < M!t^{-M+\text{Re}(z)-1}$ が成り立つ[*1]．ここで $M > \text{Re}(z)$ を満たす自然数 M を選ぶと広義積分 $\int_1^{+\infty} t^{-M+\text{Re}(z)-1}dt$ は収束するので，式 (6.2) の右辺第 2 項の広義積分 $\int_1^{+\infty} t^{\text{Re}(z)-1}e^{-t}dt$ が収束する．一方，$0 < t < 1$ では不等式 $0 < e^{-1}t^{\text{Re}(z)-1} < t^{\text{Re}(z)-1}e^{-t} < t^{\text{Re}(z)-1}$ が成り立つ．$\text{Re}(z) > 0$ では，広義積分 $\int_0^1 t^{\text{Re}(z)-1}dt$ は収束するので，式 (6.2) の右辺第 1 項の広義積分 $\int_0^1 t^{\text{Re}(z)-1}e^{-t}dt$ も収束する．逆に $\text{Re}(z) < 0$ では，広義積分 $\int_0^1 e^{-1}t^{\text{Re}(z)-1}dt$ は発散するので，式 (6.2) の右辺第 1 項の広義積分 $\int_0^1 t^{\text{Re}(z)-1}e^{-t}dt$ も発散する．つまり，広義積分 $\int_0^{+\infty} t^{z-1}e^{-t}dt$ は領域 $\text{Re}(z) > 0$ で絶対収束し，領域 $\text{Re}(z) < 0$ では絶対収束しないことがこれで示されたことになる．さらに高度な広義積分の性質を使うと式 (6.1) のガンマ関数 $\Gamma(z)$ は $\text{Re}(z) > 0$ で正則であることを示すことができる．その詳細は文献 [1] の第 3 章 2.1 節および文献 [2] の第 8 章 8.1 節を参照されたい．

$z = 1$ においてガンマ関数の値は次のように与えられる．
$$\Gamma(1) = \int_0^{+\infty} e^{-t}dt = \Big[-e^{-t}\Big]_0^{+\infty} = -\lim_{t\to +\infty}e^{-t} + 1 = 1$$
さらに等式 $\Gamma(z+1) = z\Gamma(z)$ を $z = n$ (n は自然数) に対して用いることにより $\Gamma(n+1)$ は次のように与えられることを示すことができる．

$$\begin{aligned}\Gamma(n+1) &= n\Gamma(n) = n(n-1)\Gamma(n-1) = \cdots \\ &= n(n-1)(n-2)\times\cdots\times 2\times 1\times\Gamma(1) \\ &= n(n-1)(n-2)\times\cdots\times 2\times 1 \\ &= n! \qquad (n = 1, 2, 3, \cdots)\end{aligned} \qquad (6.3)$$

またガンマ関数の表式は $t = x^2$ と変数変換することにより次のように書き換えることができる．
$$\begin{aligned}\Gamma(z) &= \int_0^{+\infty} t^{z-1}e^{-t}dt = \int_0^{+\infty} x^{2z-2}e^{-x^2}\cdot 2x dx \\ &= 2\int_0^{+\infty} x^{2z-1}e^{-x^2}dx\end{aligned} \qquad (6.4)$$

$z = \frac{1}{2}$ におけるガンマ関数の値は次のように与えられる．
$$\Gamma\Big(\frac{1}{2}\Big) = 2\int_0^{+\infty} e^{-x^2}dx = \sqrt{\pi} \qquad (6.5)$$

[*1] 任意の正の実数 t と任意の自然数 M に対して $e^t > \frac{1}{M!}t^M$ が成り立つことに注意する．

2) ガンマ関数の解析接続

ここまで，式 (6.1) により $\Gamma(z)$ が領域 $\mathrm{Re}(z) > 0$ において正則関数として定義されることを説明した．次に，領域 $\mathrm{Re}(z) < 0$ への解析接続による定義の拡張について説明する．

まず，$\mathrm{Re}(z) > 0$ において等式 $\Gamma(z+1) = z\Gamma(z)$ が成り立つことを部分積分を用いて示すことができる．

$$\begin{aligned}
\Gamma(z+1) &= \int_0^{+\infty} t^z e^{-t} dt \\
&= -\left[t^z e^{-t}\right]_0^{+\infty} + z \int_0^{+\infty} t^{z-1} e^{-t} dt \\
&= -\lim_{t \to +\infty} t^z e^{-t} + \lim_{t \to 0} t^z e^{-t} + z \int_0^{+\infty} t^{z-1} e^{-t} dt \\
&= z\Gamma(z) \qquad (6.6)
\end{aligned}$$

ここで領域 D が $\mathrm{Re}(z) > 0$ を満たす領域であったが，等式 $\Gamma(z) = \Gamma(z+1)/z$ を $D_{-1} \equiv \{z | -1 < \mathrm{Re}(z) \leq 0,\ z \neq 0\}$ において考えることにより，領域 D_{-1} で $\Gamma(z+1)$ を用いて新たに $\Gamma(z)$ を定義する．$\Gamma(z+1)$ は D で正則であることにより $\Gamma(z)$ は D_{-1} で正則であることが導かれる (図 6.1(a))．$D + D_{-1}$ で正則関数で与えられた関数 $\Gamma(z)$ から領域 $D_{-2} \equiv \{z | -2 < \mathrm{Re}(z) \leq -1,\ z \neq -1\}$ において $\Gamma(z) = \Gamma(z+1)/z$ により $\Gamma(z)$ をまた新たに定義する．D_{-1} で $\Gamma(z+1)$ は正則であることにより $\Gamma(z)$ は $D + D_{-1} + D_{-2}$ で正則であることが導かれる (図 6.1(b))．この操作を逐次的に繰り返すことにより $z = 0, -1, -2, -3, \cdots$

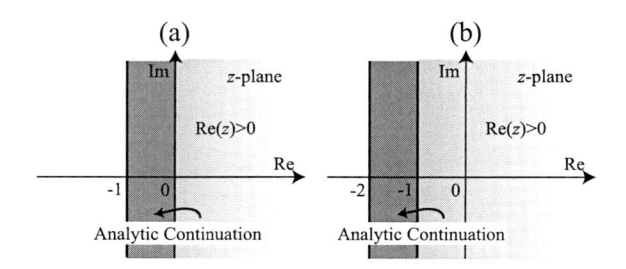

図 6.1 $\Gamma(z) = \frac{\Gamma(z+1)}{z}$ を用いた領域 $D = \{z | \mathrm{Re}(z) > 0\}$ から領域 $D' = \{z | \mathrm{Re}(z) \leq 0,\ z \neq 0, -1, -2, \cdots\}$ への解析接続
(a) 領域 $D = \{z | \mathrm{Re}(z) > 0\}$ から領域 $D_{-1} \equiv \{z | -1 < \mathrm{Re}(z) \leq 0,\ z \neq 0\}$ への解析接続．(b) 領域 $D_{-1} = \{z | -1 < \mathrm{Re}(z) \leq 0,\ z \neq 0\}$ から領域 $D_{-2} \equiv \{z | -2 < \mathrm{Re}(z) \leq -1,\ z \neq -1\}$ への解析接続．

を除く複素平面全体において $\Gamma(z)$ の正則性を保ちながら，その定義域を拡げることができる．

さらに，$z = 0$ において $\Gamma(z+1)$ は正則であり，$\Gamma(z) = \Gamma(z+1)/z$ により，$z = 0$ は $\Gamma(z)$ の 1 位の極である．このことは以下の等式から示される．

$$\lim_{z \to 0} z\Gamma(z) = \lim_{z \to 0} \Gamma(z+1) = \Gamma(1) = 1 \neq 0 \quad \text{(有限確定)} \tag{6.7}$$

$z = -1$ において $\Gamma(z+1)$ は 1 位の極をもつので，$z = -1$ は $\Gamma(z)$ の 1 位の極である．このことは以下の等式から示される．

$$\lim_{z \to -1}(z+1)\Gamma(z) = \lim_{z \to -1}(z+1)\frac{\Gamma(z+1)}{z}$$
$$= \lim_{z \to -1}\frac{1}{z}\Gamma(z+2) = -1 \neq 0 \quad \text{(有限確定)} \tag{6.8}$$

この議論を逐次的に繰り返すことにより，「$z = 0$ または $z = $ (負の整数) において $\Gamma(z)$ は 1 位の極をもつ」ことを示すことができる．さらに $z = -n$ ($n = 0, 1, 2, \cdots$) における $\Gamma(z)$ の留数は次のように与えられる．

$$\operatorname*{Res}_{z=-n}\Gamma(z) = \lim_{z \to -n}(z+n)\Gamma(z)$$
$$= \lim_{z \to -n}\frac{\Gamma(z+n+1)}{z(z+1)(z+2)\cdots(z+n-1)} = \frac{(-1)^n}{n!}$$
$$(n = 0, 1, 2, \cdots) \tag{6.9}$$

実軸上におけるガンマ関数の値を，図 6.2 に示す．

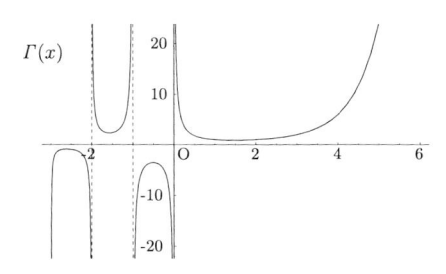

図 **6.2** 実軸上でのガンマ関数のグラフ

3) ガンマ関数の例題

例 6.1 $z = \frac{3}{2}$ および $z = -\frac{3}{2}$ におけるガンマ関数 $\Gamma(z)$ の値は等式 $\Gamma(z+1) = z\Gamma(z)$ を用いて次のように与えられる．

$$\Gamma\left(\frac{3}{2}\right) = \frac{1}{2}\Gamma\left(\frac{1}{2}\right) = \frac{1}{2}\sqrt{\pi} \tag{6.10}$$

$$\begin{aligned}\Gamma\left(-\frac{3}{2}\right) &= \left(-\frac{3}{2}\right)^{-1}\Gamma\left(-\frac{1}{2}\right) \\ &= \left(-\frac{3}{2}\right)^{-1}\left(-\frac{1}{2}\right)^{-1}\Gamma\left(\frac{1}{2}\right) \\ &= \left(-\frac{3}{2}\right)^{-1}\left(-\frac{1}{2}\right)^{-1}\sqrt{\pi} = \frac{4}{3}\sqrt{\pi} \end{aligned} \tag{6.11}$$

例 6.2 定積分 $I = \int_0^{+\infty} x^2 e^{-x^2} dx$ を考える.与えられた定積分 I は $t = x^2$ と変数変換することによりガンマ関数を用いて以下のように書き直される.

$$\begin{aligned}I &= \int_0^{+\infty} x^2 e^{-x^2} dx = \int_0^{+\infty} t e^{-t} \times \frac{1}{2} t^{-\frac{1}{2}} dt \\ &= \frac{1}{2}\int_0^{+\infty} t^{\frac{3}{2}-1} e^{-t} dt = \frac{1}{2}\Gamma\left(\frac{3}{2}\right)\end{aligned} \tag{6.12}$$

ここで,ガンマ関数に対する漸化式 $\Gamma(z+1) = z\Gamma(z)$ および $\Gamma(\frac{1}{2}) = \sqrt{\pi}$ を用いると $\Gamma(\frac{3}{2}) = \frac{1}{2}\Gamma(\frac{1}{2}) = \frac{1}{2}\sqrt{\pi}$ が得られ,これを代入することにより定積分 I は次のように求められる.

$$I = \frac{1}{2} \times \frac{1}{2}\sqrt{\pi} = \frac{\sqrt{\pi}}{4} \tag{6.13}$$

問 6.1 ガンマ関数の導関数が $\frac{d}{dz}\Gamma(z) = \int_0^{+\infty} e^{-t} t^{z-1} \log_e(t) dt$ ($\mathrm{Re}(z) > 0$, $\arg(t) = 0$) と与えられることを示せ.

問 6.2 ガンマ関数 $\Gamma(6)$, $\frac{\Gamma(20)}{\Gamma(19)}$, $\Gamma(\frac{7}{2})$, $\Gamma(-\frac{7}{2})$ の値を求めよ.
(略解) $\Gamma(6) = 120$, $\frac{\Gamma(20)}{\Gamma(19)} = 19$, $\Gamma(\frac{7}{2}) = \left(\frac{5}{2}\right)\left(\frac{3}{2}\right)\left(\frac{1}{2}\right)\sqrt{\pi}$, $\Gamma(-\frac{7}{2}) = \left(-\frac{7}{2}\right)^{-1}\left(-\frac{5}{2}\right)^{-1}\left(-\frac{3}{2}\right)^{-1}\left(-\frac{1}{2}\right)^{-1}\sqrt{\pi}$

問 6.3 正の整数 n に対して $\Gamma(\frac{1}{2} - n) = (-1)^n \frac{2^n \sqrt{\pi}}{(2n-1)(2n-3)\cdots 3\cdot 1}$ を示せ.

問 6.4. 定積分 $\int_0^{+\infty} x^7 e^{-x^4} dx$ を $t = x^4$ と変数変換することによりガンマ関数を用いて表し,さらにその値を求めよ.(略解) $\frac{1}{4}\Gamma(2) = \frac{1}{4}$

b. ベータ関数

次の積分で定義される関数 $B(z, \zeta)$ はベータ関数と呼ばれる.

$$\begin{aligned}B(z, \zeta) &\equiv \int_0^1 t^{z-1}(1-t)^{\zeta-1} dt \\ &\quad (\mathrm{Re}(z) > 0,\ \mathrm{Re}(\zeta) > 0,\ \arg(t) = \arg(1-t) = 0)\end{aligned} \tag{6.14}$$

このベータ関数の表式は $t = (\sin(\theta))^2$ と変数変換することにより次のように書き換えられる.

$$B(z,\zeta) = \int_0^{\frac{\pi}{2}} \{\sin(\theta)\}^{2z-2} \big(1-\{\sin(\theta)\}^2\big)^{\zeta-1} \cdot 2\sin(\theta)\cos(\theta)d\theta$$

$$= 2\int_0^{\frac{\pi}{2}} \{\sin(\theta)\}^{2z-1}\{\cos(\theta)\}^{2\zeta-1}d\theta$$

$$(\mathrm{Re}(z) > 0,\ \mathrm{Re}(\zeta) > 0,\ \arg\{\sin(\theta)\} = \arg\{\cos(\theta)\} = 0) \quad (6.15)$$

$\mathrm{Re}(z) > \frac{1}{2}$, $\mathrm{Re}(\zeta) > \frac{1}{2}$ のとき, 次の等式が成り立つ.

$$\Gamma(z)\Gamma(\zeta) = 4\lim_{R \to +\infty} \int_0^{+R} s^{2z-1}e^{-s^2}ds \int_0^{+R} t^{2\zeta-1}e^{-t^2}dt$$

$$= 4\lim_{R \to +\infty} \int_0^{+R/\sqrt{2}} s^{2z-1}e^{-s^2}ds \int_0^{+R/\sqrt{2}} t^{2\zeta-1}e^{-t^2}dt$$

$$= 4\lim_{R \to +\infty} \iint_{S_R} s^{2z-1}e^{-s^2}t^{2\zeta-1}e^{-t^2}dsdt$$

$$(S_R \equiv \{(s,t) | s^2+t^2 \le R^2, s>0, t>0\},\ \mathrm{Re}(z) > \frac{1}{2}$$

かつ $\mathrm{Re}(\zeta) > \frac{1}{2}$ により被積分関数は連続)

$$= 4\lim_{R \to +\infty} \int_0^{+R} \int_0^{\frac{\pi}{2}} (r\cos(\theta))^{2z-1}e^{-(r\cos(\theta))^2}$$

$$\times \{r\sin(\theta)\}^{2\zeta-1}e^{-\{r\sin(\theta)\}^2}rdrd\theta$$

$(s = r\cos(\theta),\ t = r\sin(\theta)$ と変数変換$)$

$$= 4\int_0^{+\infty} r^{2(z+\zeta)-1}e^{-r^2}dr$$

$$\times \int_0^{\frac{\pi}{2}} \{\cos(\theta)\}^{2z-1}\{\sin(\theta)\}^{2\zeta-1}d\theta$$

$$= \Gamma(z+\zeta)B(z,\zeta) \quad (6.16)$$

実際には $B(z,\zeta)$ および $\frac{\Gamma(z)\Gamma(\zeta)}{\Gamma(z+\zeta)}$ が正則である z と ζ の領域で常に次の等式が成り立つ.

$$B(z,\zeta) = \frac{\Gamma(z)\Gamma(\zeta)}{\Gamma(z+\zeta)} \quad (6.17)$$

また以下の等式が成り立つことも確かめられる.

$$B(z,\zeta) - B(z+1,\zeta) = \int_0^1 t^{z-1}(1-t)^{\zeta-1}dt - \int_0^1 t^z(1-t)^{\zeta-1}dt$$

$$= \int_0^1 t^{z-1}(1-t)(1-t)^{\zeta-1}dt$$
$$= \int_0^1 t^{z-1}(1-t)^{\zeta}dt = B(z, \zeta+1) \qquad (6.18)$$

例 **6.3** ベータ関数 $B(4,3)$ の値は式 (6.17) を用いて以下のように求められる．
$$B(4,3) = \frac{\Gamma(4)\Gamma(3)}{\Gamma(7)} = \frac{3! \times 2!}{6!} = \frac{1}{60} \qquad (6.19)$$

例 **6.4** 定積分 $I = \int_0^{\pi/2} \sin^5(x)\cos^7(x)dx$ をベータ関数を用いて表し，その積分値を求めることができる．まず，与えられた定積分 I は $t = \cos^2(x)$ と変数変換することによりベータ関数を用いて以下のように書き直される．
$$I = \int_0^{\pi/2} \sin^5(x)\cos^7(x)dx$$
$$= \int_1^0 (1-t)^{\frac{5}{2}} t^{\frac{7}{2}} \times (-\frac{1}{2}) t^{-\frac{1}{2}}(1-t)^{-\frac{1}{2}}dt$$
$$= \frac{1}{2}\int_0^1 t^3(1-t)^2 dt = \frac{1}{2}B(4,3) = \frac{1}{120} \qquad (6.20)$$

例 **6.5** ベータ関数の定義式 (6.14) を部分積分することにより
$$zB(z, \zeta+1) = \zeta B(z+1, \zeta) \qquad (6.21)$$
が成り立つ．このことは部分積分により以下のようにして示すことができる．

$$B(z, \zeta+1) = \int_0^1 t^{z-1}(1-t)^{\zeta}dt$$
$$= \frac{1}{z}\left[t^z(1-t)^{\zeta}\right]_0^1 + \frac{\zeta}{z}\int_0^1 t^z(1-t)^{\zeta-1}dt$$
$$= \frac{1}{z}\lim_{t \to 1-0}\left\{t^z(1-t)^{\zeta}\right\} - \frac{1}{z}\lim_{t \to +0}\left\{t^z(1-t)^{\zeta}\right\} + \frac{\zeta}{z}B(z+1,\zeta)$$
$$= \frac{1}{z}\lim_{t \to 1-0}\left\{\exp\Big(z\log(t) + \zeta\log(1-t)\Big)\right\}$$
$$\quad - \frac{1}{z}\lim_{t \to +0}\left\{\exp\Big(z\log(t) + \zeta\log(1-t)\Big)\right\} + \frac{\zeta}{z}B(z+1,\zeta)$$
$$= \frac{1}{z}\lim_{t \to 1-0}\left\{\exp\Big(z\log|t| + iz\arg(t) + \zeta\log|1-t| + i\zeta\arg(1-t)\Big)\right\}$$
$$\quad - \frac{1}{z}\lim_{t \to +0}\left\{\exp\Big(z\log|t| + iz\arg(t) + \zeta\log|1-t| + i\zeta\arg(1-t)\Big)\right\}$$

$$+\frac{\zeta}{z}B(z+1,\zeta)$$
$$=\frac{\zeta}{z}B(z+1,\zeta) \tag{6.22}$$
また,
$$\lim_{t\to 1-0}\left\{\exp\Bigl(z\log|t|+iz\arg(t)+\zeta\log|1-t|+i\zeta\arg(1-t)\Bigr)\right\}=0 \tag{6.23}$$
$$\lim_{t\to +0}\left\{\exp\Bigl(z\log|t|+iz\arg(t)+\zeta\log|1-t|+i\zeta\arg(1-t)\Bigr)\right\}=0 \tag{6.24}$$
であることは
$$\lim_{t\to 1-0}\left|\exp\Bigl(z\log|t|+iz\arg(t)+\zeta\log|1-t|+i\zeta\arg(1-t)\Bigr)\right|=0 \tag{6.25}$$
$$\lim_{t\to +0}\left|\exp\Bigl(z\log|t|+iz\arg(t)+\zeta\log|1-t|+i\zeta\arg(1-t)\Bigr)\right|=0 \tag{6.26}$$
を示すことにより証明されるが, この際, $|e^z|=e^{\mathrm{Re}(z)}$ が任意の複素数 z で成り立つことと, この問題では $\mathrm{Re}(z)>0$, $\mathrm{Re}(\zeta)>0$, $\arg(t)=\arg(1-t)=0$ を満たすことを使う. ここまで示して完全な解答と言える.

問 6.5 ベータ関数の定義式 (6.14) は $t=\frac{u}{1+u}$ と変数変換することにより
$$B(z,\zeta)=\int_0^{+\infty}\frac{u^{z-1}}{(1+u)^{z+\zeta}}du \tag{6.27}$$
と書き換えられることを示せ.

問 6.6 ベータ関数の定義式 (6.14) において $1=t+(1-t)$ という恒等式を用いることにより, $\mathrm{Re}(z)>0$, $\mathrm{Re}(\zeta)>0$ を満たす任意の複素数 z, ζ に対して等式
$$B(z,\zeta)=B(z+1,\zeta)+B(z,\zeta+1) \tag{6.28}$$
が成り立つことを示せ.

問 6.7 例 6.5 と問 6.6 で示された 2 つの等式を用いて $\mathrm{Re}(z)>0$, $\mathrm{Re}(\zeta)>0$ を満たす任意の複素数 z, ζ に対して等式
$$B(z,\zeta+1)=\frac{\zeta}{z+\zeta}B(z,\zeta) \tag{6.29}$$
が成り立つことを示せ.

問 6.8 $B(\frac{1}{2},\frac{1}{2}) = \pi$ を示せ.

問 6.9 正の整数 m, n に対して $B(m,n) = \frac{(m-1)!(n-1)!}{(m+n-1)!}$ が成り立つことを示せ.

問 6.10 定積分 $\int_0^\pi \sin^4(\theta)d\theta$ をベータ関数を用いて表し,さらにその積分の値を求めよ.(略解) $\frac{3\pi}{8}$

等式 (6.27) で $z = a$, $\zeta = 1 - a$ とおくと
$$\int_0^{+\infty} \frac{u^{a-1}}{1+u}du = B(a, 1-a) \quad (0 < a < 1, \arg(u) = 0) \quad (6.30)$$
ここで $B(a, 1-a) = \frac{\Gamma(a)\Gamma(1-a)}{\Gamma(a+1-a)} = \Gamma(a)\Gamma(1-a)$ により
$$\int_0^{+\infty} \frac{u^{a-1}}{1+u}du = \Gamma(a)\Gamma(1-a) \quad (0 < a < 1, \arg(u) = 0) \quad (6.31)$$
第 4 章の例 4.23 の等式 $\int_0^{+\infty} \frac{x^{a-1}}{x+1}dx = \frac{\pi}{\sin(\pi a)}$ を用いると
$$\Gamma(a)\Gamma(1-a) = \frac{\pi}{\sin(\pi a)} \quad (0 < a < 1) \quad (6.32)$$
というガンマ関数と三角関数を結ぶ関係式が得られる.ここまで等式 (6.32) を a が区間 $(0,1)$ の実数の場合にのみ証明したが, a は例えば複素数で成り立つのであろうか? 実は成り立つのである.まず $\Gamma(a)\Gamma(1-a)$ と $\frac{\pi}{\sin(\pi a)}$ はいずれも a が整数である場合を除けば,任意の複素数に対して正則である.そこで第 4 章の最後にさりげなく説明した一致の定理がものを言うのである.一致の定理により,両辺が整数である場合を除く任意の複素数 a に対して正則で,かつ a 平面上の $\{a | 0 < \mathrm{Re}(a) < 1, \mathrm{Im}(a) = 0\}$ という線分上で等式 (6.32) が成り立つので「整数である場合を除く任意の複素数 a に対して等式 (6.32) が常に成り立つ」ことが一致の定理によって保証される.

問 6.11 等式 (6.27) で $z = \frac{1}{2} - a$, $\zeta = \frac{1}{2} + a$ とおくことで
$$\Gamma(\frac{1}{2} - a)\Gamma(\frac{1}{2} + a) = \frac{\pi}{\cos(\pi a)} \quad \left(-\frac{1}{2} < a < \frac{1}{2}\right) \quad (6.33)$$
が成り立つことを示し,さらに一致の定理を用いて $a = \frac{1}{2} + n$ (n は整数) を除く任意の複素数 a に対して成り立つことを証明せよ.

c. スターリングの公式とワイヤストラスの公式

ガンマ関数 $\Gamma(x)$ の $x \to +\infty$ における**漸近形** (asymptotic form),すなわちその極限においてどのような関数形に近づいてゆくのかについて説明する.

複素変数 z の 2 つの関数 $f(z)$ と $g(z)$ に対して $\lim_{z \to \alpha} f(z)/g(z) = 1$ が

成り立つときこれを

$$f(z) \sim g(z) \qquad (z \to \alpha) \tag{6.34}$$

と表す[*1]．例えば

$$\sin(z) \sim z \qquad (z \to 0) \tag{6.35}$$

$$1 + z^3 \sim 1 \qquad (z \to 0) \tag{6.36}$$

$$1 + z^3 \sim z^3 \qquad (z \to \infty) \tag{6.37}$$

が成り立つ．そこで実変数 x に対して $f(x) = \Gamma(x)$ としたときの極限 $x \to +\infty$ における関数 $g(x)$ がどのような形に与えられるかを考えてみることにする．

負の整数を除く任意の実数 x に対してガンマ関数を考え，次のように変形する．

$$\begin{aligned}
\Gamma(x+1) &= \int_0^{+\infty} (xs)^x e^{-xs} \cdot x\, ds = x^{x+1} \int_0^{+\infty} s^x e^{-xs} ds \\
&= x^{x+1} e^{-x} \int_0^{+\infty} e^{x \log(s)} e^{-xs+x} ds \\
&= x^{x+1} e^{-x} \int_0^{+\infty} e^{-x(s-1-\log(s))} ds
\end{aligned} \tag{6.38}$$

ここで次の等式が成り立つ．

$$\begin{aligned}
s - 1 - \log(s) &= s - 1 - \log\{1 - (1-s)\} = s - 1 + \sum_{n=1}^{+\infty} \frac{1}{n}(1-s)^n \\
&= \sum_{n=2}^{+\infty} \frac{1}{n}(1-s)^n \qquad (|s-1| < 1)
\end{aligned} \tag{6.39}$$

ここで x が非常に大きいとき，積分を $s = 1$ の近傍で評価すると次の等式が得られる．

$$\int_0^{+\infty} e^{-x(s-1-\log(s))} ds \sim \int_{-\infty}^{+\infty} e^{-\frac{x}{2}(s-1)^2} ds$$

$$= \sqrt{2\pi/x} \qquad (x \to +\infty)$$

すなわちガンマ関数に対する次の漸近形が得られる．

$$\Gamma(x+1) \sim x^{x+1} e^{-x} \sqrt{2\pi/x} = x^x e^{-x} \sqrt{2\pi x} \quad (x \to +\infty) \tag{6.40}$$

特に $x = n$ (n は自然数) とおくと $\Gamma(n+1) = n!$ であることに注意すると次の漸近形が得られ，これは**スターリングの公式** (Stirling's formula) と呼ばれる．

[*1] 式 (6.34) の記号 $\sim$ は第 1 章で式 (1.17)，式 (1.73) 等においてフーリエ級数，フーリエ積分を導入する際にも用いられているものとは違う意味を表すことに注意されたい．

$$n! \sim n^n e^{-n} \sqrt{2\pi n} \quad (n \to +\infty) \tag{6.41}$$

本節の最後にガンマ関数の**無限乗積表示** (infinite product representation)

$$\frac{1}{\Gamma(z)} = z e^{\gamma z} \prod_{n=1}^{+\infty} \left\{ e^{-\frac{z}{n}} \left(1 + \frac{z}{n}\right) \right\} \tag{6.42}$$

を説明する.この等式は**ワイヤストラスの公式** (Weierstrass formula) という.ここで γ は $\gamma = \lim_{N \to +\infty} \left\{ 1 + \frac{1}{2} + \frac{1}{3} + \cdots + \frac{1}{N} - \log_e(N) \right\}$ として定義され,**オイラー定数** (Euler number) と呼ばれる.値としては $\gamma = 0.5772\cdots$ である.まず極限値 $\lim_{N \to +\infty} \left\{ 1 + \frac{1}{2} + \frac{1}{3} + \cdots + \frac{1}{N} - \log_e(N) \right\}$ が存在することを証明する.正の整数 n に対して

$$a_n \equiv \int_0^1 \frac{t}{n(n+t)} dt = \frac{1}{n} - \log_e\left(\frac{n+1}{n}\right) \tag{6.43}$$

により定義される数列 $\{a_n\}$ を考えると

$$1 + \frac{1}{2} + \frac{1}{3} + \cdots + \frac{1}{N} - \log_e(N) = \sum_{n=1}^{N} a_n + \log_e\left(\frac{N+1}{N}\right) \tag{6.44}$$

が成り立つ.ここで不等式 $0 < a_n < \frac{1}{2n^2}$ と等式 $\sum_{n=1}^{+\infty} \frac{1}{2n^2} = \frac{\pi^2}{12}$ を用いることで級数 $\sum_{n=1}^{+\infty} a_n$ は収束する.従って,極限値 $\lim_{N \to +\infty} \left\{ 1 + \frac{1}{2} + \frac{1}{3} + \cdots + \frac{1}{N} - \log_e(N) \right\}$ が存在することが示される.

さらに

$$F_n(z) \equiv \int_0^n \left(1 - \frac{t}{n}\right)^n t^{z-1} dt \tag{6.45}$$

を導入し,$\tau = t/n$ と変数変換することにより

$$F_n(z) = n^z B(n+1, z) = n^z \frac{\Gamma(n+1)\Gamma(z)}{\Gamma(z+n+1)}$$
$$= \frac{n! n^z}{z(z+1)\cdots(z+n)} \tag{6.46}$$

が導かれる.他方,$\lim_{n \to +\infty} F_n(z) = \Gamma(z)$ が以下のように導かれる[*1].

$$\lim_{N \to +\infty} F_N(z) = \lim_{N \to +\infty} \int_0^N \left(1 - \frac{t}{N}\right)^N t^{z-1} dt$$
$$= \int_0^{+\infty} \left\{ \lim_{N \to +\infty} \left(1 - \frac{t}{N}\right)^N \right\} t^{z-1} dt$$

[*1] この等式は実際には極限と積分の交換可能性の議論が必要であり,この議論に注意しての導出は文献 [1] の第 3 章 2 節の問題 5 に巧妙な形で与えられているので興味ある読者は是非参照していただきたい.

$$= \int_0^{+\infty} e^{-t} t^{z-1} dt = \Gamma(z) \tag{6.47}$$

$$\Gamma(z) = \lim_{N \to +\infty} \frac{N! N^z}{z(z+1)\cdots(z+N)}$$

$$= \lim_{N \to +\infty} z^{-1} N! N^z \prod_{n=1}^{N} (z+n)^{-1}$$

$$= \frac{1}{z} \lim_{N \to +\infty} N! N^z \prod_{n=1}^{N} n^{-1} \left(1 + \frac{z}{n}\right)^{-1}$$

$$= \frac{1}{z} \lim_{N \to +\infty} N^z \prod_{n=1}^{N} \left(1 + \frac{z}{n}\right)^{-1}$$

$$= \frac{1}{z} \lim_{N \to +\infty} e^{z \log_e(N)} \prod_{n=1}^{N} \left(1 + \frac{z}{n}\right)^{-1}$$

$$= \frac{1}{z} \lim_{N \to +\infty} e^{z\left\{-1 - \frac{1}{2} - \cdots - \frac{1}{N} + \log_e(N)\right\}} \prod_{n=1}^{N} e^{\frac{z}{n}} \left(1 + \frac{z}{n}\right)^{-1} \tag{6.48}$$

これにより等式 (6.42) が導かれる．

ワイヤストラスの公式は我々に $\Gamma'(n)$ $(n = 1, 2, 3, \cdots)$ の値を求める手順を与えてくれる．まず式 (6.42) の両辺の対数を取り，z で微分する．この操作は**対数微分** (logarithmic differentiation) と呼ばれる．

$$-\frac{\Gamma'(z)}{\Gamma(z)} = \gamma + \sum_{n=1}^{+\infty} \frac{1}{n+z-1} - \sum_{n=1}^{+\infty} \frac{1}{n} \tag{6.49}$$

ここで $z = 1$ を代入し，$\Gamma(1) = 1$ であることを考慮すると

$$\Gamma'(1) = -\gamma \tag{6.50}$$

が得られる．さらに式 (6.6) の両辺を対数微分する．

$$\frac{\Gamma'(z+1)}{\Gamma(z+1)} = \frac{\Gamma'(z)}{\Gamma(z)} + \frac{1}{z} \tag{6.51}$$

この式から $\Gamma(1) = \Gamma(2) = 1$，$\Gamma'(1) = -\gamma$ を式 (6.51) に代入することにより $\Gamma'(2) = -\gamma + 1$ が得られる．さらに $\Gamma(3) = 2$ から $\Gamma'(3) = -2\gamma + 3$ が得られる．任意の正の整数 n に対して $\Gamma'(n)$ は同様の手順を踏むことで逐次的に求められてゆく．

6.2 ルジャンドル関数

z を複素変数としてルジャンドルの微分方程式 (Legendre differential equation)

$$(1-z^2)\frac{d^2}{dz^2}w(z) - 2z\frac{d}{dz}w(z) + \nu(\nu+1)w(z) = 0$$
$$(\nu = 0, 1, 2, \cdots) \quad (6.52)$$

を考える．この微分方程式は

$$\frac{d^2}{dz^2}w(z) + p(z)\frac{d}{dz}w(z) + q(z)w(z) = 0 \quad (6.53)$$

$$p(z) \equiv -\frac{2z}{1-z^2}, \qquad q(z) \equiv \frac{\nu(\nu+1)}{1-z^2} \quad (6.54)$$

と書き換えると，$p(z)$ と $q(z)$ は $z = \pm 1$ に特異点をもつ．このため，$|z| < 1$ と $1 < |z| < +\infty$ の 2 つの領域に分けて解を考える必要がある．

まず，$z = 0$ の周りの $|z| < 1$ における解を考える (図 6.3)．式 (6.54) において $p(z)$ と $q(z)$ は $|z| < 1$ で正則であり，これにより $|z| < 1$ において級数解を以下のように仮定することができる (詳細は付録 B 参照)．

$$w(z) = \sum_{n=0}^{+\infty} c_n z^n \quad (|z| < 1) \quad (6.55)$$

級数 (6.55) が項別微分可能であるとしてこれを式 (6.52) に代入する．

$$\sum_{n=0}^{+\infty} \Big((n+2)(n+1)c_{n+2} - (n-\nu)(n+\nu+1)c_n\Big)z^n = 0 \quad (6.56)$$

これは z の恒等式なので以下の漸化式が得られる．

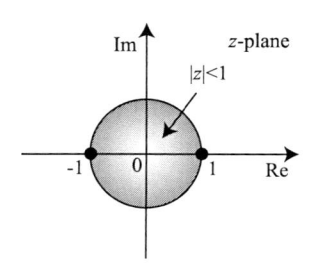

図 **6.3** 領域 $|z| < 1$

$$(n+2)(n+1)c_{n+2} = (n-\nu)(n+\nu+1)c_n \quad (n=0,1,2,\cdots) \tag{6.57}$$

ここで c_0 および c_1 を与えることにより c_n $(n=2,3,4,\cdots)$ は漸化式 (6.57) から順次求められるが,仮に $c_0 = c_1 = 0$ とおいてしまうと任意の自然数 n に対して $c_n = 0$ となり $w(z) = 0$ が解となり自明な解しか得られなくなってしまうので,$c_0 \neq 0$ または $c_1 \neq 0$ と仮定して基本系 $w_1(z)$, $w_2(z)$ を求めるのは自然である.$n = \nu$ のとき,$(n-\nu)(n+\nu+1) = 0$ であることから,$c_{\nu+2} = 0$ であり,従って,

$$c_n = 0 \quad (n = \nu+2, \nu+4, \nu+6, \cdots) \tag{6.58}$$

が得られる.

(i) ν が偶数である場合

$$c_{2m} = \frac{(-1)^m \nu(\nu-2)\cdots(\nu-2m+2)(\nu+1)(\nu+3)\cdots(\nu+2m-1)}{(2m)!} c_0$$
$$(m = 1,2,3,\cdots, \frac{\nu}{2}) \tag{6.59}$$

$$c_{2m} = 0 \quad (m = \frac{\nu}{2}+1, \frac{\nu}{2}+2, \frac{\nu}{2}+3, \cdots) \tag{6.60}$$

$$c_{2m+1} = \frac{(-1)^m(\nu-1)(\nu-3)\cdots(\nu-2m+1)(\nu+2)(\nu+4)\cdots(\nu+2m)}{(2m+1)!} c_1$$
$$(m = 1,2,3,\cdots) \tag{6.61}$$

$c_0 = 0$, $c_1 = 1$ とおいて他の c_{2m+1} を上の漸化式から定めた級数 $w_1(z)$ は

$$w_1(z) = \sum_{m=0}^{+\infty} c_{2m+1} z^{2m+1} \tag{6.62}$$

$c_0 = 1$, $c_1 = 0$ とおいて他の c_{2m} を上の漸化式から定めた級数 $w_2(z)$ は

$$w_2(z) = \sum_{m=0}^{\frac{\nu}{2}} c_{2m} z^{2m} \tag{6.63}$$

(ii) ν が奇数である場合

$$c_{2m} = \frac{(-1)^m \nu(\nu-2)\cdots(\nu-2m+2)(\nu+1)(\nu+3)\cdots(\nu+2m-1)}{(2m)!} c_0$$
$$(m = 1,2,3,\cdots) \tag{6.64}$$

$$c_{2m+1} = \frac{(-1)^m(\nu-1)(\nu-3)\cdots(\nu-2m+1)(\nu+2)(\nu+4)\cdots(\nu+2m)}{(2m+1)!} c_1$$

6.2 ルジャンドル関数

$$(m = 1, 2, 3, \cdots, \frac{\nu-1}{2}) \tag{6.65}$$

$$c_{2m+1} = 0 \quad (m = \frac{\nu-1}{2}+1, \frac{\nu-1}{2}+2, \cdots) \tag{6.66}$$

$c_0 = 0$, $c_1 = 1$ とおいて他の c_{2m+1} を上の漸化式から定めた級数 $w_1(z)$ は

$$w_1(z) = \sum_{m=0}^{\frac{\nu-1}{2}} c_{2m+1} z^{2m+1} \tag{6.67}$$

$c_0 = 1$, $c_1 = 0$ とおいて他の c_{2m} を上の漸化式から定めた級数 $w_2(z)$ は

$$w_2(z) = \sum_{m=0}^{+\infty} c_{2m} z^{2m} \tag{6.68}$$

$w_1(z)$ と $w_2(z)$ は 1 次独立であり，$w_1(z)$ と $w_2(z)$ は微分方程式 (6.52) の基本系である．従って，求める一般解 (general solution) $w(z)$ は C, D を任意定数として次のように求められる．

$$w(z) = Cw_1(z) + Dw_2(z) \quad (|z| < 1) \tag{6.69}$$

ν が奇数か偶数で上であげた基本系の $w_1(z)$ または $w_2(z)$ のいずれかが多項式になることがわかる．この多項式は $P_\nu(z)$ という記号で表され，**ルジャンドルの多項式** (Legendre polynomial) または**第 1 種のルジャンドル関数** (Legendre functions of the first kind) と呼ばれる．

(i) ν が偶数である場合

$$P_\nu(z) \propto 1 + \tag{6.70}$$

$$\sum_{m=1}^{\frac{\nu}{2}} \frac{(-1)^m \nu(\nu-2)\cdots(\nu-2m+2)(\nu+1)(\nu+3)\cdots(\nu+2m-1)}{(2m)!} z^{2m}$$

(ii) ν が奇数である場合

$$P_\nu(z) \propto z + \tag{6.71}$$

$$\sum_{m=1}^{\frac{\nu-1}{2}} \frac{(-1)^m (\nu-1)(\nu-3)\cdots(\nu-2m+1)(\nu+2)(\nu+4)\cdots(\nu+2m)}{(2m+1)!} z^{2m+1}$$

式 (6.70) および式 (6.71) において $2l = \nu + 2m$ と変換し，z^ν の係数が $\frac{(2\nu)!}{2^\nu (\nu!)^2}$ となるように全体にかかる定数を調整することにより，ν が偶数である場合，奇数である場合をあわせて以下のようにまとめられる．

$$P_\nu(z) = \frac{(2\nu)!}{2^\nu (\nu!)^2} \sum_{l=0}^{\mathrm{Int}(\frac{\nu}{2})} \frac{(-1)^l \nu(\nu-1)(\nu-2)\cdots(\nu-2l+1)}{2^l l!(2\nu-1)(2\nu-3)(2\nu-5)\cdots(2\nu-2l+1)} z^{\nu-2l}$$

$$= \frac{1}{2^\nu} \sum_{l=0}^{\mathrm{Int}(\frac{\nu}{2})} \frac{(-1)^l (2\nu-2l)\cdots(\nu-2l+1)}{l!(\nu-l)!} z^{\nu-2l} \quad (6.72)$$

ここで，$\mathrm{Int}(\frac{\nu}{2})$ は $\frac{\nu}{2}$ の整数部分を与えるものとする．具体的に $P_\nu(z)$ をいくつか書くと以下のようになる．

$$P_0(z) = 1, \quad P_1(z) = z, \quad P_2(z) = \frac{3}{2}z^2 - \frac{1}{2}$$

べき級数としての $w_1(z)$ および $w_2(z)$ の収束半径 R は ν が奇数である場合と偶数である場合にそれぞれ以下のように与えられる．

(i) ν **が偶数である場合**

$$R = \left(\lim_{m \to +\infty} \left|\frac{c_{2m+1}}{c_{2m-1}}\right|\right)^{-1}$$

$$= \left(\lim_{m \to +\infty} \left|\frac{(2m-1-\nu)(2m+\nu)}{(2m+1)2m}\right|\right)^{-1} = 1 \quad (6.73)$$

(ii) ν **が奇数である場合**

$$R = \left(\lim_{m \to +\infty} \left|\frac{c_{2m+2}}{c_{2m}}\right|\right)^{-1}$$

$$= \left(\lim_{m \to +\infty} \left|\frac{(2m-\nu)(2m+\nu+1)}{(2m+2)(2m+1)}\right|\right)^{-1} = 1 \quad (6.74)$$

とそれぞれ与えられ，$|z| < 1$ で級数 $w_1(z)$, $w_2(z)$ はいずれも正則関数となる．

問 6.12 式 (6.72) から $P_3(z)$ を求めよ．（略解）$\frac{5}{2}z^3 - \frac{3}{2}z$

次に $|z| > 1$ における解を求める（図 6.4）．まず，微分方程式 (6.52) を $\zeta = 1/z$ により変換する．

$$(1-\zeta^2)\zeta^2 \frac{d^2}{d\zeta^2} w\left(\frac{1}{\zeta}\right) - 2\zeta \frac{d}{d\zeta} w\left(\frac{1}{\zeta}\right) - \nu(\nu+1) w\left(\frac{1}{\zeta}\right) = 0 \quad (6.75)$$

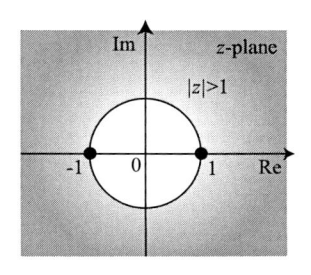

図 6.4 領域 $|z| > 1$

6.2 ルジャンドル関数

式 (6.75) を

$$\frac{d^2}{d\zeta^2}w\left(\frac{1}{\zeta}\right) - \frac{2\zeta}{(1-\zeta^2)}\frac{d}{d\zeta}w\left(\frac{1}{\zeta}\right) - \frac{\nu(\nu+1)}{(1-\zeta^2)\zeta^2}w\left(\frac{1}{\zeta}\right) = 0 \quad (6.76)$$

と書き換えると $p(\zeta) \equiv \frac{-2\zeta}{(1-\zeta^2)}$ は $\zeta = 0$ で正則, $q(\zeta) = \frac{-\nu(\nu+1)}{(1-\zeta^2)\zeta^2}$ は 2 位の極をもつので, $\zeta = 0$ は確定特異点であり, 微分方程式 (6.75) は解の形を次のように仮定することができる (詳細は付録 B 参照).

$$w\left(\frac{1}{\zeta}\right) = \zeta^{-\rho}\sum_{n=0}^{+\infty}c_n\zeta^n \quad (0 < |\zeta| < 1) \quad (6.77)$$

すなわち, 微分方程式 (6.52) の $1 < |z| < +\infty$ における解の形は

$$w(z) = z^{\rho}\sum_{n=0}^{+\infty}c_n z^{-n} = \sum_{n=0}^{+\infty}c_n z^{\rho-n} \quad (1 < |z| < +\infty) \quad (6.78)$$

とおくことができる. ここで $c_0 \neq 0$ と仮定する. これを式 (6.52) に代入して, パラメータ ρ と係数 $\{c_n\}$ を決める. このために, 級数 (6.78) が項別微分可能であるとしてこれらを式 (6.52) に代入する.

$$-(\rho-\nu)(\rho+\nu+1)c_0 z^{\rho} - (\rho-\nu-1)(\rho+\nu)c_1 z^{\rho-1}$$
$$+ \sum_{n=2}^{+\infty}\Big((\rho-n+2)(\rho-n+1)c_{n-2}$$
$$- (\rho-n-\nu)(\rho-n+\nu+1)c_n\Big)z^{\rho-n} = 0 \quad (6.79)$$

この式は z についての恒等式なので, z の各べきの係数は 0 でなければならない. このことから基本方程式

$$(\rho-\nu)(\rho+\nu+1)c_0 = 0 \quad (6.80)$$
$$(\rho-\nu-1)(\rho+\nu)c_1 = 0 \quad (6.81)$$

および $\{c_n | n = 2, 3, 4, \cdots\}$ に対する漸化式

$$(\rho-n+2)(\rho-n+1)c_{n-2} - (\rho-n-\nu)(\rho-n+\nu+1)c_n = 0$$
$$(n = 2, 3, 4, \cdots) \quad (6.82)$$

が得られる. ここで, 仮に $c_0 = c_1 = 0$ とおいてしまうと任意の自然数 n に対して $c_n = 0$ となり $w(z) = 0$ が解となり自明な解しか得られなくなってしまう. そこでまず $c_0 \neq 0$ と仮定すれば方程式 (6.80) により $\rho = -\nu - 1$, ν が得られる. この ρ を式 (6.81) に代入すると

$$2(\nu+1)c_1 = 0 \quad (\rho = -\nu-1), \qquad -2\nu c_1 = 0 \quad (\rho = \nu) \quad (6.83)$$

という式が得られるが ν は 0 または自然数なのでこの等式が一般に成り立つ

ためには $c_1 = 0$ とおく必要があることは自然に理解できる．さらに，漸化式 (6.82) により，
$$c_n = \frac{(\rho - n + 2)(\rho - n + 1)}{(\rho - n - \nu)(\rho - n + \nu + 1)} c_{n-2} \quad (n = 2, 3, 4, \cdots) \quad (6.84)$$
となり，$c_1 = 0$ であることから n が奇数の場合には $c_n = 0$ を得る．
$$c_{2l+1} = 0 \quad (l = 0, 1, 2, \cdots) \quad (6.85)$$
一方，n が偶数の場合には c_n はすべて c_0 により表され，式 (6.78) に与えられた級数 $w(z)$ は z^{-2} についてのべき級数となる．
$$w(z) = z^\rho \sum_{l=0}^{+\infty} c_{2l} z^{-2l} = \sum_{l=0}^{+\infty} c_{2l} z^{\rho - 2l} \quad (6.86)$$
z^{-2} のべき級数としての収束半径 R は
$$R = \left(\lim_{l \to +\infty} \left| \frac{c_{2l}}{c_{2l+2}} \right| \right)^{-1} = \left(\lim_{l \to +\infty} \left| \frac{(\rho - 2l + 2)(\rho - 2l + 1)}{(\rho - 2l - \nu)(\rho - 2l + \nu + 1)} \right| \right)^{-1} = 1$$
と得られ，$|z^{-2}| < 1$ すなわち $|z| > 1$ で式 (6.78) に与えられた級数 $w(z)$ は収束することがわかる．

(i) $\rho = \nu$ の場合　漸化式 (6.82) により，
$$c_{2l} = -\frac{(\nu - 2l + 2)(\nu - 2l + 1)}{2l(2\nu - 2l + 1)} c_{2l-2}$$
が得られるが，ここで $\nu - 2l + 1 = 0$ または $\nu - 2l + 2 = 0$ が成り立つとき $c_{2l} = 0$ となり，ν が奇数である場合と偶数である場合に分けて考えたうえでまとめると，
$$c_{2l} = 0 \quad \left(l = \text{Int}\left(\frac{\nu}{2}\right) + 1, \text{Int}\left(\frac{\nu}{2}\right) + 3, \text{Int}\left(\frac{\nu}{2}\right) + 5, \cdots \right)$$
が得られる．また，$l \leq \text{Int}(\frac{\nu}{2})$ においては c_{2l} は
$$c_{2l} = (-1)^l \frac{(\nu - 2l + 1)(\nu - 2l + 2) \cdots (\nu - 1)\nu}{2l(2l - 2) \cdots 2(2\nu - 2l + 1)(2\nu - 2l + 3) \cdots (2\nu - 1)} c_0$$
$$\left(l = 1, 2, 3, \cdots, \text{Int}\left(\frac{\nu}{2}\right) \right) \quad (6.87)$$
という形に得られ，ここで c_0 を
$$c_0 = \frac{(2\nu)!}{2^\nu (\nu!)^2} = \frac{1 \cdot 3 \cdot 5 \cdots (2\nu - 1)}{\nu!} \quad (6.88)$$
と選ぶことにより，c_{2l} は決定される．最終的な結果は以下のように与えられる．
$$c_{2l} = \begin{cases} \dfrac{(-1)^l (2\nu - 2l) \cdots (\nu - 2l + 1)}{2^\nu l!(\nu - l)!} & (l = 1, 2, \cdots, \text{Int}(\frac{\nu}{2})) \\ \\ 0 & (l = \text{Int}(\frac{\nu}{2}) + 1, \text{Int}(\frac{\nu}{2})2, \cdots) \end{cases} \quad (6.89)$$

$\rho = \nu$ に対して得られる解 $w(z)$ を $w_1(z)$ と書くことにすると以下のような z の多項式として与えられる.

$$w_1(z) = \sum_{l=0}^{\mathrm{Int}(\frac{\nu}{2})} c_{2l} z^{\nu-2l}$$

$$= \frac{1}{2^\nu} \sum_{l=0}^{\mathrm{Int}(\frac{\nu}{2})} \frac{(-1)^l (2\nu-2l)\cdots(\nu-2l+1)}{l!(\nu-l)!} z^{\nu-2l} \quad (6.90)$$

この多項式は式 (6.72) で与えられたルジャンドルの多項式 $P_\nu(z)$ になっている.すなわち,$\rho = \nu$ に対して得られる解 $w_1(z)$ はルジャンドルの多項式 $P_\nu(z)$ そのものであることがわかる.

$$w_1(z) = P_\nu(z) \quad (|z|>1) \quad (6.91)$$

(ii) $\rho = -\nu - 1$ の場合 この場合に任意の自然数 l に対して c_{2l} は 0 にはならず,漸化式 (6.82) は以下のように与えられる.

$$c_{2l} = \frac{(\nu+2l-1)(\nu+2l)}{2l(2\nu+2l+1)} c_{2l-2}$$

$$= \frac{(\nu+1)(\nu+2)(\nu+3)(\nu+4)\cdots(\nu+2l)}{2\cdot 4\cdot 6 \cdots (2l)(2\nu+3)(2\nu+5)\cdots(2\nu+2l+1)} c_0$$

$$(l=1,2,3,\cdots) \quad (6.92)$$

ここで,c_0 を

$$c_0 = \frac{2^\nu (\nu!)^2}{(2\nu+1)!} \quad (6.93)$$

と選ぶと,$\rho = -\nu - 1$ の場合の解 $w_2(z)$ は以下のように与えられる.

$$w_2(z) = \frac{1}{z^{\nu+1}} \sum_{l=0}^{+\infty} c_{2l} z^{-2l} = Q_\nu(z) \quad (|z|>1) \quad (6.94)$$

$$Q_\nu(z) \equiv \frac{1}{z^{\nu+1}} \sum_{l=0}^{+\infty} \Big(\frac{(\nu+2l)!}{2\cdot 4\cdot 6\cdots(2l)\cdot 1\cdot 3\cdot 5\cdots(2\nu+2l+1)}\Big)\Big(\frac{1}{z^{2l}}\Big)$$

$$= \frac{2^\nu (\nu!)^2}{(2\nu+1)!} \Big(\frac{1}{z^{\nu+1}} + \frac{(\nu+1)(\nu+2)}{2(2\nu+3)} \frac{1}{z^{\nu+3}} + \cdots\Big) \quad (6.95)$$

$\{Q_n(z)|n=0,1,2,\cdots\}$ は**第 2 種のルジャンドル関数** (Legendre functions of the second kind) と呼ばれる.そのはじめの数列を $\log(z-1)$ の $z=\infty$ のまわりのテイラー展開および第 1 種のルジャンドル関数 $\{P_n(z)|n=0,1,2,\cdots\}$ を用いて整理して書くと以下のようになる.

$$Q_0(z) = \frac{1}{2}\log\left(\frac{z+1}{z-1}\right) = \frac{1}{2}P_0(z)\log\left(\frac{z+1}{z-1}\right)$$

$$Q_1(z) = \frac{z}{2}\log\left(\frac{z+1}{z-1}\right) - 1 = \frac{1}{2}P_1(z)\log\left(\frac{z+1}{z-1}\right) - 1$$

$$Q_2(z) = \frac{1}{2}P_2(z)\log\left(\frac{z+1}{z-1}\right) - \frac{3z}{2}$$

$\{P_n(z)|n=0,1,2,\cdots\}$ に対して次の等式が成り立つ.

$$P_n(z) = \left(\frac{1}{2^n n!}\right)\frac{d^n}{dz^n}\left((z^2-1)^n\right) \tag{6.96}$$

式 (6.96) はロドリゲスの公式 (Rodrigues formula) という. 導出は式 (6.96) で右辺から出発して左辺を導けばよい.

$$\left(\frac{1}{2^n n!}\right)\frac{d^n}{dz^n}\left((z^2-1)^n\right) = \frac{1}{2^n n!}\sum_{\text{Int}(\frac{n}{2})}^{l=0}\binom{n}{l}(-1)^l\frac{d^n}{dz^n}z^{2n-2l}$$

$$= \frac{1}{2^n n!}\sum_{\text{Int}(\frac{n}{2})}^{l=0}(-1)^l\binom{n}{l}(2n-2l)\cdots(n-2l+1)z^{n-2l}$$

$$= \frac{1}{2^n}\sum_{l=0}^{\text{Int}(\frac{n}{2})}\frac{(-1)^l(2n-2l)\cdots(n-2l+1)}{l!(n-l)!}z^{n-2l} = P_n(z) \tag{6.97}$$

図 6.5 に実軸上での第 1 種ルジャンドル関数 $P_n(x)$ および第 2 種ルジャンドル関数 $Q_n(x)$ の値をいくつかの整数 n に対して示しておく.

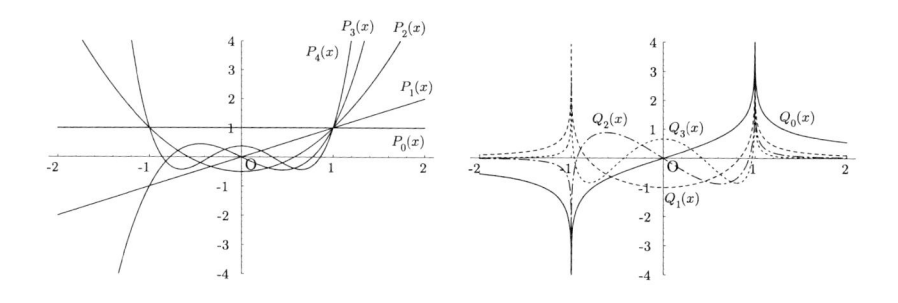

図 **6.5** 実軸上での第 1 種ルジャンドル関数 $P_n(x)$ および第 2 種ルジャンドル関数 $Q_n(x)$ のグラフ

問 **6.13** ロドリゲスの公式 (6.96) を用いて $P_3(z)$ を求めよ. (略解) $\frac{5}{2}z^3 - \frac{3}{2}z$

問 **6.14** 任意の非負の整数 n について $P_n(1) = 1$ であることをロドリゲスの公式 (6.96) を用いて示せ (ヒント: $(z^2-1)^n = (z-1)^n(z+1)^n$

6.2 ルジャンドル関数

の n 階微分にライプニッツ (Leibniz) の公式 [*1] を用いる).

$\zeta = z$ を内部にもつ単一閉曲線上を反時計回りに回る積分路 C を採用したとき,コーシーの積分公式を用いると

$$\frac{1}{2\pi i}\int_C \frac{(\zeta^2-1)^n}{2^n(\zeta-z)^{n+1}}d\zeta = \left(\frac{1}{2^n}\right)\left(\frac{1}{n!}\right)\left(\frac{d^n}{dz^n}(z^2-1)^n\right) \quad (6.98)$$

が得られる.この右辺にロドリゲスの公式 (6.96) を用いることにより,第 1 種のルジャンドル関数の積分表示式が得られる (図 6.6(a)).

$$P_n(z) = \frac{1}{2\pi i}\int_C \frac{(\zeta^2-1)^n}{2^n(\zeta-z)^{n+1}}d\zeta \quad (6.99)$$

さらに一般の実数 ν に対して上の積分表示 (6.99) を次のように拡張して定義する.

$$w(z) = \frac{1}{2\pi i}\int_C \frac{(\zeta^2-1)^\nu}{2^\nu(\zeta-z)^{\nu+1}}d\zeta \quad (6.100)$$

積分路 C としては $\zeta = 1$,$\zeta = z$ を結ぶ線分と $\zeta = -1$,$\zeta = -\infty$ を負の実軸上に沿って結ぶ線分を切断として採用した上で選んだ $\zeta = 1$ と $\zeta = z$ を内部にもち,$\zeta = -1$ を外部にもつ単一閉曲線上を反時計回りに回る積分路を採用する (図 6.6(b)).式 (6.99) と式 (6.100) を**シュレーフリ積分** (Schläfli integral) と呼ぶ.

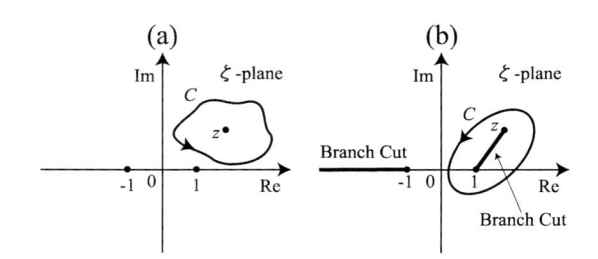

図 **6.6** (Schläfli) 積分の積分路 C
(a) 式 (6.99),(b) 式 (6.100).

ルジャンドルの微分方程式 (6.52) を z で両辺 m 回微分すると

[*1] 任意の正の整数 n に対してライプニッツの公式は $\frac{d^n}{dz^n}(f(z)g(z)) = f^n(z)g(z) + \binom{n}{1}f^{n-1}(z)g(z) + \binom{n}{2}f^{n-2}(z)g(z) + \cdots + \binom{n}{n-1}f^1(z)g^{(n-1)}(z) + f(z)g^{(n)}(z)$ $\left(\binom{n}{r} \equiv \frac{n!}{r!(n-r)!},\ r\ \text{は正の整数であり},\ n > r\right)$ により与えられる.

が得られる.ここで

$$v(z) \equiv (1-z^2)^{\frac{m}{2}} \frac{d^m}{dz^m} w(z) \tag{6.102}$$

とすると

$$(1-z^2)\frac{d^2}{dz^2}v(z) - 2z\frac{d}{dz}v(z) + \left(n(n+1) - \frac{m^2}{1-z^2}\right)v(z) = 0$$
$$(m,n = 0,1,2,\cdots;\ m \leq n) \tag{6.103}$$

が導かれる.式 (6.103) をルジャンドルの陪微分方程式と呼び,その解はルジャンドルの微分方程式 (6.52) の解を $w(z)$ とすると式 (6.102) によって与えられる.第 1 種のルジャンドル関数 $P_n(z)$ と第 2 種のルジャンドル関数 $Q_n(z)$ から式 (6.103) を用いて与えられるルジャンドルの陪微分方程式 (6.103) の解は

$$P_n^m(z) \equiv (1-z^2)^{\frac{m}{2}} \frac{d^m}{dz^m} P_n(z) \tag{6.104}$$

$$Q_n^m(z) \equiv (1-z^2)^{\frac{m}{2}} \frac{d^m}{dz^m} Q_n(z) \tag{6.105}$$

により与えられる.$P_n^m(z)$ を**第 1 種のルジャンドルの陪関数** (associated Legendre function of the first kind),$Q_n^m(z)$ を**第 2 種のルジャンドルの陪関数** (associated Legendre function of the second kind) と呼ぶ[*1].

問 6.15 $P_2(z)$ から $P_2^1(z), P_2^2(z)$ を求めよ.

(略解) $P_2^1(z) = 3z\sqrt{1-z^2},\ P_2^2(z) = 3(1-z^2)$

第 1 種のルジャンドル関数 $P_n(z)$ を関数列 $\{P_n(z)|n=0,1,2,\cdots\}$ と見なすとき,第 4.7 節の式 (4.89) の母関数は

$$\left(1-2\zeta z+\zeta^2\right)^{-1/2} = \sum_{n=0}^{+\infty} P_n(z)\zeta^n \tag{6.106}$$

により与えられる.$2\zeta z - \zeta^2$ が小さいとして $(1-2\zeta z+\zeta^2)^{-1/2}$ を展開し,さらにそれを ζ について展開して,項をまとめて ζ^n の係数を求めれば式 (6.72)

[*1] ルジャンドルの陪関数は第 7 章 7.1 節で 3 次元のラプラスの方程式を極座標表示のもとで変数分離で解く際に登場する.3 次元のラプラスの方程式は電磁気学で学習するマクスウェルの方程式の解析の際に重要となることから,ルジャンドルの陪関数は電磁気学における数学的ツールのひとつとして位置づけられる[23,24].さらに量子力学でも 1 粒子のシュレディンガーの方程式を扱う際にも,必要となることがある.その詳細は例えば本シリーズ第 16 巻「量子力学——概念とベクトル・マトリクス展開——[16]」の第 3 章 3.4 節等を参照されたい.

6.2 ルジャンドル関数

に与えられた $P_n(z)$ の定義が得られる.

例 6.6 関数 $1/\sqrt{1-2xh+h^2}$ は $|x| \leq 1$, $|h| < 1$ を満たす任意の実数 x および h に対してルジャンドルの多項式 $P_n(x)$ $(n = 0, 1, 2, 3, \cdots)$ を用いて以下のように表される.

$$\frac{1}{\sqrt{1-2xh+h^2}} = \sum_{n=0}^{+\infty} P_n(x) h^n \tag{6.107}$$

このことは関数 $1/\sqrt{1-2xh+h^2}$ を $h = 0$ のまわりでテイラー展開したときの係数がルジャンドルの多項式 $P_n(x)$ により与えられることを示している. そこでこの等式の両辺を h で 2 階微分して $h = 0$ を代入することにより, $P_2(x)$ が $P_2(x) = \frac{1}{2}(3x^2 - 1)$ により与えられることを示せ.

(解答例) 与えられた等式の両辺を h により 2 階微分し, 右辺を項別微分に置き換えることにより以下の等式が得られる.

$$\frac{d^2}{dh^2}\Big(\frac{1}{(1-2xh+h^2)^{\frac{1}{2}}}\Big) = \frac{d^2}{dh^2}\Big(\sum_{n=0}^{+\infty} P_n(x) h^n\Big) \tag{6.108}$$

$$\frac{3x^2 - 1 - 4xh + 2h^2}{(1-2xh+h^2)^{\frac{5}{2}}} = \sum_{n=2}^{+\infty} n(n-1) P_n(x) h^{n-2} \tag{6.109}$$

$$\frac{3x^2 - 1 - 4xh + 2h^2}{(1-2xh+h^2)^{\frac{5}{2}}} = 2 \times 1 \times P_2(x) + 3 \times 2 \times P_3(x) \times h$$
$$+ 4 \times 3 \times P_4(x) \times h^2 + \cdots \tag{6.110}$$

ここで $h = 0$ を代入することにより $P_2(x)$ が次のように得られる.

$$3x^2 - 1 = 2 \times 1 \times P_2(x) \tag{6.111}$$

$$P_2(x) = \frac{1}{2}\Big(3x^2 - 1\Big) \tag{6.112}$$

区間 $-1 \leq x \leq 1$ で定義される関数列 $\{P_n(x) | n = 0, 1, 2, \cdots\}$ は直交関数列である.

$$\int_{-1}^{1} P_m(x) P_n(x) dx = \frac{2}{2n+1} \delta_{m,n} \quad (m, n = 0, 1, 2, \cdots) \tag{6.113}$$

式 (6.113) の導出 $n = 0, 1, 2, \cdots$ に対して等式 $\frac{d^k}{dx^k}(x^2 - 1)^n = 0$ $(x = \pm 1; k = 0, 1, 2, \cdots, n-1)$ が成り立つことと, $\frac{d^n}{dx^n} P_n(x) = \frac{(2n)!}{2^n n!}$ であることを用いることにより証明できる. まず $m < n$ において以下の等式が成り立つ.

$$\begin{aligned}
\int_{-1}^{+1} x^m P_n(x)dx &= \frac{1}{2^n n!}\int_{-1}^{+1} x^m \frac{d^n}{dx^n}\Big((x^2-1)^n\Big)dx \\
&= \frac{1}{2^n n!}\Big[x^m \frac{d^{n-1}}{dx^{n-1}}\Big((x^2-1)^n\Big)\Big]_{-1}^{+1} \\
&\quad -\frac{1}{2^n n!}\int_{-1}^{+1} mx^{m-1}\frac{d^{n-1}}{dx^{n-1}}\Big((x^2-1)^n\Big)dx \\
&= -\frac{1}{2^n n!}\int_{-1}^{+1} mx^{m-1}\frac{d^{n-1}}{dx^{n-1}}\Big((x^2-1)^n\Big)dx \\
&= -\frac{1}{2^n n!}\Big[mx^{m-1}\frac{d^{n-2}}{dx^{n-2}}\Big((x^2-1)^n\Big)\Big]_{-1}^{+1} \\
&\quad +\frac{1}{2^n n!}\int_{-1}^{+1} m(m-1)x^{m-2}\frac{d^{n-2}}{dx^{n-2}}\Big((x^2-1)^n\Big)dx \\
&= \frac{1}{2^n n!}\int_{-1}^{+1} m(m-1)x^{m-2}\frac{d^{n-2}}{dx^{n-2}}\Big((x^2-1)^n\Big)dx \\
&= \cdots \\
&= \frac{1}{2^n n!}\int_{-1}^{+1}(-1)^m m!\frac{d^{n-m}}{dx^{n-m}}\Big((x^2-1)^n\Big)dx \\
&= \frac{1}{2^n n!}\Big[(-1)^m m!\frac{d^{n-m-1}}{dx^{n-m-1}}\Big((x^2-1)^n\Big)\Big]_{-1}^{+1} = 0
\end{aligned}$$
(6.114)

この等式と $P_n(x)$ が x の多項式であることを使うと $m \neq n$ に対して次の等式が成り立つことは容易にわかる．

$$\begin{aligned}
\int_{-1}^{+1} P_m(x)P_n(x)dx &= \int_{-1}^{+1}\Big(\sum_k A_k^{(m)} x^k\Big)P_n(x)dx \\
&= \sum_k A_k^{(m)}\Big(\int_{-1}^{+1} x^k P_n(x)dx\Big) = 0 \qquad (m \neq n)
\end{aligned}$$
(6.115)

またロドリゲスの公式を用い，n 回積分を行った後に，さらに任意の自然数 n に対して $\frac{d^n}{dx^n}\Big(P_n(x)\Big) = \frac{(2n)!}{2^n n!}$ が成り立つことを使うと $m = n$ の場合の等式を以下のように示すことができる．

$$\begin{aligned}
&\int_{-1}^{+1} P_n(x)P_n(x)dx \\
&= \Big(\frac{1}{2^n n!}\Big)\int_{-1}^{+1}\frac{d^n}{dx^n}\Big((x^2-1)^n\Big)\frac{d^n}{dx^n}\Big((x^2-1)^n\Big)dx
\end{aligned}$$

6.2 ルジャンドル関数

$$= \Big(\frac{(2n)!}{2^{2n}(n!)^2}\Big)\int_{-1}^{+1}(1-x^2)^n dx$$

$$= \Big(\frac{2(2n)!}{2^{2n}(n!)^2}\Big)\int_{0}^{\frac{\pi}{2}}(\cos(\theta))^{2n+1}d\theta = \frac{2}{2n+1} \tag{6.116}$$

閉区間 $[-1,1]$ で定義される任意の関数 $f(x)$ は $\{P_n(z)|n=0,1,2,\cdots\}$ を用いて以下のように直交関数展開される.

$$f(x) = \sum_{n=0}^{+\infty} A_n P_n(x) \tag{6.117}$$

$$A_n \equiv \frac{2n+1}{2}\int_{-1}^{1} f(x)P_n(x)dx \tag{6.118}$$

例 6.7 $f(x) = \sum_{n=0}^{+\infty} A_n P_n(x)$ の両辺に $P_n(x)$ を掛け, $-1<x<+1$ で両辺積分し, 直交性を使うことにより $A_n = \frac{2n+1}{2}\int_{-1}^{1}f(x)P_n(x)dx$ $(n=0,1,2,\cdots)$ が成り立つことを示せ.

(解答例) $f(x) = \sum_{k=0}^{+\infty} A_k P_k(x)$ の両辺に $P_m(x)$ を掛け, $(-1,1)$ において積分する.

$$\int_{-1}^{+1} f(x)P_m(x)dx = \int_{-1}^{+1}\Big(\sum_{k=0}^{+\infty} A_k P_k(x)\Big)P_m(x)dx \tag{6.119}$$

$$\int_{-1}^{+1} f(x)P_m(x)dx = \sum_{k=0}^{+\infty} A_k \Big(\int_{-1}^{+1} P_k(x)P_m(x)dx\Big) \tag{6.120}$$

$$\int_{-1}^{+1} f(x)P_m(x)dx = \sum_{k=0}^{+\infty} A_k \frac{2}{2m+1}\delta_{m,k} \tag{6.121}$$

$$\int_{-1}^{+1} f(x)P_m(x)dx = \frac{2}{2m+1}A_m \tag{6.122}$$

従って, A_m は次のように与えられる.

$$A_m = \frac{2m+1}{2}\int_{-1}^{+1}f(x)P_m(x)dx \tag{6.123}$$

問 6.16 関数 $f(x) = x^4$ $(-1 \leq x \leq +1)$ を $\{P_n(x)\}$ を用いて展開せよ.
 (略解) $f(x) = \frac{8}{35}P_4(x) + \frac{4}{7}P_2(x) + \frac{1}{5}P_0(x)$

6.3 ベッセル関数

複素変数 z に対して**ベッセルの微分方程式** (Bessel differential equation)
$$z^2 \frac{d^2}{dz^2} w(z) + z \frac{d}{dz} w(z) + (z^2 - \lambda^2) w(z) = 0 \qquad (6.124)$$
を考える．λ は任意の複素数である．

式 (6.124) を
$$\frac{d^2}{dz^2} w(z) + \left(\frac{1}{z}\right) \frac{d}{dz} w(z) + \left(\frac{z^2 - \lambda^2}{z^2}\right) w(z) = 0 \qquad (6.125)$$
と書き直すと，$z = 0$ で $p(z) \equiv \frac{1}{z}$ は 1 位の極，$q(z) \equiv \frac{z^2 - \lambda^2}{z^2}$ は 2 位の極をそれぞれもち，それ以外の任意の複素数 z (無限遠点も除く) では正則である[*1)]．これにより $z = 0$ の周りの領域 $0 < |z| < +\infty$ における級数解を以下のように仮定して基本系を求めることができる (詳細は付録 B 参照)．
$$w(z) = z^\rho \sum_{n=0}^{+\infty} c_n z^n \qquad (0 < |z| < \infty;\ c_0 \neq 0) \qquad (6.126)$$

式 (6.126) を式 (6.124) に代入して，パラメータ ρ および係数 $\{c_n | n = 0, 1, 2, \cdots\}$ を決める．級数 (6.126) が項別微分可能であるとして，微分方程式 (6.124) の両辺に z^2 をかけた式にその級数 (6.126) を代入し，z の係数を整理すると以下のようになる．

$$\sum_{n=2}^{+\infty} \left\{ \left((\rho + n)^2 - \lambda^2\right) c_n + c_{n-2} \right\} z^{\rho + n}$$
$$+ (\rho^2 - \lambda^2) c_0 z^\rho + \left((\rho + 1)^2 - \lambda^2\right) c_1 z^{\rho + 1} = 0 \qquad (6.127)$$

これは z についての恒等式なので次の関係式が得られる．

$$(\rho^2 - \lambda^2) c_0 = 0 \qquad (6.128)$$

$$\left((\rho + 1)^2 - \lambda^2\right) c_1 = 0 \qquad (6.129)$$

$$\left((\rho + n)^2 - \lambda^2\right) c_n + c_{n-2} = 0 \qquad (n = 2, 3, 4, \cdots) \qquad (6.130)$$

仮定により $c_0 \neq 0$ であるから，式 (6.129) により $\rho = \pm \lambda$ である．いずれの場合も $c_1 = 0$ として解を求めることにする．式 (6.130) により
$$c_n = -\frac{1}{(\rho + n)^2 - \lambda^2} c_{n-2} \qquad (n = 2, 3, 4, \cdots) \qquad (6.131)$$
が得られ，$c_1 = 0$ により $c_{2l+1} = 0\ (l = 0, 1, 2, \cdots)$ が得られ，$\{c_{2l} | l = 1, 2, \cdots\}$

[*1)] $z = \infty$ は式 (6.124) を $z = 1/\zeta$ と変換して $\zeta = 0$ において同様の解析を行う．

6.3 ベッセル関数

は $\rho = \pm\lambda$ を代入して以下のように与えられる.

$$c_{2l} = -\frac{1}{2^2 l(\pm\lambda + l)} c_{2l-2}$$
$$= \frac{(-1)^l}{2^{2l} l!(\pm\lambda + l)(\pm\lambda + l - 1)\cdots(\pm\lambda + 1)} c_0$$
$$(l = 1, 2, \cdots) \quad (6.132)$$

c_0 は任意の定数なので,

$$c_0 \equiv \frac{1}{2^{\pm\lambda}\Gamma(\pm\lambda + 1)} \quad (6.133)$$

と選ぶことにする. ここで $\Gamma(z)$ は 0 および負の整数を除く任意の複素数 z に対して定義されるガンマ関数である. ここでガンマ関数の性質 $z\Gamma(z) = \Gamma(z+1)$ を用いると $\{c_{2l}|l=0,1,2,\cdots\}$ は以下のようにまとめられる.

$$c_{2l} = \frac{(-1)^l}{2^{2l\pm\lambda} l! \Gamma(\pm\lambda + l + 1)} \quad (l = 0, 1, 2, \cdots) \quad (6.134)$$

従って, λ が整数ではない場合のベッセルの微分方程式 (6.124) の解は以下のようにまとめられる.

$$w_1(z) = J_\lambda(z), \quad w_2(z) = J_{-\lambda}(z) \quad (0 < |z| < \infty) \quad (6.135)$$

ここで, $J_\lambda(z)$ は次のように定義され, **第 1 種のベッセル関数** (Bessel function of the first kind) と呼ばれる.

$$J_\lambda(z) \equiv \left(\frac{z}{2}\right)^\lambda \sum_{l=0}^{+\infty} \frac{(-1)^l}{l! \Gamma(\lambda + l + 1)} \left(\frac{z}{2}\right)^{2l} \quad (6.136)$$

$J_\lambda(z)$ の級数表示より $\left(\frac{z}{2}\right)^2$ の級数とみて, 収束半径 R を求めると

$$R \equiv \left(\lim_{l \to +\infty} \left|\frac{c_{2l+2}}{c_{2l}}\right|\right)^{-1}$$
$$= \left(\lim_{l \to +\infty} \left|\frac{(-1)^{l+1} l! \Gamma(\lambda + l + 1)}{(-1)^l (l+1)! \Gamma(\lambda + l + 2)}\right|\right)^{-1} = +\infty \quad (6.137)$$

となり, 収束半径は $+\infty$ であり, 領域 $0 < |z| < +\infty$ で級数は収束することがわかる. さらに, λ が整数ではない場合に $J_\lambda(z)$ と $J_{-\lambda}(z)$ は明らかに 1 次独立な関数なので, ベッセルの微分方程式 (6.124) の基本系であることがわかる.

次に, λ が整数である場合を考える. 任意の自然数 n に対して $1/\Gamma(1-n) = 0$ であることを用いると $J_{-n}(z)$ は $J_n(z)$ を用いて以下のように表すことができる.

$$J_{-n}(z) = \left(\frac{z}{2}\right)^{-n} \sum_{l=0}^{+\infty} \frac{(-1)^l}{l! \Gamma(-n + l + 1)} \left(\frac{z}{2}\right)^{2l}$$

$$= \left(\frac{z}{2}\right)^{-n} \sum_{l=n}^{+\infty} \frac{(-1)^l}{l!\Gamma(-n+l+1)}\left(\frac{z}{2}\right)^{2l}$$

$$= \left(\frac{z}{2}\right)^{-n} \sum_{k=0}^{+\infty} \frac{(-1)^{k+n}}{(k+n)!\Gamma(k+1)}\left(\frac{z}{2}\right)^{2k+2n}$$

$$= (-1)^n \left(\frac{z}{2}\right)^n \sum_{k=0}^{+\infty} \frac{(-1)^k}{k!\Gamma(n+k+1)}\left(\frac{z}{2}\right)^{2k}$$

$$= (-1)^n J_n(z) \tag{6.138}$$

従って，任意の整数 n について $J_n(z)$ と $J_{-n}(z)$ は常に一次独立ではないことがわかる．

λ が整数である場合の解を求めるために，任意の整数 n に対して以下の関数 $Y_n(z)$ を導入する．

$$Y_n(z) \equiv \lim_{\lambda \to n} Y_\lambda(z) \tag{6.139}$$

ここで，$Y_\lambda(z)$ は整数でない λ に対して以下のように定義される．

$$Y_\lambda(z) \equiv \frac{1}{\sin(\lambda\pi)}\Big(J_\lambda(z)\cos(\lambda\pi) - J_{-\lambda}(z)\Big) \tag{6.140}$$

$Y_\lambda(z)$ は $J_\lambda(z)$ と $J_{-\lambda}(z)$ の 1 次結合であるから λ が整数でないときのベッセルの微分方程式 (6.124) の解である．式 (6.139) は任意の整数 n に対する $Y_n(z)$ を $\lambda \to n$ の極限として定義することを意味する．式 (6.140) を式 (6.139) の左辺に代入することにより以下のように表される[25]．

$$Y_n(z) = \lim_{\lambda \to n} \frac{J_\lambda(z)\cos(\lambda\pi) - J_{-\lambda}(z)}{\sin(\lambda\pi)}$$

$$= \frac{\lim_{\lambda \to n} \frac{\partial}{\partial \lambda}\Big(J_\lambda(z)\cos(\lambda\pi) - J_{-\lambda}(z)\Big)}{\lim_{\lambda \to n} \frac{\partial}{\partial \lambda}\sin(\lambda\pi)}$$

$$= \frac{1}{\pi}\left[\frac{\partial J_\lambda(z)}{\partial \lambda}\right]_{\lambda=n} - \frac{1}{\pi}(-1)^n \left[\frac{\partial J_{-\lambda}(z)}{\partial \lambda}\right]_{\lambda=n} \tag{6.141}$$

$$\pi Y_n(z) = 2\Big\{\log\left(\frac{z}{2}\right) + \gamma\Big\}J_n(z) - \left(\frac{z}{2}\right)^{-n}\sum_{k=0}^{n-1}\frac{(n-k-1)!}{k!}\left(\frac{z}{2}\right)^{2k}$$

$$- \left(\frac{z}{2}\right)^n \sum_{k=0}^{+\infty} \frac{(-1)^k}{k!(n+k)!}\Big(\phi(k) + \phi(n+k)\Big)\left(\frac{z}{2}\right)^{2k}$$

$$(n = 1, 2, 3, \cdots) \tag{6.142}$$

$$\pi Y_0(z) = 2\Big\{\log\Big(\frac{z}{2}\Big) + \gamma\Big\}J_0(z) - 2\sum_{k=0}^{+\infty}\frac{(-1)^k}{(k!)^2}\phi(k)\Big(\frac{z}{2}\Big)^{2k} \tag{6.143}$$

$$Y_{-n}(z) = (-1)^n Y_n(z) \quad (n = 1, 2, 3, \cdots) \tag{6.144}$$

$$\gamma \equiv \lim\Big\{\phi(k) - \log_e(k)\Big\} = -\Gamma(1) = 0.5772\cdots \tag{6.145}$$

$$\phi(k) \equiv \sum_{m=1}^{k}\frac{1}{m} \tag{6.146}$$

γ はオイラーの定数と呼ばれる．式 (6.141)–(6.143) の導出の詳細は文献 [25] を参照されたい．$Y_n(z)$ は n 次のノイマン関数 (n-th order Neumann function) または**第 2 種のベッセル関数** (Bessel function of the second kind) という．任意の整数 n に対して $J_n(z)$ と $Y_n(z)$ は 1 次独立であり，領域 $0 < |z| < \infty$ で $\lambda = n$ とおいたベッセルの微分方程式 (6.124) の基本系である．

問 6.17 $J_0(z), J_1(z), J_{-1}(z), J_2(z), J_{-2}(z)$ のそれぞれの最初の 3 項までを書き下してみよ．

(略解) $J_0(z) = 1 - \frac{1}{4}z^2 + \frac{1}{64}z^4 + \cdots$, $J_1(z) = \frac{1}{2}z - \frac{1}{16}z^3 + \frac{1}{384}z^5 + \cdots$, $J_2(z) = \frac{1}{8}z^2 - \frac{1}{96}z^4 + \frac{1}{3072}z^6 + \cdots$, $J_{-1}(z) = -J_1(z)$, $J_{-2}(z) = J_2(z)$

問 6.18 微分方程式 $z^2\frac{d^2}{dz^2}f(z) + z\frac{d}{dz}f(z) + 4z^2 f(z) = 0$ を $f(1) = 1$, $f(2) = 0$ のもとで解け（ヒント: $y = 2z$ と変数変換し，ベッセルの方程式に帰着する）．

(略解) $f(z) = \frac{Y_0(4)J_0(2z) - J_0(4)Y_0(2z)}{J_0(2)Y_0(4) - J_0(4)Y_0(2)}$

第 1 種のベッセル関数 $J_n(z)$ と第 2 種のベッセル関数（ノイマン関数）$Y_n(z)$ から

$$H_\nu^{(1)}(z) \equiv J_\nu(z) + iY_\nu(z) \tag{6.147}$$

$$H_\nu^{(2)}(z) \equiv J_\nu(z) - iY_\nu(z) \tag{6.148}$$

を定義する．$H_\nu^{(1)}(z)$ と $H_\nu^{(1)}(z)$ は**第 3 種のベッセル関数** (Bessel function of the third kind) と呼ばれる．また，$H_\nu^{(1)}(z)$ を**第 1 種のハンケル関数** (Hankel function of the first kind), $H_\nu^{(2)}(z)$ を**第 2 種のハンケル関数** (Hankel function of the second kind) と呼ぶ．そして，第 1 種，第 2 種，第 3 種のベッセル関数をあわせて**円柱関数** (cylinder function) と呼ぶこともある[*1]．

[*1] ベッセル関数は第 7 章 7.1 節で 3 次のラプラスの方程式を円柱座標表示のもとで変数分離により解く際に表れる．3 次元のラプラスの方程式はマクスウェルの方程式を解析するうえで重要な方程式のひとつであることから，ベッセル関数は電磁気学の数学的ツールのひとつとして位置づけられる[23,24]．

図 6.7 に実軸上での第 1 種ベッセル関数 $J_n(x)$ および第 2 種ベッセル関数 $Y_n(x)$ の値をいくつかの n に対して示しておく.

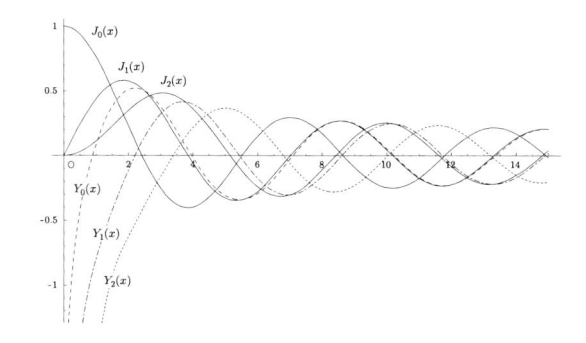

図 6.7 実軸上での第 1 種ベッセル関数 $J_n(x)$ および第 2 種ベッセル関数 $Y_n(x)$ のグラフ.

式 (6.136) および式 (6.139)-(6.140) から第 1 種のベッセル関数 $J_\nu(z)$ および第 2 種のベッセル関数 $Y_\nu(z)$ に対して以下の漸化式が得られる.

$$\frac{d}{dz}\Big(z^\nu J_\nu(z)\Big) = z^\nu J_{\nu-1}(z), \qquad \frac{d}{dz}\Big(z^{-\nu} J_\nu(z)\Big) = -z^{-\nu} J_{\nu+1}(z) \tag{6.149}$$

$$\frac{d}{dz}\Big(z^\nu Y_\nu(z)\Big) = z^\nu Y_{\nu-1}(z), \qquad \frac{d}{dz}\Big(z^{-\nu} Y_\nu(z)\Big) = -z^{-\nu} Y_{\nu+1}(z) \tag{6.150}$$

これらの式は左辺の微分を行うことにより次のように書き換えられる.

$$z\frac{d}{dz}J_\nu(z) + \nu J_\nu(z) = zJ_{\nu-1}(z), \qquad z\frac{d}{dz}J_\nu(z) - \nu J_\nu(z) = -zJ_{\nu+1}(z) \tag{6.151}$$

$$z\frac{d}{dz}Y_\nu(z) + \nu Y_\nu(z) = zY_{\nu-1}(z), \qquad z\frac{d}{dz}Y_\nu(z) - \nu Y_\nu(z) = -zY_{\nu+1}(z) \tag{6.152}$$

問 6.19 式 (6.136) から漸化式 (6.149) を導け.

$\nu = n+\frac{1}{2}$ (半整数) であるとき, ベッセル関数 $J_{n+\frac{1}{2}}$, $J_{-n-\frac{1}{2}}$, $Y_{n+\frac{1}{2}}$, $Y_{-n-\frac{1}{2}}$ は初等関数を用いて表される.

$$J_{n+\frac{1}{2}}(z) = (-1)^n \sqrt{\frac{2}{\pi}} z^{n+\frac{1}{2}} \left(z^{-1}\frac{d}{dz}\right)^n \left(\frac{\sin(z)}{z}\right) \tag{6.153}$$

$$J_{-n-\frac{1}{2}}(z) = \sqrt{\frac{2}{\pi}} z^{n+\frac{1}{2}} \left(z^{-1}\frac{d}{dz}\right)^n \left(\frac{\cos(z)}{z}\right) \tag{6.154}$$

$$Y_{n+\frac{1}{2}}(z) = (-1)^{n+1}\sqrt{\frac{2}{\pi}} z^{n+\frac{1}{2}} \left(z^{-1}\frac{d}{dz}\right)^n \left(\frac{\cos(z)}{z}\right) \tag{6.155}$$

$$Y_{-n-\frac{1}{2}}(z) = \sqrt{\frac{2}{\pi}} z^{n+\frac{1}{2}} \left(z^{-1}\frac{d}{dz}\right)^n \left(\frac{\sin(z)}{z}\right) \tag{6.156}$$

式 (6.153) の導出の手順は次の通りである．まず式 (6.149) の第 2 式の両辺を z で割る．

$$z^{-\nu-1}J_{\nu+1}(z) = -z^{-1}\frac{d}{dz}\left(z^{-\nu}J_{\nu}(z)\right) \tag{6.157}$$

次に ν を $\nu+1$ に置き換える．

$$z^{-\nu-2}J_{\nu+2}(z) = -z^{-1}\frac{d}{dz}\left(z^{-\nu-1}J_{\nu+1}(z)\right) \tag{6.158}$$

この式の右辺に式 (6.157) を代入する．

$$z^{-\nu-2}J_{\nu+2}(z) = \left(z^{-1}\frac{d}{dz}\right)^2 \left(z^{-\nu}J_{\nu}(z)\right) \tag{6.159}$$

この手順を n 回繰り返した上で $\nu = \frac{1}{2}$ とおくことで式 (6.153) が導かれる．

問 6.20 式 (6.136) と三角関数のテイラー展開 (4.35) を用いて $J_{\frac{1}{2}}(z) = \sqrt{\frac{2}{\pi z}}\sin(z)$, $J_{-\frac{1}{2}}(z) = \sqrt{\frac{2}{\pi z}}\cos(z)$ が成り立つことを示せ．

指数関数のテイラー展開 $e^z = \sum_{n=0}^{+\infty}\frac{1}{n!}z^n$ ($|z| < +\infty$) を用いて $\exp\left(\frac{1}{2}x(z-\frac{1}{z})\right)$ を $z=0$ の周りで展開し，第 1 種のベッセル関数の級数表示を用いることにより以下の等式が得られる．

$$\exp\left(\frac{1}{2}x(z-\frac{1}{z})\right) = \sum_{n=-\infty}^{+\infty} J_n(x)z^n \quad (0 < |z| < +\infty) \tag{6.160}$$

第 4.7 節の式 (4.86) と比較すると $\exp\left(x(z-\frac{1}{z})\right)$ は $\{J_n(x)|n = 0, \pm 1, \pm 2, \cdots\}$ の母関数であることがわかる．言い換えれば $\exp\left(x(z-\frac{1}{z})\right)$ の $z=0$ の周りのローラン展開の z^n の係数が $J_n(x)$ であることを意味している．

式 (6.160) の両辺に z^{-m-1} (m は整数) を掛けて，積分路 C: $z = \exp(i\theta)$ ($-\pi \leq \theta \leq +\pi$) に沿って積分する．

$$\int_{|z|=1} z^{-m-1}\exp\left(\frac{x}{2}(z-\frac{1}{z})\right)dz = \int_{|z|=1} z^{-m-1} \sum_{n=-\infty}^{+\infty} J_n(x)z^n dz \tag{6.161}$$

ここでまず右辺は以下のように変形される．

$$\int_{|z|=1} z^{-m-1} \sum_{n=-\infty}^{+\infty} J_n(x) z^n dz = \sum_{n=-\infty}^{+\infty} J_n(x) \int_{|z|=1} z^{-m+n-1} dz$$

$$= 2\pi i \sum_{n=-\infty}^{+\infty} J_n(x) \delta_{-m+n-1,-1}$$

$$= 2\pi i J_m(x) \quad (6.162)$$

従って，n 次のベッセル関数の複素積分による積分表示式が次のように与えられる．

$$J_m(x) = \frac{1}{2\pi i} \int_{|z|=1} z^{-m-1} \exp\left(\frac{x}{2}\left(z - \frac{1}{z}\right)\right) dz \quad (m = 0, \pm 1, \pm 2, \cdots) \quad (6.163)$$

また，右辺は $z = \exp(i\theta)$ と変数変換することにより以下のように書き換えられる．

$$\int_{|z|=1} z^{-m-1} \exp\left(\frac{x}{2}\left(z - \frac{1}{z}\right)\right) dz$$

$$= i \int_{-\pi}^{+\pi} \exp(-im\theta) \exp\left(\frac{x}{2}(\exp(+i\theta) - \exp(-i\theta))\right) d\theta$$

$$= i \int_{-\pi}^{+\pi} \exp\left(ix\sin(\theta) - im\theta\right) d\theta \quad (6.164)$$

$$J_m(x) = \frac{1}{2\pi} \int_{-\pi}^{+\pi} \exp\left(ix\sin(\theta) - im\theta\right) d\theta \quad (6.165)$$

さらにこの $[-\pi, +\pi]$ での積分を $[0, +\pi]$ と $[-\pi, 0]$ に分けて $[-\pi, 0]$ での積分を $\theta' = -\theta$ と変数変換することにより以下のような積分表示が得られる[*1]．

$$J_m(x) = \frac{1}{2\pi} \int_0^{+\pi} \exp\left(ix\sin(\theta) - im\theta\right) d\theta$$

$$+ \frac{1}{2\pi} \int_{-\pi}^0 \exp\left(ix\sin(\theta) - im\theta\right) d\theta$$

$$= \frac{1}{2\pi} \int_0^{+\pi} \exp\left(+ ix\sin(\theta) - im\theta\right) d\theta$$

$$+ \frac{1}{2\pi} \int_0^{+\pi} \exp\left(- ix\sin(\theta') + im\theta'\right) d\theta'$$

[*1] 第 1 種のベッセル関数は通信工学における周波数変調 (FM) で用いられる．本シリーズ第 8 巻「通信システム工学 [12]」第 7 章 7.2 節では FM 波の周波数成分の説明に第 1 種のベッセル関数とその積分表示が用いられている．

6.3 ベッセル関数

$$= \frac{1}{\pi}\int_0^{+\pi} \cos\bigl(x\sin(\theta) - m\theta\bigr) d\theta \tag{6.166}$$

さらに $\exp\bigl(\frac{1}{2}(x_1+x_2)(z-\frac{1}{z})\bigr)$ を以下の 2 つの方法で展開する.

$$\exp\bigl(\frac{1}{2}(x_1+x_2)(z-\frac{1}{z})\bigr) = \sum_{n=-\infty}^{+\infty} J_n(x_1+x_2) z^n \quad (0<|z|<+\infty) \tag{6.167}$$

$$\exp\bigl(\frac{1}{2}x_1(z-\frac{1}{z})\bigr)\exp\bigl(\frac{1}{2}x_2(z-\frac{1}{z})\bigr)$$
$$= \Bigl(\sum_{m=-\infty}^{+\infty} J_m(x_1) z^m\Bigr)\Bigl(\sum_{m'=-\infty}^{+\infty} J_{m'}(x_2) z^{m'}\Bigr)$$
$$= \sum_{n=-\infty}^{+\infty}\Bigl(\sum_{m=-\infty}^{+\infty} J_m(x_1) J_{n-m}(x_2)\Bigr) z^n \tag{6.168}$$

z^n の係数を比較することにより第 1 種のベッセル関数に対する加法定理が得られる.

$$J_n(x_1+x_2) = \sum_{m=-\infty}^{+\infty} J_m(x_1) J_{n-m}(x_2) \tag{6.169}$$

第 1 種のベッセル関数から区間 $[0,1]$ における正規直交系

$$\Bigl\{\frac{\sqrt{2x} J_n(\lambda_k x)}{J_{n+1}(\lambda_k)} \Big| k=1,2,\cdots\Bigr\} \tag{6.170}$$

を作ることができる.

$$\int_0^1 \Bigl(\frac{\sqrt{2x} J_n(\lambda_k x)}{J_{n+1}(\lambda_k)}\Bigr)\Bigl(\frac{\sqrt{2x} J_n(\lambda_l x)}{J_{n+1}(\lambda_l)}\Bigr) dx = \delta_{k,l} \tag{6.171}$$

ここで,λ_k は $J_n(x)=0$ の正の解であり,大きさの順に $\lambda_1<\lambda_2<\cdots<\lambda_k<\cdots$ と並べる事により定義されている.このことから $[0,1]$ で定義された区分的に滑らかな関数 $f(x)$ は

$$f(x) = \sum_{k=1}^{+\infty} A_k J_n(\lambda_k x) \tag{6.172}$$

$$A_k = \frac{2}{(J_{n+1}(\lambda_k))^2}\int_0^1 f(x) J_n(\lambda_k x) x dx \tag{6.173}$$

と展開できる.この展開は**フーリエ・ベッセルの展開** (Fourier-Bessel Expansion) と呼ぶ.導出は省略する (文献 [1] の第 3 章 3 節の問題 5,文献 [2] の第 8 章 8.3.3 節などを参照).

問 6.21 関数 $f(x)=x^4$ $(0\leq x \leq 1)$ を $J_4(x)=0$ の解 $\lambda_1<\lambda_2<\lambda_3<\cdots$

を用いて $f(x) = \sum_{k=1}^{+\infty} \frac{2}{\lambda_k J_5(\lambda_k)} J_4(\lambda_k x)$ と展開されることを式 (6.170)-(6.173) から示せ.

演 習 問 題

6.1 等式 $\int_0^1 t^4(1-t^2)^2 dt = \frac{\Gamma(\frac{5}{2})\Gamma(3)}{2\Gamma(\frac{11}{2})} = \frac{8}{315}$ を導け.

6.2 $\mathrm{Re}(p) > 0$ のとき, $B(p,p) = 2\int_0^{1/2} t^{p-1}(1-t)^{p-1} dt$ を示し, $u = 4t(1-t)$ と変換することにより, $B(p,p) = 2^{1-2p} B(p, \frac{1}{2})$ を導け. さらに, これを利用して**ガンマ関数の倍角公式** (double angle formula of gamma function)

$$\sqrt{\pi}\Gamma(2z) = 2^{2z-1}\Gamma(z)\Gamma\left(z+\frac{1}{2}\right)$$

を導け (文献 [1] の第 3 章 2 節の問題 2 より).

6.3 次の微分方程式の一般解を第 1 種および第 2 種のベッセル関数を用いて表せ.
(1) $9z^2 \frac{d^2}{dz^2}f(z) + 9z\frac{d}{dz}f(z) + (z^2-1)f(z) = 0$
(2) $4z^2 \frac{d^2}{dz^2}f(z) + (4z^2-3)f(z) = 0$
(3) $\frac{d^2}{dz^2}f(z) + z^{-\frac{3}{2}}f(z) = 0$
(略解) (1) $AJ_{\frac{1}{3}}(\frac{1}{3}z) + BJ_{-\frac{1}{3}}(\frac{1}{3}z)$, (2) $\sqrt{z}\bigl(AJ_1(z) + BY_1(z)\bigr)$,
(3) $\sqrt{z}\bigl(AJ_2(4z^{\frac{1}{4}}) + BY_2(4z^{\frac{1}{4}})\bigr)$ (A と B は任意定数)

6.4 $a > 0$ に対して等式 $\lim_{R \to +\infty} \int_0^R e^{-at} J_0(t) dt = \frac{1}{\sqrt{a^2+1}}$ を示せ.

6.5 任意の整数 n に対して $f(t) = J_n(t)$ ($t > 0$) により与えられる関数 $f(t)$ のラプラス変換を求めよ (ヒント: 式 (6.163) をラプラス積分に代入し, 定理 4.11 を使い, 無限遠点における留数計算により積分を評価する).
(略解) $\mathrm{Re}(p) > 0$ に対してラプラス積分は $F(p) = \frac{(\sqrt{p^2+1}-p)^n}{\sqrt{p^2+1}}$ と与えられる. $F(p)$ は $p = \pm i$ 以外では正則であり, 求めるラプラス変換は $p = \pm i$ を除く任意の複素数 p に対して $F(p) = \frac{(\sqrt{p^2+1}-p)^n}{\sqrt{p^2+1}}$ により与えられる.

6.6 関数 $f(t) = t^\alpha$ ($t > 0, \alpha > -1$) のラプラス変換を求めよ.
(略解) $\frac{\Gamma(\alpha+1)}{p^{\alpha+1}}$

6.7 関数 $f(t) = \log_e t$ ($t > 0$) のラプラス変換を求めよ.
(略解) $-\frac{1}{p}\bigl(\log(p) - \Gamma'(1)\bigr) = -\frac{\log(p)}{p} - \frac{\gamma}{p}$

7 2階線形偏微分方程式

　本章では偏微分方程式の解法について述べる．ラプラスの方程式，ポアッソンの方程式は，電磁気学[23, 24]の基本方程式であるマクスウェルの方程式において重要である．熱伝導方程式・拡散方程式は，物性物理学において基本的な方程式のひとつである[17, 18]．また，波動方程式は弦や膜の振動といった基本的な物理現象を表すだけでなく，種々の物理系のモデルとしても用いられる．本書では，大筋としては (1) 3次元のラプラスの方程式, (2) 2次元のラプラスの方程式とポアッソンの方程式, (3) 熱伝導方程式・拡散方程式, (4) 波動方程式の4つに分けてその解析的取り扱いについて説明する．これらの他にも，量子力学[15, 16]におけるシュレディンガーの方程式など，重要な偏微分方程式が多数存在するが，本書で扱う方法論はそれらにおいても共通に有効である場合が多い．

7.1　3次元のラプラスの方程式

　本節では3次元のラプラスの方程式 (Laplace equation) を**直交座標** (Cartesian coodinate)，**円柱座標** (cylindrical coordinate)，**極座標** (polar coodinate) の3種類の表現について**変数分離** (separation of the variables) と**重ね合わせの原理** (superposition principle) を用いることで解く方法について説明する．

a. 直交座標上のラプラスの方程式

直交座標 (x, y, z) 上のラプラスの方程式

$$\frac{\partial^2 u(x,y,z)}{\partial x^2} + \frac{\partial^2 u(x,y,z)}{\partial y^2} + \frac{\partial^2 u(x,y,z)}{\partial z^2} = 0 \tag{7.1}$$

を考える．ここで演算子 $\frac{\partial^2}{\partial x^2} + \frac{\partial^2}{\partial y^2} + \frac{\partial^2}{\partial z^2}$ は3次元の**ラプラスの演算子** (Laplacian) と呼ばれる．$u(x,y,z) = X(x)Y(y)Z(z)$ という変数分離解の形を仮定して，$X(x)$, $Y(y)$, $Z(z)$ の各々に対する常微分方程式を導く．ラプラスの方程式に $u(x,y,z) = X(x)Y(y)Z(z)$ を代入すると，

$$\frac{1}{X(x)}\frac{\partial^2 X(x)}{\partial x^2} + \frac{1}{Y(y)}\frac{\partial^2 Y(y)}{\partial y^2} + \frac{1}{Z(z)}\frac{\partial^2 Z(z)}{\partial z^2} = 0 \qquad (7.2)$$

と書き換えられる．左辺の第 1 項，第 2 項および第 3 項はそれぞれ x, y, z のみに依存するので，

$$\frac{1}{X(x)}\frac{\partial^2 X(x)}{\partial x^2} = -\lambda^2, \qquad (7.3)$$

$$\frac{1}{Y(y)}\frac{\partial^2 Y(y)}{\partial y^2} = -\mu^2, \qquad (7.4)$$

$$\frac{1}{Z(z)}\frac{\partial^2 Z(z)}{\partial z^2} = -\nu^2 \qquad (7.5)$$

と書くことができる．ここで λ, μ, ν は $\lambda^2 + \mu^2 + \nu^2 = 0$ を満たすものとする．式 (7.3)-(7.5) の微分方程式の解は次の $X_\lambda(x)$, $Y_\mu(y)$, $Z_{\lambda,\mu}(z)$ をそれぞれ一般解にもつ．

$$X_\lambda(x) = a_1(\lambda)\sin(\lambda x) + a_2(\lambda)\cos(\lambda x), \qquad (7.6)$$

$$Y_\mu(y) = b_1(\mu)\sin(\mu y) + b_2(\mu)\cos(\mu y), \qquad (7.7)$$

$$Z_{\lambda,\mu}(z) = c_1(\lambda,\mu)\sinh(\sqrt{\lambda^2+\mu^2}z) + c_2(\lambda,\mu)\cosh(\sqrt{\lambda^2+\mu^2}z) \qquad (7.8)$$

従って，$X_\lambda(x)Y_\mu(y)Z_{\lambda,\mu}(z)$ が式 (7.1) の解のひとつであるということになる．従ってすべての λ, μ についての $X_\lambda(x)Y_\mu(y)Z_{\lambda,\mu}(z)$ の線形結合 $\sum_\lambda \sum_\mu X_\lambda(x)Y_\mu(y)Z_{\lambda,\mu}(z)$ もラプラスの方程式 (7.1) の解であり，これをその一般解と見なすことができる．これを**重ね合わせの原理** (superposition principle) という．従って，一般解は次のように与えられる．

$$u(x,y,z) = \sum_\lambda \sum_\mu \Big(a_1(\lambda)\sin(\lambda x) + a_2(\lambda)\cos(\lambda x)\Big)$$
$$\times \Big(b_1(\mu)\sin(\mu y) + b_2(\mu)\cos(\mu y)\Big)$$
$$\times \Big(c_1(\lambda,\mu)\sinh(\sqrt{\lambda^2+\mu^2}z) + c_2(\lambda,\mu)\cosh(\sqrt{\lambda^2+\mu^2}z)\Big)$$

λ, μ としてどのような和をとるべきかはラプラスの方程式 (7.1) に付随して与えられるべき境界条件を考慮することによってはじめて確定する．離散的であるとは限らず，場合によっては $\sum_\lambda$, $\sum_\mu$ は和ではなく積分で表されなければならない場合もある．

b. 円柱座標上のラプラスの方程式

ラプラスの方程式 (7.1) は円柱座標 (図 7.1(a))

7.1 3次元のラプラスの方程式

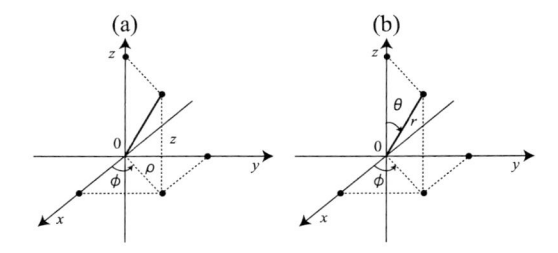

図 7.1 円柱座標 (a) と極座標 (b)

$$x = \rho\cos(\phi), \qquad y = \rho\sin(\phi), \quad z = z$$
$$(0 \leq \rho < +\infty, 0 \leq \phi < 2\pi, -\infty < z < +\infty) \tag{7.9}$$

により $u = u(\rho, \phi, z)$ について次のように書き換えられる.

$$\left(\frac{\partial^2 u}{\partial \rho^2}\right) + \frac{1}{\rho}\left(\frac{\partial u}{\partial \rho}\right) + \frac{1}{\rho^2}\left(\frac{\partial^2 u}{\partial \phi^2}\right) + \left(\frac{\partial^2 u}{\partial z^2}\right) = 0$$
$$(0 \leq \rho < +\infty, 0 \leq \phi < 2\pi, -\infty < z < +\infty) \tag{7.10}$$

問 7.1 ラプラスの方程式 (7.1) は円柱座標 (7.9) のもとで式 (7.10) により表されることを示せ (解答は文献 [1] の第 6 章 2.4 節または文献 [2] の第 10 章 10.2 節を参照せよ).

式 (7.10) を $u = u(\rho, \phi, z) = R(\rho)\Phi(\phi)Z(z)$ という変数分離解の形を仮定して，ラプラスの方程式 (7.10) に代入する.

$$\frac{\rho^2}{R(\rho)}\left(\frac{\partial^2 R(\rho)}{\partial \rho^2}\right) + \frac{\rho}{R(\rho)}\left(\frac{\partial R(\rho)}{\partial \rho}\right) + \frac{\rho^2}{Z(z)}\left(\frac{\partial^2 Z(z)}{\partial z^2}\right)$$
$$= -\frac{1}{\Phi(\phi)}\left(\frac{\partial^2 \Phi(\phi)}{\partial \phi^2}\right) \tag{7.11}$$

左辺は ρ と z のみに依存し，ϕ には依らず，右辺は ϕ にのみ依存し，ρ と z には依らないので，両辺とも ρ, ϕ, z に依らないことが，この等式が恒等的に成り立つための十分条件となる.

$$\frac{\rho^2}{R(\rho)}\left(\frac{\partial^2 R(\rho)}{\partial \rho^2}\right) + \frac{\rho}{R(\rho)}\left(\frac{\partial R(\rho)}{\partial \rho}\right) + \frac{\rho^2}{Z(z)}\left(\frac{\partial^2 Z(z)}{\partial z^2}\right) = m^2 \tag{7.12}$$

$$-\frac{1}{\Phi(\phi)}\left(\frac{\partial^2 \Phi(\phi)}{\partial \phi^2}\right) = m^2 \tag{7.13}$$

すなわち,

$$\frac{1}{R(\rho)}\left(\frac{\partial^2 R(\rho)}{\partial \rho^2}\right) + \frac{1}{\rho R(\rho)}\left(\frac{\partial R(\rho)}{\partial \rho}\right) - \frac{m^2}{\rho^2} = -\frac{1}{Z(z)}\left(\frac{\partial^2 Z(z)}{\partial z^2}\right) \tag{7.14}$$

$$\left(\frac{d^2\Phi(\phi)}{d\phi^2}\right) = -m^2\Phi(\phi) \tag{7.15}$$

ここで m は ρ, ϕ, z のいずれにも依らない分離定数である．さらに，式 (7.14) の左辺は z には依らず ρ のみの関数であり，右辺は ρ には依らず z のみの関数である．従って，式 (7.14) が恒等的に成り立つための十分条件は次の通りである．

$$\frac{1}{R(\rho)}\left(\frac{\partial^2 R(\rho)}{\partial \rho^2}\right) + \frac{1}{\rho R(\rho)}\left(\frac{\partial R(\rho)}{\partial \rho}\right) - \frac{m^2}{\rho^2} = -a^2 \tag{7.16}$$

$$-\frac{1}{Z(z)}\frac{\partial^2 Z(z)}{\partial z^2} = -a^2 \tag{7.17}$$

すなわち，

$$\rho^2\left(\frac{d^2 R(\rho)}{d\rho^2}\right) + \rho\left(\frac{dR(\rho)}{d\rho}\right) + (a^2\rho^2 - m^2)R(\rho) = 0 \tag{7.18}$$

$$\frac{d^2 Z(z)}{dz^2} = a^2 Z(z) \tag{7.19}$$

ここで，a は ρ, ϕ, z のいずれにも依らない分離定数である．ラプラスの方程式 (7.10) は式 (7.15)，式 (7.18)，式 (7.19) の 3 つの方程式に分離されたことになる．

そこで式 (7.15)，(7.18)，(7.19) を解くことにする．式 (7.15) と式 (7.19) の一般解は

$$\Phi(\phi) = c_1(m)\sin(m\phi) + c_2(m)\cos(m\phi) \tag{7.20}$$

および

$$Z(z) = d_1(a)\sinh(az) + d_2(a)\cosh(az) \tag{7.21}$$

によりそれぞれ与えられる．$\Phi(\phi)$ は 2π の周期をもつ関数であることから m は整数に限定されなければならない．さらに式 (7.18) は $\zeta = a\rho$ とおくと

$$\zeta^2\left(\frac{d^2 R(\frac{\zeta}{a})}{d\zeta^2}\right) + \zeta\left(\frac{dR(\frac{\zeta}{a})}{d\zeta}\right) + (\zeta^2 - m^2)R\left(\frac{\zeta}{a}\right) = 0 \tag{7.22}$$

と書き換えられ，この方程式は m 次のベッセルの微分方程式になり，m は整数であることにより，式 (7.22) の基本解は $J_m(\zeta)$ と $Y_m(\zeta)$ により与えられる．すなわち，式 (7.18) の一般解は次のように与えられる．

$$R(\rho) = b_1(m,a)J_m(a\rho) + b_2(m,a)Y_m(a\rho) \tag{7.23}$$

ここで $J_m(\zeta)$ は第 1 種のベッセル関数，$Y_m(\zeta)$ は第 2 種のベッセル関数である．従って円柱座標上のラプラスの方程式 (7.10) の変数分離形の一般解は次のように求められる．

$$u(\rho,\phi,z) = \sum_{m=-\infty}^{+\infty} \int_{-\infty}^{+\infty} \Big(b_1(m,a)J_m(a\rho) + b_2(m,a)Y_m(a\rho)\Big)$$
$$\times \Big(c_1(m)\sin(m\phi) + c_2(m)\cos(m\phi)\Big)$$
$$\times \Big(d_1(a)\sinh(az) + d_2(a)\cosh(az)\Big)da \qquad (7.24)$$

c. 極座標上のラプラスの方程式

ラプラスの方程式 (7.1) は極座標 (図 7.1(b))
$$x = r\sin(\theta)\cos(\phi), \qquad y = r\sin(\theta)\sin(\phi), \qquad z = r\cos(\theta)$$
$$(0 \leq r < +\infty, 0 \leq \theta \leq \pi, 0 \leq \phi < 2\pi) \qquad (7.25)$$
により $u = u(r,\theta,\phi)$ について次のように書き換えられる.
$$\frac{1}{r^2}\frac{\partial}{\partial r}\Big(r^2\frac{\partial u}{\partial r}\Big) + \frac{1}{r^2\sin(\theta)}\frac{\partial}{\partial \theta}\Big(\sin(\theta)\frac{\partial u}{\partial \theta}\Big) + \frac{1}{r^2\sin^2(\theta)}\Big(\frac{\partial^2 u}{\partial \phi^2}\Big) = 0$$
$$(0 \leq r < +\infty, 0 \leq \theta \leq \pi, 0 \leq \phi < 2\pi) \qquad (7.26)$$
$\mu = \cos(\theta)$ とおくと $u = u(r,\mu,\phi)$ についてのラプラスの方程式 (7.26) は
$$\frac{1}{r^2}\frac{\partial}{\partial r}\Big(r^2\frac{\partial u}{\partial r}\Big) + \frac{1}{r^2}\frac{\partial}{\partial \mu}\Big((1-\mu^2)\frac{\partial u}{\partial \mu}\Big) + \frac{1}{r^2(1-\mu^2)}\Big(\frac{\partial^2 u}{\partial \phi^2}\Big) = 0$$
$$(0 \leq r < +\infty, -1 \leq \mu \leq 1, 0 \leq \phi < 2\pi) \qquad (7.27)$$
と書き換えられる.

問 7.2 ラプラスの方程式 (7.1) は極座標 (7.25) のもとで式 (7.26) により表されることを示せ (解答は文献 [2] の第 10 章 10.2 節を参照).

式 (7.27) を $u = u(r,\mu,\phi) = R(r)M(\mu)\Phi(\phi)$ という変数分離解の形を仮定して, ラプラスの方程式に代入する.
$$\Big(\frac{1-\mu^2}{R(r)}\Big)\frac{d}{dr}\Big(r^2\Big(\frac{dR(r)}{dr}\Big)\Big) + \Big(\frac{1-\mu^2}{M(\mu)}\Big)\frac{d}{d\mu}\Big((1-\mu^2)\Big(\frac{dM(\mu)}{d\mu}\Big)\Big)$$
$$+ \frac{1}{\Phi(\phi)}\Big(\frac{d^2\Phi(\phi)}{d\phi^2}\Big) = 0 \qquad (7.28)$$
この式を
$$\Big(\frac{1-\mu^2}{R(r)}\Big)\frac{d}{dr}\Big(r^2\Big(\frac{dR(r)}{dr}\Big)\Big) + \Big(\frac{1-\mu^2}{M(\mu)}\Big)\frac{d}{d\mu}\Big((1-\mu^2)\Big(\frac{dM(\mu)}{d\mu}\Big)\Big)$$
$$= -\frac{1}{\Phi(\phi)}\Big(\frac{d^2\Phi(\phi)}{d\phi^2}\Big) \qquad (7.29)$$
と書き換えると左辺は r と μ のみに依存し, ϕ には依らず, 右辺は ϕ にのみ依存し, r と μ には依らないので, 両辺とも r, μ, ϕ に依らないことが, こ

の等式が恒等的に成り立つための十分条件となる.

$$\left(\frac{1-\mu^2}{R(r)}\right)\frac{d}{dr}\left(r^2\left(\frac{dR(r)}{dr}\right)\right) + \left(\frac{1-\mu^2}{M(\mu)}\right)\frac{d}{d\mu}\left((1-\mu^2)\left(\frac{dM(\mu)}{d\mu}\right)\right) = m^2 \tag{7.30}$$

$$-\frac{1}{\Phi(\phi)}\left(\frac{d^2\Phi(\phi)}{d\phi^2}\right) = m^2 \tag{7.31}$$

すなわち,

$$-\left(\frac{1}{R(r)}\right)\frac{d}{dr}\left(r^2\left(\frac{dR(r)}{dr}\right)\right) = \left(\frac{1}{M(\mu)}\right)\frac{d}{d\mu}\left((1-\mu^2)\left(\frac{dM(\mu)}{d\mu}\right)\right) - \frac{m^2}{1-\mu^2} \tag{7.32}$$

$$\left(\frac{d^2\Phi(\phi)}{d\phi^2}\right) = -m^2\Phi(\phi) \tag{7.33}$$

ここで, m は ϕ, μ, r のいずれにも依らない分離定数である. さらに式 (7.32) はその左辺は r のみに依存し, μ には依らず, 右辺は μ にのみ依存し, r には依らないので, 両辺とも r, μ に依らないことが, この等式が恒等的に成り立つための十分条件となる.

$$-\left(\frac{1}{R(r)}\right)\frac{d}{dr}\left(r^2\left(\frac{dR(r)}{dr}\right)\right) = -n(n+1) \tag{7.34}$$

$$\left(\frac{1}{M(\mu)}\right)\frac{d}{d\mu}\left((1-\mu^2)\left(\frac{dM(\mu)}{d\mu}\right)\right) - \frac{m^2}{1-\mu^2} = -n(n+1) \tag{7.35}$$

すなわち,

$$\frac{d}{dr}\left(r^2\left(\frac{dR(r)}{dr}\right)\right) = n(n+1)R(r) \tag{7.36}$$

$$(1-\mu^2)\left(\frac{d^2M(\mu)}{d\mu^2}\right) - 2\mu\left(\frac{dM(\mu)}{d\mu}\right) + \left(n(n+1) - \frac{m^2}{1-\mu^2}\right)M(\mu) = 0 \tag{7.37}$$

ここで, n は μ にも r にも依らない分離定数である.

まず, 式 (7.33) は定係数斉次線形微分方程式なので, その基本解は $\sin(mx)$, $\cos(mx)$ により与えられることは容易にわかる. すなわち, 式 (7.33) の一般解は

$$\Phi(\phi) = d_m \sin(m\phi) + e_m \cos(m\phi) \tag{7.38}$$

と得られることは自明である. 極座標表示において, $u(r,\theta,\phi)$ は ϕ の関数としては 2π の周期をもつことが要請されるため m は整数に限定される. 次に, n を 0 または自然数に限定して解を求めてみる. 式 (7.36) は $r=0$ が特異点である以外は任意の r に対して正則なので, その解を $R(r) = \sum_{l=-\infty}^{+\infty} a_l r^l$

($0 < r < +\infty$) と仮定して式 (7.36) に代入し，係数 $\{a_n\}$ を決定することにより解くことができる．すなわち，まず $R(r) = \sum_{l=-\infty}^{+\infty} a_l r^l$ ($0 < r < +\infty$) と式 (7.36) に代入すると次のように書き換えられる．

$$\sum_{l=-\infty}^{+\infty} (l-n)(l+n+1) a_l r^l = 0 \tag{7.39}$$

この等式が恒等的になりたつ十分条件は

$$(l-n)(l+n+1) a_l = 0 \qquad (l = 0, \pm 1, \pm 2, \cdots) \tag{7.40}$$

であり，係数 a_l は以下のように決定される．

$$a_l = 0 \qquad (l \neq n, -n-1) \tag{7.41}$$

従って，式 (7.36) の解は次のように求められる．

$$R(r) = a_n r^n + a_{-n-1} r^{-n-1} \tag{7.42}$$

最後に式 (7.37) はルジャンドルの陪微分方程式であり，解はルジャンドルの陪関数

$$P_n^m(\mu) \equiv (1-\mu^2)^{\frac{m}{2}} \frac{d^m P_n(\mu)}{d\mu^m} \tag{7.43}$$

$$Q_n^m(\mu) \equiv (1-\mu^2)^{\frac{m}{2}} \frac{d^m Q_n(\mu)}{d\mu^m} \tag{7.44}$$

を用いて

$$M(\mu) = b_{m,n} P_n^m(\mu) + c_{m,n} Q_n^m(\mu) \tag{7.45}$$

と与えられる．ここで，$P_n(\mu)$ は第 1 種のルジャンドル関数，$Q_n(\mu)$ は第 2 種のルジャンドル関数である．従って，極座標表示におけるラプラスの方程式 (7.26) の変数分離形の一般解は次のように与えられる．

$$\begin{aligned}
u(r, \theta, \phi) = \sum_{m=0}^{+\infty} \sum_{n=0}^{+\infty} &\Big(a_n r^n + a_{-n-1} r^{-n-1} \Big) \\
&\times \Big(b_{m,n} P_n^m(\cos(\theta)) + c_{m,n} Q_n^m(\cos(\theta)) \Big) \\
&\times \Big(d_m \sin(m\phi) + e_m \cos(m\phi) \Big)
\end{aligned} \tag{7.46}$$

7.2　2 次元のラプラスの方程式とポアッソンの方程式

本節では 2 次元のラプラスの方程式，ポアッソンの方程式についての解法について述べる．2 次元のラプラスの方程式は

$$\frac{\partial^2 u(x,y)}{\partial x^2} + \frac{\partial^2 u(x,y)}{\partial y^2} = 0 \qquad (7.47)$$

により与えられる．ここで演算子 $\frac{\partial^2}{\partial x^2} + \frac{\partial^2}{\partial y^2}$ は 2 次元の**ラプラスの演算子**(Laplacian) と呼ばれる．そしてこれに非斉次項を加えた

$$\frac{\partial^2 u(x,y)}{\partial x^2} + \frac{\partial^2 u(x,y)}{\partial y^2} = -\rho(x,y) \qquad (7.48)$$

を 2 次元の**ポアッソンの方程式** (Poisson equation) と呼ぶ．これらの方程式は 2 次元 xy-平面における楕円を表す**標準形** (standard form) $\frac{x^2}{a^2} + \frac{y^2}{b^2} = 1$ との類似性から**楕円形の偏微分方程式** (elliptic partial differential equation) と呼ばれている．前節でも触れたとおり，これらの方程式は (x,y) の想定される領域，$u(x,y)$ に対する境界条件を付加することではじめて解が確定する．本節では (x,y) の領域，$u(x,y)$ に対する境界条件も与えたうえで，解を最後までどのように確定して行くかについて説明する．

a. 2 次元のラプラスの方程式とフーリエ級数

2 次元のラプラスの方程式

$$\frac{\partial^2 u(x,y)}{\partial x^2} + \frac{\partial^2 u(x,y)}{\partial y^2} = 0 \qquad (0 < x < 1,\ 0 < y < \pi) \qquad (7.49)$$

を境界条件 (boundary condition)

$$u(0,y) = \cos(y), \qquad u(1,y) = 0, \qquad u(x,0) = u(x,\pi) = 0 \qquad (7.50)$$

のもとで $u(x,y) = X(x)Y(y)$ という変数分離解の形を仮定して，$X(x)$，$Y(y)$ の各々に対する常微分方程式を導く (図 7.2)．ラプラスの方程式に $u(x,y) = X(x)Y(y)$ を代入すると，

$$\frac{1}{X(x)} \frac{\partial^2 X(x)}{\partial x^2} + \frac{1}{Y(y)} \frac{\partial^2 Y(y)}{\partial y^2} = 0 \qquad (7.51)$$

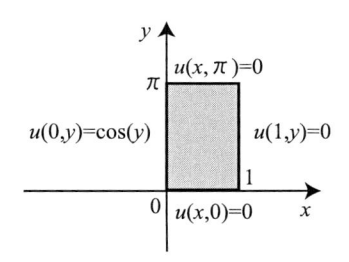

図 **7.2** xy-平面における式 (7.49)-式 (7.50) の想定する領域と境界条件

と書き換えられる．左辺の第 1 項および第 3 項はそれぞれ x, y のみに依存するので，

$$\frac{1}{X(x)}\frac{\partial^2 X(x)}{\partial x^2} = \kappa^2, \qquad \frac{1}{Y(y)}\frac{\partial^2 Y(y)}{\partial y^2} = -\kappa^2 \qquad (7.52)$$

と書くことができる．これら微分方程式はそれぞれ次のような一般解をもつ．

$$X(x) = a_1(\kappa)\exp(\kappa x) + a_2(\kappa)\exp(-\kappa x) \quad (0 < x < 1) \quad (7.53)$$

$$Y(y) = b_1(\kappa)\sin(\kappa y) + b_2(\kappa)\cos(\kappa y) \quad (0 < y < \pi) \quad (7.54)$$

$X(x)$, $Y(y)$ は恒等的に 0 ではないということを考慮しながら式 (7.53) および式 (7.54) を境界条件 $u(1,y) = 0$, $u(x,0) = u(x,\pi) = 0$ に代入することにより，次の等式が得られる．

$$X(1) = Y(0) = Y(\pi) = 0 \qquad (7.55)$$

$Y(0) = Y(\pi) = 0$ を満たすためには $b_2(\kappa) = 0$ かつ $\kappa = n$ (n は整数) でなければならない．

$$Y(y) = B_n\sin(ny) \quad (0 < y < \pi,\ n = 1, 2, 3, \cdots) \qquad (7.56)$$

ここで $B_n \equiv b_1(n) - b_1(-n)$ として新しい定数 B_n を導入したことを注意する．また $X(1) = 0$ であることにより

$$a_1(\kappa)\exp(\kappa) + a_2(\kappa)\exp(-\kappa) = 0, \qquad (7.57)$$

すなわち

$$\begin{aligned}X(x) &= a_1(\kappa)\exp(\kappa x) - a_1(\kappa)\exp(2\kappa)\exp(-\kappa x) \\ &= a_1(\kappa)\exp(\kappa)\Big(\exp\{\kappa(x-1)\} - \exp\{-\kappa(x-1)\}\Big) \\ &= C_\kappa \sinh\{\kappa(x-1)\} \quad (0 < x < 1) \qquad (7.58)\end{aligned}$$

が得られる．ここで $C_\kappa \equiv 2a_1(\kappa)\exp(\kappa)$ として新しい定数 C_n を導入したことを注意する．従って，ラプラスの方程式 (7.49) は

$$\Big\{\sinh\{n(x-1)\}\sin(ny)\Big|0 < x < 1,\ 0 < y < \pi,\ n = 1, 2, 3, \cdots\Big\} \qquad (7.59)$$

をすべて解としてもつことがわかるので，重ね合わせの原理により

$$u(x,y) = \sum_{n=1}^{+\infty} A_n \sinh\{n(x-1)\}\sin(ny) \quad (0 < x < 1,\ 0 < y < \pi) \qquad (7.60)$$

が得られる．これをもう一つの境界条件 $u(0,y) = \cos(y)$ に代入する．

$$\cos(y) = \sum_{n=1}^{+\infty} A_n \sinh(-n)\sin(ny) \qquad (0 < y < \pi) \qquad (7.61)$$

両辺に $\sin(my)$ (m は自然数) を掛け，区間 $[0, \pi]$ で積分し，等式

$$\int_0^\pi \sin(my)\sin(ny)dy = \frac{\pi}{2}\delta_{m,n} \qquad (m, n = 1, 2, 3, \cdots) \qquad (7.62)$$

を用いることにより A_m が次のように得られる．

$$\int_0^\pi \cos(y)\sin(my)dy$$
$$= \int_0^\pi \sum_{n=1}^{+\infty} A_n \sinh(-n)\sin(ny)\sin(my)dy \qquad (m = 1, 2, 3, \cdots) \qquad (7.63)$$

$$\int_0^\pi \sum_{n=1}^{+\infty} A_n \sinh(-n)\sin(ny)\sin(my)dy$$
$$= \sum_{n=1}^{+\infty} A_n \sinh(n)\int_0^\pi \sin(ny)\sin(my)dy = \frac{\pi}{2}\sum_{n=1}^{+\infty} A_n \sinh(-n)\delta_{m,n}$$
$$= \frac{\pi}{2}A_m\sinh(-m) \qquad (m = 1, 2, 3, \cdots) \qquad (7.64)$$

$$A_m = \frac{2}{\pi\sinh(-m)}\int_0^\pi \cos(y)\sin(my)dy$$
$$= \frac{1}{\pi\sinh(-m)}\left(\frac{2m\{(-1)^m + 1\}}{(m^2-1)}\right) \qquad (m = 1, 2, 3, \cdots) \qquad (7.65)$$

すなわち

$$A_{2l} = -\frac{8l}{\pi(4l^2-1)\sinh(2l)} \qquad (l = 1, 2, 3, \cdots) \qquad (7.66)$$

$$A_{2l-1} = 0 \qquad (l = 1, 2, 3, \cdots) \qquad (7.67)$$

従って，ラプラスの方程式 (7.49) の解は次のように与えられる．

$$u(x,y) = \sum_{l=1}^{+\infty} \frac{8l}{\pi(4l^2-1)\sinh(2l)}\sinh\Big(2l(1-x)\Big)\sin\Big(2ly\Big)$$
$$(0 < x < 1,\ 0 < y < \pi) \qquad (7.68)$$

次に 2 次元のラプラスの方程式

$$\frac{\partial^2 u(x,y)}{\partial x^2} + \frac{\partial^2 u(x,y)}{\partial y^2} = 0 \qquad (0 < x < a,\ 0 < y < b) \qquad (7.69)$$

を境界条件

$$u(0,y) = u(a,y) = 0,\ u(x,0) = 0,\ \frac{\partial}{\partial y}u(x,y)\Big|_{y=b} = f(x) \qquad (7.70)$$

のもとで考える．ラプラスの方程式 (7.69) は $u(x,y) = X(x)Y(y)$ という変数分離解の形を仮定して，$X(x)$，$Y(y)$ の各々に対する常微分方程式を導く．式 (7.69) に $u(x,y) = X(x)Y(y)$ を代入すると，

$$\frac{1}{X(x)}\frac{\partial^2 X(x)}{\partial x^2} + \frac{1}{Y(y)}\frac{\partial^2 Y(y)}{\partial y^2} = 0 \qquad (7.71)$$

と書き換えられる．左辺の第 1 項および第 3 項はそれぞれ x，y のみに依存するので，

$$\frac{1}{X(x)}\frac{\partial^2 X(x)}{\partial x^2} = -\kappa^2, \quad \frac{1}{Y(y)}\frac{\partial^2 Y(y)}{\partial y^2} = \kappa^2 \qquad (7.72)$$

と書くことができる．これら微分方程式はそれぞれ次のような一般解をもつ．

$$X(x) = a_1(\kappa)\sin(\kappa x) + a_2(\kappa)\cos(\kappa x) \qquad (0 < x < 1) \qquad (7.73)$$

$$Y(y) = b_1(\kappa)\sinh(\kappa y) + b_2(\kappa)\cosh(\kappa y) \qquad (0 < y < \pi) \qquad (7.74)$$

$X(x)$，$Y(y)$ は恒等的に 0 ではないということを考慮しながら式 (7.73) および式 (7.74) を境界条件 $u(0,y) = u(a,y) = 0$，$u(x,0) = 0$ に代入することにより，次の等式が得られる．

$$X(0) = X(a) = Y(0) = 0 \qquad (7.75)$$

$X(0) = X(a) = 0$ を満たすためには $a_2(\kappa) = 0$ かつ $\kappa = \frac{n\pi}{a}$ (n は整数) でなければならない．

$$X(x) = B_n \sin\left(\frac{n\pi x}{a}\right) \qquad (0 < x < a,\ n = 1, 2, 3, \cdots) \qquad (7.76)$$

ここで $B_n \equiv a_1(\frac{n\pi}{a}) - a_1(-\frac{n\pi}{a})$ として新しい定数 A_n を導入したことを注意する．また $Y(0) = 0$ であることにより

$$b_2(\kappa) = 0, \qquad (7.77)$$

すなわち

$$Y(y) = C_n \sinh\left(\frac{n\pi y}{a}\right) \qquad (0 < x < 1) \qquad (7.78)$$

が得られる．ここで $C_n \equiv b_1(\frac{n\pi}{a})$ として新しい定数 C_n を導入したことを注意する．従って，ラプラスの方程式 (7.69) は

$$\left\{\sin\left(\frac{n\pi x}{a}\right)\sinh\left(\frac{n\pi y}{a}\right)\bigg| 0 < x < a,\ 0 < y < b,\ n = 1, 2, 3, \cdots\right\} \qquad (7.79)$$

をすべて解としてもつことがわかるので，重ね合わせの原理により

$$u(x,y) = \sum_{n=1}^{+\infty} A_n \sin\left(\frac{n\pi x}{a}\right)\sinh\left(\frac{n\pi y}{a}\right) \qquad (0 < x < a,\ 0 < y < b) \qquad (7.80)$$

が得られる．これをもう一つの境界条件 $\frac{\partial}{\partial y}u(x,y)\big|_{y=b} = f(x)$ に代入する．

$$f(x) = \sum_{n=1}^{+\infty} A_n \frac{a}{n\pi} \cosh\left(\frac{n\pi b}{a}\right) \sin\left(\frac{n\pi x}{a}\right) \qquad (0 < y < b) \quad (7.81)$$

両辺に $\sin(\frac{m\pi x}{a})$ (m は自然数) を掛け，区間 $[0,a]$ で積分し，式 (1.5) と同様に導かれる等式

$$\int_0^a \sin\left(\frac{m\pi x}{a}\right)\sin\left(\frac{n\pi x}{a}\right) dx = \frac{a}{2}\delta_{m,n}$$
$$(m=1,2,3,\cdots,\ n=1,2,3,\cdots) \qquad (7.82)$$

を用いることにより A_m が次のように得られる．

$$\int_0^a f(x)\sin\left(\frac{m\pi x}{a}\right) dx$$
$$= \int_0^a \sum_{n=1}^{+\infty} A_n \frac{n\pi}{a} \cosh\left(\frac{n\pi b}{a}\right) \sin\left(\frac{n\pi x}{a}\right) \sin\left(\frac{m\pi x}{a}\right) dx$$
$$(m=1,2,3,\cdots) \qquad (7.83)$$

$$\int_0^a \sum_{n=1}^{+\infty} A_n \frac{n\pi}{a} \cosh\left(\frac{n\pi b}{a}\right) \sin\left(\frac{n\pi x}{a}\right) \sin\left(\frac{m\pi x}{a}\right) dx$$
$$= \sum_{n=1}^{+\infty} A_n \frac{n\pi}{a} \cosh\left(\frac{n\pi b}{a}\right) \left\{\int_0^a \sin\left(\frac{n\pi x}{a}\right)\sin\left(\frac{m\pi x}{a}\right) dx\right\}$$
$$= \sum_{n=1}^{+\infty} A_n \frac{n\pi}{a} \cosh\left(\frac{n\pi b}{a}\right) \left(\frac{a}{2}\delta_{m,n}\right)$$
$$= A_m \frac{m\pi}{2} \cosh\left(\frac{m\pi b}{a}\right) \qquad (7.84)$$

$$A_n = \frac{2}{n\pi \cosh(\frac{n\pi b}{a})} \int_0^a f(\xi)\sin\left(\frac{n\pi \xi}{a}\right) d\xi \qquad (n=1,2,3,\cdots)$$
$$(7.85)$$

従って，ラプラスの方程式 (7.69) の解は次のように与えられる．

$$u(x,y) = \sum_{n=1}^{+\infty} \frac{2}{n\pi \cosh(\frac{n\pi b}{a})} \left\{\int_0^a f(\xi)\sin\left(\frac{n\pi \xi}{a}\right) d\xi\right\} \sin\left(\frac{n\pi x}{a}\right) \sinh\left(\frac{n\pi y}{a}\right)$$
$$(0 < x < a,\ 0 < y < b) \qquad (7.86)$$

b. 2 次元のラプラスの方程式とフーリエ変換

2 次元のラプラスの方程式

7.2 2次元のラプラスの方程式とポアッソンの方程式

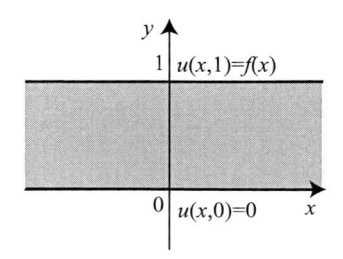

図 7.3 xy-平面における式 (7.87)-(7.88) の想定する領域と境界条件

$$\frac{\partial^2 u(x,y)}{\partial x^2} + \frac{\partial^2 u(x,y)}{\partial y^2} = 0 \quad (-\infty < x < +\infty,\ 0 < y < 1) \quad (7.87)$$

を境界条件

$$u(x,0) = 0,\ u(x,1) = f(x) \quad (7.88)$$

のもとで解いてみよう (図 7.3).

式 (7.87) の両辺を x に関してフーリエ変換する.

$$\frac{\partial^2 U(w,y)}{dy^2} = w^2 U(w,y) \quad (7.89)$$

$$U(w,y) = \frac{1}{\sqrt{2\pi}} \int_{-\infty}^{+\infty} u(x,y) e^{-iwx} dx \quad (7.90)$$

これを $U(w,y)$ について解くと次のようになる.

$$U(w,y) = F(w)e^{wy} + G(w)e^{-wy} \quad (7.91)$$

ここで $F(w)$ は w のみの関数である. $u(x,y)$ としては任意の実数 x に対して連続かつ区分的に滑らかな範囲で解を求めることとして,フーリエ変換の反転公式 (1.107) を用いると

$$u(x,y) = \frac{1}{\sqrt{2\pi}} \int_{-\infty}^{+\infty} \{F(w)e^{wy} + G(w)e^{-wy}\} e^{iwx} dw \quad (7.92)$$

と表される. 式 (7.90) に境界条件 (7.88) を代入することにより以下の等式が得られる.

$$U(w,0) = 0 \quad (7.93)$$

$$U(w,1) = \frac{1}{\sqrt{2\pi}} \int_{-\infty}^{+\infty} f(x) e^{-iwx} dx \quad (7.94)$$

これに式 (7.91) を代入することにより

$$F(w) + G(w) = 0 \quad (7.95)$$

$$F(w)e^w + G(w)e^{-w} = \frac{1}{\sqrt{2\pi}} \int_{-\infty}^{+\infty} f(x)e^{-iwx}dx \tag{7.96}$$

すなわち

$$F(w) = \frac{1}{2\sinh(w)} \Big(\frac{1}{\sqrt{2\pi}} \int_{-\infty}^{+\infty} f(x)e^{-iwx}dx \Big) \tag{7.97}$$

$$G(w) = -\frac{1}{2\sinh(w)} \Big(\frac{1}{\sqrt{2\pi}} \int_{-\infty}^{+\infty} f(x)e^{-iwx}dx \Big) \tag{7.98}$$

が得られる.式 (7.97) と式 (7.98) を式 (7.92) に代入することにより

$$\begin{aligned} u(x,y) &= \frac{1}{2\pi} \int_{-\infty}^{+\infty} \int_{-\infty}^{+\infty} \frac{\sinh(wy)}{\sinh(w)} f(u) e^{-iw(u-x)} du\, dw \\ &= \frac{1}{\pi} \int_{0}^{+\infty} \int_{-\infty}^{+\infty} \frac{f(u)\sinh(wy)\cos\{w(u-x)\}}{\sinh(w)} du\, dw \end{aligned} \tag{7.99}$$

という形に解が求められる.

c. 2 次元のポアッソンの方程式とフーリエ級数

2 次元のポアッソンの方程式

$$\frac{\partial^2 u(x,y)}{\partial x^2} + \frac{\partial^2 u(x,y)}{\partial y^2} = -\rho(x,y) \qquad (0 < x < \pi,\ 0 < y < \pi) \tag{7.100}$$

を境界条件

$$u(0,y) = u(\pi,y) = u(x,0) = u(x,\pi) = 0 \tag{7.101}$$

のもとで考える (図 7.4).この場合,境界条件 (7.101) を満たすように

$$u(x,y) = \sum_{m=1}^{+\infty} \sum_{n=1}^{+\infty} A_{m,n} \sin(mx) \sin(ny) \tag{7.102}$$

と仮定する.式 (7.102) を式 (7.100) に代入することにより

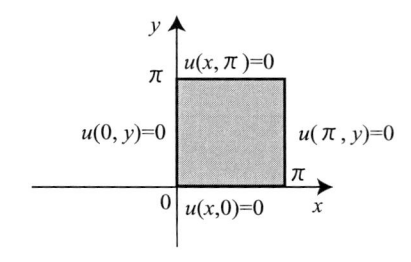

図 **7.4** xy-平面における式 (7.100)-(7.101) の想定する領域と境界条件

$$-\sum_{m=1}^{+\infty}\sum_{n=1}^{+\infty}(m^2+n^2)A_{m,n}\sin(mx)\sin(ny) = -\rho(x,y) \quad (7.103)$$

が得られ，式 (7.103) の両辺に $\sin(kx)\sin(ly)$ を掛けて x と y について $(0,\pi)$ で積分することにより $A_{m,n}$ の表式が得られる．

$$\int_0^\pi\int_0^\pi\Bigl(\sum_{m=1}^{+\infty}\sum_{n=1}^{+\infty}(m^2+n^2)A_{m,n}\sin(mx)\sin(ny)\Bigr)\sin(kx)\sin(ly)dxdy$$
$$=\int_0^\pi\int_0^\pi \rho(x,y)\sin(kx)\sin(ly)dxdy \quad (7.104)$$

$$(k^2+l^2)A_{k,l} = \Bigl(\frac{2}{\pi}\Bigr)^2\int_0^\pi\int_0^\pi \rho(x,y)\sin(kx)\sin(ly)dxdy \quad (7.105)$$

式 (7.105) を式 (7.102) に代入することにより

$$u(x,y)=\sum_{m=1}^{+\infty}\sum_{n=1}^{+\infty}\Biggl(\Bigl(\frac{2}{\pi}\Bigr)^2\Bigl(\frac{1}{m^2+n^2}\Bigr)\int_0^\pi\int_0^\pi \rho(\xi,\eta)$$
$$\times\sin(m\xi)\sin(n\eta)d\xi d\eta\Biggr)\sin(mx)\sin(ny)$$
$$=\int_0^\pi\int_0^\pi\Biggl(\sum_{m=1}^{+\infty}\sum_{n=1}^{+\infty}\Bigl(\frac{2}{\pi}\Bigr)^2\Bigl(\frac{\sin(m\xi)\sin(n\eta)\sin(mx)\sin(ny)}{m^2+n^2}\Bigr)\Biggr)\rho(\xi,\eta)d\xi d\eta$$
$$(7.106)$$

すなわち

$$u(x,y)=\int_0^\pi\int_0^\pi G(x,y,\xi,\eta)\rho(\xi,\eta)d\xi d\eta$$
$$(0<x<\pi,\ 0<y<\pi) \quad (7.107)$$

$$G(x,y,\xi,\eta)\equiv\sum_{m=1}^{+\infty}\sum_{n=1}^{+\infty}\Bigl(\frac{2}{\pi}\Bigr)^2\Bigl(\frac{\sin(m\xi)\sin(n\eta)\sin(mx)\sin(ny)}{m^2+n^2}\Bigr)$$
$$(7.108)$$

という形に式 (7.100) の解が得られる．ここで，$G(x,y,x',y')$ は

$$\Bigl(\frac{\partial^2}{\partial x^2}+\frac{\partial^2}{\partial y^2}\Bigr)G(x,y,x',y')=-\delta(x-x')\delta(y-y')$$
$$(0<x<\pi,\ 0<y<\pi,\ 0<x'<\pi,\ 0<y'<\pi) \quad (7.109)$$

を満たしていることは容易に確かめられる．

問 7.3 2 次元のラプラスの方程式 $\frac{\partial^2 u(x,y)}{\partial x^2}+\frac{\partial^2 u(x,y)}{\partial y^2}=0$ ($0<x<1,\ 0<y<\pi$) を境界条件 $u(0,y)=\sin(y),\ u(1,y)=u(x,0)=u(x,\pi)=0$ のもとで $u(x,y)=X(x)Y(y)$ という変数分離形を仮定して解け．(略

解) $u(x,y) = \dfrac{1}{\sinh(1)}\sinh(1-x)\sin(y)$

問 7.4 2 次元のラプラスの方程式 $\dfrac{\partial^2 u(x,y)}{\partial x^2} + \dfrac{\partial^2 u(x,y)}{\partial y^2} = 0$ ($0 < x < a$, $0 < y < b$) を境界条件 $u(x,0) = \sin\bigl(\frac{2\pi}{a}x\bigr) + 2\sin\bigl(\frac{4\pi}{a}x\bigr)$, $u(x,b) = u(0,y) = u(a,y) = 0$ のもとで $u(x,y) = X(x)Y(y)$ という変数分離形を仮定して解け.

(略解) $u(x,y) = -\dfrac{1}{\sinh\bigl(\frac{2\pi b}{a}\bigr)}\sinh\Bigl(\dfrac{2\pi(y-b)}{a}\Bigr)\sin\Bigl(\dfrac{2\pi x}{a}\Bigr)$
$\qquad\qquad\quad - \dfrac{2}{\sinh\bigl(\frac{4\pi b}{a}\bigr)}\sinh\Bigl(\dfrac{4\pi(y-b)}{a}\Bigr)\sin\Bigl(\dfrac{4\pi x}{a}\Bigr)$

d. 2 次元のポアッソンの方程式とフーリエ変換

2 次元のポアッソンの方程式

$$\frac{\partial^2 u(x,y)}{\partial x^2} + \frac{\partial^2 u(x,y)}{\partial y^2} = -\rho(x,y)$$

$$(-\infty < x < +\infty, \ -\infty < y < +\infty) \quad (7.110)$$

を考える.式 (7.110) の両辺を x と y に関してフーリエ変換する.

$$(v^2 + w^2)U(v,w) = \frac{1}{2\pi}\int_{-\infty}^{+\infty}\int_{-\infty}^{+\infty}\rho(x',y')e^{-ivx'-iwy'}dx'dy' \quad (7.111)$$

$$U(v,w) = \frac{1}{2\pi}\int_{-\infty}^{+\infty}\int_{-\infty}^{+\infty}u(x',y')e^{-ivx'-iwy'}dx'dy' \quad (7.112)$$

これを $U(v,w)$ について解くと次のようになる.

$$U(v,w) = \frac{1}{2\pi}\Bigl(\frac{1}{v^2+w^2}\int_{-\infty}^{+\infty}\int_{-\infty}^{+\infty}\rho(x,y)e^{-ivx'-iwy'}dx'dy'\Bigr) \quad (7.113)$$

$u(x,y)$ としては任意の実数 x, y に対して連続かつ区分的に滑らかな範囲で解を求めることとして,2 次元におけるフーリエ変換の反転公式を用いると

$$u(x,y) = \Bigl(\frac{1}{2\pi}\Bigr)\int_{-\infty}^{+\infty}\int_{-\infty}^{+\infty}G(x,y,x',y')\rho(x',y')dx'dy' \quad (7.114)$$

$$G(x,y,y',y') = \Bigl(\frac{1}{2\pi}\Bigr)\int_{-\infty}^{+\infty}\int_{-\infty}^{+\infty}\frac{e^{-iv(x'-x)-iw(y'-y)}}{v^2+w^2}dvdw \quad (7.115)$$

と表される.

次に 2 次元のポアッソンの方程式

$$\frac{\partial^2 u(x,y)}{\partial x^2} + \frac{\partial^2 u(x,y)}{\partial y^2} = -\rho(x,y)$$

$$(-\infty < x < +\infty,\ 0 < y < 1) \quad (7.116)$$

を境界条件 $u(x,0) = u(x,1) = 0$ のもとで考える．この場合は x については無限区間なのでフーリエ積分またはフーリエ変換，y については有限区間なのでフーリエ級数であることが想定される．境界条件を満たすように

$$u(x,y) = \sum_{n=1}^{+\infty} \int_{-\infty}^{+\infty} \int_{-\infty}^{+\infty} B_n(x',w) \sin(n\pi y) \cos\{w(x-u)\} dx' dw \quad (7.117)$$

と解の形をおく．式 (7.117) を式 (7.116) に代入する．

$$-\sum_{n=0}^{+\infty} \sin(n\pi y) \int_{-\infty}^{+\infty} \int_{-\infty}^{+\infty} B_n(x',w)\{(n\pi)^2 + w^2\} \cos\{w(x-x')\} dx' dw$$
$$= -\rho(x,y) \quad (7.118)$$

式 (7.118) の両辺に $\sin(m\pi y)$ を掛け，区間 $[0,1]$ で y に関して積分する．

$$-\int_{-\infty}^{+\infty} \int_{-\infty}^{+\infty} B_m(x',w)(\pi^2 n^2 + w^2) \cos\{w(x-x')\} dx' dw$$
$$= -2\int_0^1 \rho(x,y) \sin(m\pi y') dy' \quad (7.119)$$

式 (7.119) と定理 1.7 の式 (1.85) を比較することにより $B_m(x',w)$ は次のように与えられる．

$$B_m(x',w) = \frac{1}{\pi(\pi^2 n^2 + w^2)} \int_0^1 \rho(x',y') \sin(m\pi y') dy' \quad (7.120)$$

式 (7.120) を式 (7.117) に代入することにより求める解が次のように得られる．

$$u(x,y) = \frac{1}{\sqrt{\pi}} \int_0^1 \int_{-\infty}^{+\infty} G(x,y,x',y') \rho(x',y') dx' dy' \quad (7.121)$$

$$G(x,y,x',y') \equiv \frac{1}{\sqrt{\pi}} \sum_{n=1}^{+\infty} \int_{-\infty}^{+\infty} \frac{\sin(n\pi y')\sin(n\pi y)\cos\{w(x-x')\}}{w^2 + \pi^2 n^2} dw$$
$$\quad (7.122)$$

最後に 2 次元のポアッソンの方程式

$$\frac{\partial^2 u(x,y)}{\partial x^2} + \frac{\partial^2 u(x,y)}{\partial y^2} = -\rho(x,y) \ (-\infty < x < +\infty,\ 0 < y < 1) \quad (7.123)$$

を境界条件

$$u(x,0) = 0, \qquad u(x,1) = f(x) \quad (7.124)$$

のもとで解くことを考えてみよう．この場合，同じ $-\infty < x < +\infty$，$0 < y < 1$ において 2 つの方程式

$$\frac{\partial^2 u_1(x,y)}{\partial x^2} + \frac{\partial^2 u_1(x,y)}{\partial y^2} = 0, \quad u_1(x,0) = 0, \quad u_1(x,1) = f(x) \quad (7.125)$$

$$\frac{\partial^2 u_2(x,y)}{\partial x^2} + \frac{\partial^2 u_2(x,y)}{\partial y^2} = \rho(x,y), \quad u_2(x,0) = u_2(x,1) = 0 \quad (7.126)$$

を用いて $u(x,y) = u_1(x,y) + u_2(x,y)$ により与えられる．式 (7.125) は式 (7.87)-(7.88) と同じ問題であり，式 (7.126) は上述の式 (7.116) と同じ問題である．つまりこの両者で得られた解を使い回して和をとれば式 (7.123)-(7.124) の解が得られるということになる．

問 7.5 次に 2 次元のポアッソンの方程式
$$\frac{\partial^2 u(x,y)}{\partial x^2} + \frac{\partial^2 u(x,y)}{\partial y^2} = -\rho(x,y)$$
$$(0 < x < 1, \ -\infty < y < +\infty) \quad (7.127)$$
を境界条件 $u(0,y) = 0$, $u(1,y) = f(y)$ のもとで解け．
(略解) 文献 [2] の第 10 章 10.4.3 項を参照されたい．

7.3　1 次元の熱伝導方程式

本節では 1 次元の**熱伝導方程式** (thermal conductivity equation) についての解法について述べる．1 次元の熱伝導方程式は
$$\frac{\partial u(x,t)}{\partial t} = k\frac{\partial^2 u(x,t)}{\partial x^2} \quad (7.128)$$
によって与えられる．現実の問題との対応としては x は 1 次元空間の位置，t は時刻，k は温度伝導率をそれぞれ想定している．k を拡散係数と見なせば，式 (7.128) は**拡散方程式** (diffusion equation) とも呼ばれる．また，これらの方程式は 2 次元 xy-平面における放物線を表す標準形 $ax^2 + by = 1$ との類似性から**放物形の偏微分方程式** (parabolic partial differential equation) と呼ばれている．

a.　1 次元の熱伝導方程式とフーリエ級数

1 次元の熱伝導方程式
$$\frac{\partial u(x,t)}{\partial t} = k\frac{\partial^2 u(x,t)}{\partial x^2} \quad (0 < x < \pi, \ t > 0) \quad (7.129)$$
を境界条件
$$u(0,t) = 0, \quad \frac{\partial}{\partial x}u(x,t)\Big|_{x=\pi} = 0 \quad (7.130)$$

および初期条件 (initial condition)
$$u(x,0) = 3 \tag{7.131}$$
のもとで考える．変数分離 $u(x,t) = X(x)T(t)$ を代入すると，
$$\frac{1}{X(x)}\frac{\partial^2 X(x)}{\partial x^2} = \frac{1}{kT(t)}\frac{\partial T(t)}{\partial t} \tag{7.132}$$
と書き換えられる．左辺および右辺はそれぞれ x および t のみに依存するので，
$$\frac{1}{X(x)}\frac{\partial^2 X(x)}{\partial x^2} = -\lambda^2, \quad \frac{1}{kT(t)}\frac{\partial T(t)}{\partial t} = -\lambda^2 \tag{7.133}$$
と書くことができる．これら微分方程式はそれぞれ次のような一般解をもつ．
$$X(x) = a_1(\lambda)\sin(\lambda x) + a_2(\lambda)\cos(\lambda x) \quad (0 < x < \pi) \tag{7.134}$$
$$T(t) = b(\lambda)e^{-k\lambda^2 t} \quad (t > 0) \tag{7.135}$$
$X(x)$, $T(t)$ は恒等的に 0 ではないということを考慮しながら境界条件 $u(0,t) = 0$ すなわち $X(0) = 0$ を満足するためには $a_2(\lambda) = 0$ でなければなければならない．
$$X(x) = a_1(\lambda)\sin(\lambda x) \quad (0 < x < \pi) \tag{7.136}$$
境界条件 $\frac{\partial}{\partial x}u(x,t)\Big|_{x=\pi} = 0$ すなわち $\frac{d}{dx}X(x)\Big|_{x=\pi} = 0$ を満足するためには
$$X'(a) = \lambda a_1(\lambda)\cos(\lambda \pi) = 0 \quad (0 < x < \pi) \tag{7.137}$$
$$\lambda \pi = \frac{(2n+1)\pi}{2} \quad (n = 0, \pm 1, \pm 2, \cdots) \tag{7.138}$$
従って，与えられた熱伝導の方程式は
$$\left\{ e^{-k\left(\frac{2n+1}{2}\right)^2 t} \sin\left(\frac{(2n+1)x}{2}\right) \Big| 0 < x < \pi,\ t > 0,\ n = 0, 1, 2, \cdots \right\} \tag{7.139}$$
をすべて解としてもつことがわかるので，重ね合わせの原理により
$$u(x,t) = \sum_{n=0}^{+\infty} A_n e^{-k\left(\frac{2n+1}{2}\right)^2 t} \sin\left(\frac{(2n+1)x}{2}\right)$$
$$(0 < x < \pi,\ t > 0) \tag{7.140}$$
が得られる．初期条件 $u(x,0) = 3$ から
$$3 = \sum_{n=0}^{+\infty} A_n \sin\left(\frac{(2n+1)x}{2}\right) \quad (0 < x < \pi,\ t > 0) \tag{7.141}$$
が成り立つ．両辺に $\sin\left(\frac{(2m+1)x}{2}\right)$ を掛けて，区間 $[0,\pi]$ で積分し，等式
$$\int_0^\pi \sin\left(\frac{my}{2}\right)\sin\left(\frac{ny}{2}\right)dy = \pi\delta_{m,n} \quad (m = 1, 2, 3, \cdots,\ n = 1, 2, 3, \cdots) \tag{7.142}$$

を用いることにより A_m が次のように得られる.

$$3\int_0^\pi \sin\left(\frac{(2m+1)x}{2}\right)dx = \int_0^\pi \sum_{n=0}^{+\infty} A_n \sin\left(\frac{(2n+1)x}{2}\right)\sin\left(\frac{(2m+1)x}{2}\right)dx \tag{7.143}$$

$$3\int_0^\pi \sin\left(\frac{(2m+1)x}{2}\right)dx = \sum_{n=0}^{+\infty} A_n \int_0^\pi \sin\left(\frac{(2n+1)x}{2}\right)\sin\left(\frac{(2m+1)x}{2}\right)dx \tag{7.144}$$

$$3\int_0^\pi \sin\left(\frac{(2m+1)x}{2}\right)dx = \sum_{n=0}^{+\infty} A_n \pi \delta_{m,n} = \pi A_m \tag{7.145}$$

$$A_m = \frac{3}{\pi}\int_0^\pi \sin\left(\frac{(2m+1)x}{2}\right)dx = \frac{3}{\pi}\left[\frac{2}{2m+1}\cos\left(\frac{(2m+1)x}{2}\right)\right]_0^\pi$$
$$= \frac{6}{(2m+1)\pi}\left\{1 - \cos\left(\frac{(2m+1)\pi}{2}\right)\right\} = \frac{6}{(2m+1)\pi} \tag{7.146}$$

従って,求める解は次のように与えられる.

$$u(x,t) = \frac{6}{\pi}\sum_{n=0}^{+\infty}\frac{1}{2n+1}e^{-k\left(\frac{2n+1}{2}\right)^2 t}\sin\left(\frac{(2n+1)x}{2}\right)$$
$$(0 < x < \pi,\ t > 0) \tag{7.147}$$

同様の手続きを踏むことで,一般に 1 次元の熱伝導の方程式

$$\frac{\partial u(x,t)}{\partial t} = k\frac{\partial^2 u(x,t)}{\partial x^2} \quad (0 < x < a,\ t > 0) \tag{7.148}$$

の境界条件 $u(0,t) = u(a,t) = 0$,初期条件 $u(x,0) = f(x)$ のもとでの解は次のように求められる.

$$u(x,t) = \sum_{n=1}^{+\infty} B_n e^{-k\left(\frac{n\pi}{a}\right)^2 t}\sin\left(\frac{n\pi}{a}x\right) \tag{7.149}$$

$$B_n \equiv \frac{2}{a}\int_0^a f(x)\sin\left(\frac{n\pi}{a}x\right)dx \tag{7.150}$$

導出の詳細は文献 [2] の第 10 章 10.5.1 項を参照されたい.

b. 1 次元の熱伝導方程式とフーリエ変換

1 次元の熱伝導方程式

$$\frac{\partial u(x,t)}{\partial t} = \frac{\partial^2 u(x,t)}{\partial x^2} \quad (0 < x < +\infty,\ t > 0) \tag{7.151}$$

を境界条件

$$u(0,t) = 0 \tag{7.152}$$

および初期条件
$$u(x,0) \equiv \begin{cases} \sin(x) & (0 \leq x \leq \pi) \\ 0 & (\pi < x < +\infty) \end{cases} \quad (7.153)$$

のもとで考える．$u(x,t) = X(x)T(t)$ という変数分離解の形を仮定して，$X(x)$, $T(t)$ の各々に対する常微分方程式を導く．

式 (7.151) に $u(x,t) = X(x)T(t)$ を代入すると，
$$\frac{1}{X(x)} \frac{\partial^2 X(x)}{\partial x^2} = \frac{1}{T(t)} \frac{\partial T(t)}{\partial t} \quad (7.154)$$

と書き換えられる．左辺および右辺はそれぞれ x および t のみに依存するので，
$$\frac{1}{X(x)} \frac{\partial^2 X(x)}{\partial x^2} = -\lambda^2, \quad \frac{1}{T(t)} \frac{\partial T(t)}{\partial t} = -\lambda^2 \quad (7.155)$$

と書くことができる．これら微分方程式はそれぞれ次のような一般解をもつ．
$$X(x) = a_1(\lambda)\sin(\lambda x) + a_2(\lambda)\cos(\lambda x) \quad (0 < x < +\infty) \quad (7.156)$$
$$T(t) = b(\lambda)e^{-\lambda^2 t} \quad (t > 0) \quad (7.157)$$

$X(x)$, $T(t)$ は恒等的に 0 ではないということを考慮しながら式 (7.156) が境界条件 $u(0,t) = 0$ すなわち $X(0) = 0$ を満足するためには $a_2(\lambda) = 0$ でなければならない．
$$X(x) = a_1(\lambda)\sin(\lambda x) \quad (0 < x < +\infty) \quad (7.158)$$

従って，式 (7.151) は
$$\left\{ e^{-\lambda^2 t}\sin(\lambda x) \Big| 0 < x < +\infty,\ t > 0,\ 0 < \lambda < +\infty \right\} \quad (7.159)$$

をすべて解としてもつことがわかるので，重ね合わせの原理により
$$u(x,t) = \int_0^{+\infty} B(\lambda)e^{-\lambda^2 t}\sin(\lambda x)d\lambda$$
$$(0 < x < +\infty,\ t > 0) \quad (7.160)$$

が得られる．これを初期条件に代入する．
$$\phi(x) = \int_0^{+\infty} B(\lambda)\sin(\lambda x)d\lambda \quad (0 < x < +\infty) \quad (7.161)$$

$$\phi(x) \equiv \begin{cases} \sin(x) & (|x| \leq \pi) \\ 0 & (|x| > \pi) \end{cases} \quad (7.162)$$

ここで $\phi(x)$ が奇関数として定義されていることを考慮しながらフーリエ積分の定理 1.7 を用いると
$$B(\lambda) = \frac{2}{\pi}\int_0^{+\infty} \phi(x)\sin(\lambda x)dx = \frac{2}{\pi}\left(\frac{\sin(\pi\lambda)}{1-\lambda^2}\right) \quad (7.163)$$

従って，式 (7.151) の解は次のように与えられる．

$$u(x,t) = \frac{2}{\pi}\int_0^{+\infty}\left(\frac{\sin(\pi\lambda)}{1-\lambda^2}\right)e^{-\lambda^2 t}\sin(\lambda x)d\lambda$$
$$(0 < x < +\infty,\ t > 0) \quad (7.164)$$

一般に 1 次元の熱伝導の方程式
$$\frac{\partial u(x,t)}{\partial t} = k\frac{\partial^2 u(x,t)}{\partial x^2} \quad (-\infty < x < +\infty,\ t > 0) \quad (7.165)$$
の初期条件 $u(x,0) = f(x)$ のもとでの解は
$$u(x,t) = \frac{1}{2\sqrt{k\pi t}}\int_{-\infty}^{+\infty} f(\xi)e^{-\frac{(x-\xi)^2}{4kt}}d\xi \quad (7.166)$$
により与えられる．

式 (7.165) の両辺を x に関してフーリエ変換する．
$$\frac{\partial U(w,t)}{dt} = -kw^2 U(w,t) \quad (7.167)$$
$$U(w,t) = \frac{1}{\sqrt{2\pi}}\int_{-\infty}^{+\infty} u(x,t)e^{-iwx}dx \quad (7.168)$$
これを $U(w,t)$ について解くと次のようになる．
$$U(w,t) = F(w)e^{-kw^2 t} \quad (7.169)$$
ここで $F(w)$ は w のみの関数である．$u(x,t)$ としては任意の実数 x に対して連続かつ区分的に滑らかな範囲で解を求めることとして，フーリエ変換の反転公式 (1.107) を用いると
$$u(x,t) = \frac{1}{\sqrt{2\pi}}\int_{-\infty}^{+\infty} F(w)e^{-kw^2 t}e^{iwx}dw \quad (7.170)$$
と表される．これを初期条件 $u(x,0) = f(x)$ に代入する．
$$u(x,0) = \frac{1}{\sqrt{2\pi}}\int_{-\infty}^{+\infty} F(w)e^{iwx}dw = f(x) \quad (7.171)$$
式 (7.171) に対して $F(w)$ は $f(x)$ のフーリエ変換以外にはあり得ないため
$$F(w) = \frac{1}{\sqrt{2\pi}}\int_{-\infty}^{+\infty} f(x)e^{-iwx}dx \quad (7.172)$$
と与えられる．従って
$$u(x,t) = \frac{1}{2\pi}\int_{-\infty}^{+\infty}\int_{-\infty}^{+\infty} f(u)e^{-kw^2 t}e^{-iw(x-u)}dudw$$
$$= \frac{1}{2\pi}\int_{-\infty}^{+\infty}\int_{-\infty}^{+\infty} f(u)e^{-kw^2 t}e^{-iw(x-u)}dwdu$$
$$= \frac{1}{2\sqrt{\pi kt}}\int_{-\infty}^{+\infty} f(u)e^{-\frac{1}{4kt}(x-u)^2}du \quad (7.173)$$
式 (7.173) の最後の等式は例 1.13 とフーリエ変換の反転公式から導かれる

$$e^{-\frac{1}{2}x^2} = \frac{1}{\sqrt{2\pi}}\int_{-\infty}^{+\infty} e^{-\frac{1}{2}w^2}e^{-iwx}dw \tag{7.174}$$

という等式を用いていることを注意する．以上により式 (7.166) が導かれたことになる．

問 7.6 関数 $u(x,t) = \sqrt{\frac{\gamma}{\gamma+4kt}}e^{-\frac{x^2}{\gamma+4kt}}$ が 1 次元の熱伝導方程式 $\frac{\partial u(x,t)}{\partial t} = k\frac{\partial^2 u(x,t)}{\partial x^2}$ の解であることを示せ．

問 7.7 1 次元の熱伝導方程式 $\frac{\partial u(x,t)}{\partial t} = k\frac{\partial^2 u(x,t)}{\partial x^2}$ $(0 \leq x \leq 2,\ t \geq 0;\ k > 0)$ を境界条件 $u(0,t) = u(2,t) = 0,\ u(x,t=0) = 1 - |x-1|$ のもとで $u(x,t) = X(x)T(t)$ という変数分離形を仮定して解け．

(略解) $u(x,t) = \sum_{n=1}^{+\infty}\frac{8(-1)^{n+1}}{(2n-1)^2\pi^2}e^{-k\left(\frac{(2n-1)\pi}{2}\right)^2 t}\sin\left(\frac{(2n-1)\pi}{2}x\right)$

7.4　1 次元の波動方程式

本節では 1 次元の**波動方程式** (wave motion equation) の解法を説明する．1 次元の波動方程式は

$$\frac{\partial^2 u(x,t)}{\partial t^2} = \frac{\partial^2 u(x,t)}{\partial x^2} \tag{7.175}$$

によって与えられる[*1]．現実の問題との対応は前節の熱伝導方程式と同様に x は 1 次元空間の位置，t は時刻をそれぞれ想定している．また，この方程式は 2 次元 xy-平面における双曲線を表す標準形 $ax^2 - by^2 = 1$ との類似性から**双曲形の偏微分方程式** (hyperbolic partial differential equation) と呼ばれている．

a.　1 次元の波動方程式とフーリエ級数

有限区間において波動方程式を考え，境界における解の値が固定されている場合，その解は前節のラプラスの方程式，ポアッソンの方程式と同様にやはりフーリエ級数を用いて表される．

例として 1 次元の波動方程式

$$\frac{\partial^2 u(x,t)}{\partial t^2} = \frac{\partial^2 u(x,t)}{\partial x^2} \qquad (0 < x < \pi,\ t > 0) \tag{7.176}$$

を境界条件

[*1] 本節で扱う波動方程式をさらに発展させたもののひとつにシュレディンガーの方程式がある．本節で説明する計算技法はシュレディンガーの方程式の解析に転用できる．その具体的な話は本シリーズ第 15 巻「量子力学基礎[15)]」の第 8 章以降，第 16 巻「量子力学—概念とベクトル・マトリクス展開—[16)]」の第 2 章と第 3 章などを参照されたい．

$$u(0,t) = u(\pi,t) = 0 \tag{7.177}$$

および初期条件

$$u(x,0) = 1, \quad \left[\frac{\partial u}{\partial t}(x,t)\right]_{t=0} = x \quad (0 < x < \pi) \tag{7.178}$$

のもとで考えてみる．波動方程式 (7.176) に $u(x,t) = X(x)T(t)$ を代入すると，

$$\frac{1}{X(x)}\frac{\partial^2 X(x)}{\partial x^2} = \frac{1}{T(t)}\frac{\partial^2 T(t)}{\partial t^2} \tag{7.179}$$

と書き換えられる．左辺および右辺はそれぞれ x および t のみに依存するので，

$$\frac{1}{X(x)}\frac{\partial^2 X(x)}{\partial x^2} = -\lambda^2, \quad \frac{1}{T(t)}\frac{\partial^2 T(t)}{\partial t^2} = -\lambda^2 \tag{7.180}$$

と書くことができる．これら微分方程式はそれぞれ次のような一般解をもつ．

$$X(x) = a_1(\lambda)\sin(\lambda x) + a_2(\lambda)\cos(\lambda x) \quad (0 < x < \pi) \tag{7.181}$$

$$T(t) = b_1(\lambda)\sin(\lambda t) + b_2(\lambda)\cos(\lambda t) \quad (t > 0) \tag{7.182}$$

$X(x)$, $T(t)$ は恒等的に 0 ではないということを考慮しながら $u(x,t)$ が境界条件 $u(0,t) = u(\pi,t) = 0$ すなわち $X(0) = X(\pi) = 0$ を満足するためには $a_2(\lambda) = 0$ かつ $\lambda = n$ (n は自然数) でなければならない．

$$X(x) = a_1(n)\sin(nx) \quad (0 < x < \pi) \tag{7.183}$$

従って，波動の方程式 (7.176) は

$$\left\{\sin(nx)\{A_n\sin(nt) + B_n\cos(nt)\}\Big| 0 < x < \pi,\ t > 0,\ n = 1, 2, 3, \cdots \right\} \tag{7.184}$$

をすべて解としてもつことがわかるので，重ね合わせの原理により

$$u(x,t) = \sum_{n=1}^{+\infty} \sin(nx)\{A_n\sin(nt) + B_n\cos(nt)\}$$

$$(0 < x < \pi,\ t > 0) \tag{7.185}$$

が得られる．初期条件に代入することにより次の等式が得られる．

$$\sum_{n=1}^{+\infty} B_n \sin(nx) = 1 \quad (0 < x < \pi) \tag{7.186}$$

$$\sum_{n=1}^{+\infty} nA_n \sin(nx) = x \quad (0 < x < \pi) \tag{7.187}$$

ここで，定理 1.3 により A_n, B_n は次のように与えられる．

$$B_n = \frac{2}{\pi}\int_0^\pi \sin(nx)dx = \frac{2}{n\pi}\left(1 - (-1)^n\right) \tag{7.188}$$

$$nA_n = \frac{2}{\pi}\int_0^\pi x\sin(nx)dx = -\frac{2}{n}(-1)^n \tag{7.189}$$

従って，波動方程式 (7.176) の解は以下のように求められる．
$$u(x,t) = \sum_{n=1}^{+\infty}\sin(nx)\Big\{-\frac{2}{n^2}(-1)^n\sin(nt) + \frac{2}{n\pi}\Big(1-(-1)^n\Big)\cos(nt)\Big\}$$
$$(0<x<\pi,\ t>0) \qquad (7.190)$$

同様の手順により 1 次元の波動方程式
$$\frac{\partial^2 u(x,t)}{\partial t^2} = c^2\frac{\partial^2 u(x,y)}{\partial x^2} \qquad (0<x<a,\ t>0) \qquad (7.191)$$
の境界条件 $u(0,t) = u(a,t) = 0$, 初期条件 $u(x,0) = f(x)$, $\left[\frac{\partial u(x,t)}{\partial t}\right]_{t=0} = F(x)$ のもとでの解はフーリエ級数を用いて次のように与えられる．
$$u(x,t) = \sum_{n=1}^{+\infty}\sin\left(\frac{n\pi x}{a}\right)\Big\{A_n\cos\left(\frac{kn\pi t}{a}\right) + B_n\sin\left(\frac{kn\pi t}{a}\right)\Big\} \qquad (7.192)$$
$$A_n \equiv \frac{2}{a}\int_0^a f(x)\cos\left(\frac{kn\pi x}{a}\right)dx, \quad B_n \equiv \frac{2}{kn\pi}\int_0^a F(x)\sin\left(\frac{n\pi x}{a}\right)dx \quad (7.193)$$
導出の詳細は文献 [2] の第 10 章 10.6.1 項を参照されたい．

b. 1 次元の波動方程式とフーリエ変換

次に無限区間において与えられる波動方程式の解を考えてみよう．この場合，フーリエ変換がその解法の基礎となる．

例として，1 次元の波動方程式
$$\frac{\partial^2 u(x,t)}{\partial t^2} = \frac{\partial^2 u(x,t)}{\partial x^2} \qquad (-\infty<x<+\infty,\ t>0) \qquad (7.194)$$
を初期条件
$$u(x,0) = \begin{cases} 1 & (|x|\leq 1) \\ 0 & (|x|>1) \end{cases} \qquad (7.195)$$
$$\left[\frac{\partial u}{\partial t}(x,t)\right]_{t=0} = 0 \qquad (-\infty<x<+\infty) \qquad (7.196)$$
のもとで考える．$u(x,t)$ の x についてのフーリエ変換
$$U(w,t) \equiv \frac{1}{\sqrt{2\pi}}\int_{-\infty}^{+\infty} u(x,t)e^{-iwx}dx \qquad (7.197)$$
を導入し，式 (7.194) の両辺をフーリエ変換する．
$$\frac{1}{\sqrt{2\pi}}\int_{-\infty}^{+\infty}\frac{\partial^2 u(x,t)}{\partial t^2}e^{-iwx}dx = \frac{1}{\sqrt{2\pi}}\int_{-\infty}^{+\infty}\frac{\partial^2 u(x,t)}{\partial x^2}e^{-iwx}dx$$
$$(7.198)$$
$$\frac{\partial^2 U(w,t)}{\partial t^2} = -w^2 U(w,t) \qquad (7.199)$$

式 (7.199) を解くと $U(w,t)$ は次のように得られる.
$$U(w,t) = A(w)e^{iwt} + B(w)e^{-iwt} \tag{7.200}$$
式 (7.199) を式 (7.197) のフーリエ変換に対する逆変換に代入すると
$$\begin{aligned} u(x,t) &= \frac{1}{\sqrt{2\pi}}\int_{-\infty}^{+\infty} U(w,t)e^{iwx}dw \\ &= \frac{1}{\sqrt{2\pi}}\int_{-\infty}^{+\infty} \Big(A(w)e^{iwt} + B(w)e^{-iwt}\Big)e^{iwx}dw \end{aligned} \tag{7.201}$$
とまとめられる. 式 (7.201) を初期条件に代入すると
$$u(x,0) = \frac{1}{\sqrt{2\pi}}\int_{-\infty}^{+\infty} \Big(A(w)+B(w)\Big)e^{iwx}dw \tag{7.202}$$
$$\Big[\frac{\partial}{\partial t}u(x,t)\Big]_{t=0} = \frac{i}{\sqrt{2\pi}}\int_{-\infty}^{+\infty} w\Big(A(w)-B(w)\Big)e^{iwx}dw \tag{7.203}$$
という等式が得られる. フーリエ積分の定理 1.7 を用いると $A(w)+B(w)$ と $A(w)-B(w)$ が
$$iw\{A(w)-B(w)\} = \frac{1}{\sqrt{2\pi}}\int_{-\infty}^{+\infty} \Big[\frac{\partial}{\partial t}u(x,t)\Big]_{t=0} e^{-iwx}dx = 0 \tag{7.204}$$
$$\begin{aligned} A(w)+B(w) &= \frac{1}{\sqrt{2\pi}}\int_{-\infty}^{+\infty} u(x,0)e^{-iwx}dx \\ &= \frac{1}{\sqrt{2\pi}}\int_{-1}^{+1} e^{-iwx}dx = \sqrt{\frac{2}{\pi}}\frac{\sin(w)}{w} \end{aligned} \tag{7.205}$$
と得られ, 従って求める解が次のように与えられる.
$$u(x,t) = \frac{1}{\pi}\int_{-\infty}^{+\infty} \frac{\sin(w)}{w}\Big(\cos\{w(x+t)\} + \cos\{w(x-t)\}\Big)dw \tag{7.206}$$
さらに式 (1.86) のディリクレの不連続因子を用いると初期条件 (7.195) で与えられる $u(x,0)$ を用いて
$$u(x,t) = \frac{1}{2}\{u(x+t,0) + u(x-t,0)\} \tag{7.207}$$
と表される.

一般に 1 次元の波動方程式
$$\frac{\partial^2 u(x,t)}{\partial t^2} = c^2 \frac{\partial^2 u(x,y)}{\partial x^2} \quad (-\infty < x < +\infty, \ t > 0) \tag{7.208}$$

の初期条件 $u(x,0) = f(x)$, $\left[\frac{\partial u(x,t)}{\partial t}\right]_{t=0} = F(x)$ のもとでの解は

$$u(x,t) = \frac{1}{2}\{f(x-ct) + f(x+ct)\} + \frac{1}{2c}\int_{x-ct}^{x+ct} F(\xi)d\xi \quad (7.209)$$

により与えられる．これを**ダランベールの解** (d'Alembert's solution) と呼ぶ．導出の詳細は文献 [2] の第 10 章 10.6.2 項を参照されたい．

問 7.8 1 次元の波動方程式 $\frac{\partial^2 u(x,t)}{\partial t^2} = c^2 \frac{\partial^2 u(x,t)}{\partial x^2}$ ($0 \leq x \leq 2$, $t \geq 0$) を境界条件 $u(0,t) = u(2,t) = 0$, 初期条件 $u(x,t=0) = 1 - |x-1|$, $\left[\frac{\partial u(x,t)}{\partial t}\right]_{t=0} = 0$ のもとで $u(x,t) = X(x)T(t)$ という変数分離形を仮定して解け．

(略解) $u(x,t) = \displaystyle\sum_{n=1}^{+\infty} \frac{-8(-1)^n}{(2n-1)^2\pi^2} \sin\left(\frac{(2n-1)\pi}{2}x\right)\cos\left(\frac{c(2n-1)\pi}{2}t\right)$

問 7.9 1 次元の波動方程式 $\frac{\partial^2 u(x,t)}{\partial t^2} = \frac{\partial^2 u(x,t)}{\partial x^2}$ ($0 \leq x \leq \pi$, $t \geq 0$; $k > 0$) を境界条件 $u(0,t) = u(\pi,t) = 0$, 初期条件 $u(x,t=0) = x(\pi - x)$, $\left[\frac{\partial u(x,t)}{\partial t}\right]_{t=0} = 0$ のもとで $u(x,t) = X(x)T(t)$ という変数分離形を仮定して解け．

(略解) $u(x,t) = \displaystyle\sum_{n=1}^{+\infty} \frac{8}{\pi(2n-1)^3} \sin\{(2n-1)x\}\cos\{(2n-1)t\}$

7.5 より一般的な 2 階線形偏微分方程式

前節まではラプラスの方程式，ポアッソンの方程式，熱伝導方程式，拡散方程式，波動方程式などの標準的な形の 2 階線形偏微分方程式の解法をフーリエ級数，フーリエ変換を使って解く処方箋について述べてきた．これ以外のより一般的な 2 階線形偏微分方程式はどうなるのだろうか? 一般に 2 階線形偏微分方程式は

$$A\frac{\partial^2 u(x,y)}{\partial x^2} + 2B\frac{\partial^2 u(x,y)}{\partial x \partial y} + C\frac{\partial^2 u(x,y)}{\partial y^2}$$
$$+ D\frac{\partial u(x,y)}{\partial x} + E\frac{\partial u(x,y)}{\partial y} + Fu(x,y) = -\rho(x,y) \quad (7.210)$$

と与えられる．A, B, C, D, E, F は定数であり，$A^2 + B^2 + C^2 \neq 0$ とする．$A = C = 1$, $B = D = E = F = 0$ とおいたものがポアッソンの方程式であり，さらに $\rho(x,y) = 0$ とおくとラプラスの方程式となる．熱伝導方程式，拡散方程式，波動方程式も同様にその特殊な場合として含まれる．これらは楕

円形，放物形，双曲形のいずれかに属することはこれまで述べてきたが，一般には回転変換と並進変換を用いると

楕円形 (elliptic type)： $\frac{\partial^2 u(x,y)}{\partial x^2} + \frac{\partial^2 u(x,y)}{\partial y^2} + Fu(x,y) = -\rho(x,y)$

放物形 (parabolic type)： $\frac{\partial^2 u(x,y)}{\partial x^2} - \frac{\partial u(x,y)}{\partial y} + Fu(x,y) = -\rho(x,y)$

双曲形 (hyperbolic type)： $\frac{\partial^2 u(x,y)}{\partial x^2} - \frac{\partial^2 u(x,y)}{\partial y^2} + Fu(x,y) = -\rho(x,y)$

のいずれかに分類される．これが 2 階線形偏微分方程式 (7.210) の**標準形** (standard form) である．例をあげて説明しよう．

例 7.1 偏微分方程式
$$\frac{\partial^2 u(x,y)}{\partial x^2} + 4\frac{\partial^2 u(x,y)}{\partial x \partial y} + \frac{\partial^2 u(x,y)}{\partial y^2} = 0 \quad (7.211)$$
の標準形を求めよ．

(解答例) 与えられた偏微分方程式は形式的に次のように表すことができる．
$$\left(\frac{\partial}{\partial x}, \frac{\partial}{\partial y}\right) \begin{pmatrix} 1 & 2 \\ 2 & 1 \end{pmatrix} \begin{pmatrix} \frac{\partial}{\partial x} \\ \frac{\partial}{\partial y} \end{pmatrix} u = 0 \quad (7.212)$$

行列 $\begin{pmatrix} 1 & 2 \\ 2 & 1 \end{pmatrix}$ の固有値と固有ベクトルを求め，対角化することで更に次のように書き換えられる．

$$\frac{1}{2}\left(\frac{\partial}{\partial x}, \frac{\partial}{\partial y}\right) \begin{pmatrix} 1 & 1 \\ -1 & 1 \end{pmatrix} \begin{pmatrix} -1 & 0 \\ 0 & 3 \end{pmatrix} \begin{pmatrix} 1 & -1 \\ 1 & 1 \end{pmatrix} \begin{pmatrix} \frac{\partial}{\partial x} \\ \frac{\partial}{\partial y} \end{pmatrix} u = 0 \quad (7.213)$$

$$\left(\sqrt{\frac{1}{2}}\left(\frac{\partial}{\partial x} - \frac{\partial}{\partial y}\right), \sqrt{\frac{3}{2}}\left(\frac{\partial}{\partial x} + \frac{\partial}{\partial y}\right)\right) \begin{pmatrix} -1 & 0 \\ 0 & 1 \end{pmatrix} \begin{pmatrix} \sqrt{\frac{1}{2}}\left(\frac{\partial}{\partial x} - \frac{\partial}{\partial y}\right) \\ \sqrt{\frac{3}{2}}\left(\frac{\partial}{\partial y} + \frac{\partial}{\partial y}\right) \end{pmatrix} u = 0 \quad (7.214)$$

ここで次の変数変換を導入する．
$$\xi = \sqrt{\frac{1}{2}}(x-y), \ \ \eta = \sqrt{\frac{3}{2}}(x+y), \ \ U(\xi,\eta) = u(x,y) \quad (7.215)$$
このとき
$$\frac{\partial}{\partial x} = \frac{\partial \xi}{\partial x}\frac{\partial}{\partial \xi} + \frac{\partial \eta}{\partial x}\frac{\partial}{\partial \eta} \quad (7.216)$$
$$\frac{\partial}{\partial y} = \frac{\partial \xi}{\partial y}\frac{\partial}{\partial \xi} + \frac{\partial \eta}{\partial y}\frac{\partial}{\partial \eta} \quad (7.217)$$
なので以下のように求める標準形が導出される．
$$\left(\frac{\partial}{\partial \xi}, \frac{\partial}{\partial \eta}\right) \begin{pmatrix} -1 & 0 \\ 0 & 1 \end{pmatrix} \begin{pmatrix} \frac{\partial}{\partial \xi} \\ \frac{\partial}{\partial \eta} \end{pmatrix} U(\xi,\eta) = 0 \quad (7.218)$$

$$-\frac{\partial^2 U(\xi,\eta)}{\partial \xi^2} + \frac{\partial^2 U(\xi,\eta)}{\partial \eta^2} = 0 \quad (7.219)$$

得られた標準形は双曲形であることがわかる.

例 7.2 偏微分方程式

$$4\frac{\partial^2 u(x,y)}{\partial x^2} + 8\frac{\partial u(x,y)}{\partial x} + \frac{\partial^2 u(x,y)}{\partial y^2} = 0 \quad (7.220)$$

の標準形を求めよ.

(解答例) 与えられた偏微分方程式は形式的に次のように表すことができる.

$$\left\{2\left(\frac{\partial}{\partial x}+1\right)\right\}^2 u(x,y) - 4u(x,y) + \frac{\partial^2 u(x,y)}{\partial y^2} = 0 \quad (7.221)$$

ここで次の変数変換を導入する.

$$\xi = \frac{1}{2}x, \quad \eta = y, \quad U(\xi,\eta) = e^x u(x,y) \quad (7.222)$$

これにより以下のように求める標準形が導出される.

$$\frac{\partial^2}{\partial \xi^2}U(\xi,\eta) + \frac{\partial^2}{\partial \eta^2}U(\xi,\eta) - 4U(\xi,\eta) = 0 \quad (7.223)$$

得られた標準形は楕円形であることがわかる.

以上のように回転変換,並進変換,拡大・縮小変換を組み合わせることで標準形に帰着することができるのである.一般的な議論については文献 [2] の第 10 章 10.1 節を参照されたい.

演 習 問 題

7.1 2 次元のラプラスの方程式 $\frac{\partial^2 u(x,y)}{\partial x^2} + \frac{\partial^2 u(x,y)}{\partial y^2} = 0$ ($0 < x < a, 0 < y < b$) を境界条件 $u(0,y) = f(y), u(a,y) = u(x,0) = u(x,b) = 0$ のもとで変数分離解の形を仮定して解け.

(略解) $u(x,y) = \sum_{n=1}^{+\infty}\Big\{\frac{2}{b\sinh\left(\frac{n\pi a}{b}\right)}\int_0^b f(y)\sin\left(\frac{n\pi}{b}y\right)dy\Big\}$
$\times \sinh\left(\frac{n\pi}{b}(a-x)\right)\sin\left(\frac{n\pi}{b}y\right)$

7.2 1 次元の熱伝導方程式 $\frac{\partial u(x,t)}{\partial t} = k\frac{\partial^2 u(x,t)}{\partial x^2}$ ($0 < x < a, t > 0$) を境界条件 $u(0,t) = u(a,t) = A$,初期条件 $u(x,0) = B$ のもとで変数分離解の形を仮定して解け.

(略解) $u(x,t) = A + \frac{4}{\pi}(B-A)\sum_{n=1}^{+\infty}\frac{1}{2n-1}e^{-k\left(\frac{(2n-1)\pi}{a}\right)^2 t}\sin\left(\frac{(2n-1)\pi}{a}x\right)$

7.3 1 次元の熱伝導方程式 $\frac{\partial u(x,t)}{\partial t} = k\frac{\partial^2 u(x,t)}{\partial x^2}$ ($0 < x < 1, t > 0$) の境界条件 $u(0,t) = u(a,t) = 0$,初期条件 $u(x,0) = f(x)$ のもとでの解を求めよ.

(略解) $u(x,t) = \dfrac{2}{a}\displaystyle\sum_{n=1}^{+\infty}\Bigl(\int_0^a f(u)\sin\Bigl(\dfrac{n\pi}{a}u\Bigr)du\Bigr)e^{-k\left(\frac{n\pi}{a}\right)^2 t}\sin\Bigl(\dfrac{n\pi}{a}x\Bigr)$

7.4 1次元の波動方程式 $\dfrac{\partial^2 u(x,t)}{\partial t^2} = c^2 \dfrac{\partial^2 u(x,y)}{\partial x^2}$ $(0 < x < a,\ t > 0)$ の境界条件 $u(0,t) = u(a,t) = 0$, 初期条件 $u(x,0) = f(x)$, $\left[\dfrac{\partial u(x,t)}{\partial t}\right]_{t=0} = F(x)$ のもとでの解は式 (7.192)-(7.193) により与えられる．このことから出発して，$f(x)$, $F(x)$ を周期 $2a$ の奇関数 $(f(x) = -f(-x),\ F(x) = -F(-x))$ であり，かつ $f(0) = f(a)$, $F(0) = F(a)$ を満たすとして，$-\infty < x < +\infty$ に拡張した場合，その解はダランベールの解

$$u(x,t) = \dfrac{1}{2}\bigl\{f(x-ct) + f(x+ct)\bigr\} + \dfrac{1}{2c}\int_{x-ct}^{x+ct} F(\xi)d\xi$$

として与えられることを示せ (導出の詳細は文献 [2] の第 10 章 10.6.1 項を参照).

A 積分の定義の広義積分への拡張

本書では与えられた閉区間で連続な関数の定積分の定義は解析学において習得していることを前提としている．本付録では閉区間内に高々有限個の不連続点をもつ関数の定積分，積分区間を無限区間としたときの定積分について解析学で学習している項目を要約する．

閉区間 $[a,b]$ で $f(x)$ が有界であり，高々有限個しか不連続点をもたず，その区間における不連続点が $x=c_1, x=c_2, \cdots, x=c_K$ $(a<c_1<c_2<\cdots<c_K<b)$ の K 個であるとき，積分 $\int_a^b f(x)dx$ を

$$\int_a^b f(x)dx \equiv \int_a^{c_1} f(x)dx + \sum_{k=1}^{K-1}\int_{c_k}^{c_{k+1}} f(x)dx + \int_{c_K}^b f(x)dx \quad (A.1)$$

と定義する．区間 $(a,b]$ で $f(x)$ が連続であるとき，積分 $\int_a^b f(x)dx$ を極限を用いて

$$\int_a^b f(x)dx \equiv \lim_{h\to +0}\int_{a+h}^b f(x)dx \quad (A.2)$$

と定義する．同様に，区間 $[a,b)$ で $f(x)$ が連続なら

$$\int_a^b f(x)dx \equiv \lim_{h\to +0}\int_a^{b-h} f(x)dx \quad (A.3)$$

区間 (a,b) で $f(x)$ が連続なら

$$\int_a^b f(x)dx \equiv \lim_{h\to +0}\lim_{h'\to +0}\int_{a+h}^{b-h'} f(x)dx \quad (A.4)$$

と極限を用いてそれぞれ定義する．

式 (A.2)-(A.4) により定義された積分 $\int_a^b f(x)dx$ を**広義積分** (improper integral) といい，その右辺が有限の極限値をもつとき広義積分 $\int_a^b f(x)dx$ が収束するまたは存在する，あるいは単に積分 $\int_a^b f(x)dx$ が収束するまたは存在するという．逆にその右辺が極限値をもたないとき広義積分 $\int_a^b f(x)dx$ は発散するという．閉区間 $[a,b]$ で連続な関数 $f(x)$ に対する積分 $\int_a^b f(x)dx$ は存在するが，これに対して広義積分 $\lim_{h\to +0}\lim_{h'\to +0}\int_{a+h}^{b-h'} f(x)dx$ を考えても同じ値が得られる．さらに広義積分 $\int_a^b |f(x)|dx$ が収束するとき，広義積分 $\int_a^b |f(x)|dx$ が

絶対収束 (absolutely convergence) するといい，$f(x)$ は閉区間 $[a,b]$ で**絶対積分可能**または**絶対可積分** (absolutely integrable) であるという．

$[a, +\infty)$ で定義された関数 $f(x)$ が $b > a$ である任意の実数 b に対して，区間 $[a,b]$ で広義積分可能であるとき広義積分 $\int_a^{+\infty} f(x)dx$ を

$$\int_a^{+\infty} f(x)dx \equiv \lim_{R \to +\infty} \int_a^{+R} f(x)dx \qquad (A.5)$$

と定義する．同様にして $(-\infty, a]$ で定義される関数 $f(x)$ に対して広義積分 $\int_{-\infty}^{a} f(x)dx$ を

$$\int_{-\infty}^{a} f(x)dx \equiv \lim_{R \to +\infty} \int_{-R}^{a} f(x)dx \qquad (A.6)$$

と定義する．また，同様にして $(-\infty, +\infty)$ で定義される関数 $f(x)$ に対して広義積分 $\int_{-\infty}^{+\infty} f(x)dx$ には

$$\int_{-\infty}^{+\infty} f(x)dx \equiv \lim_{L \to +\infty} \lim_{R \to +\infty} \int_{-L}^{+R} f(x)dx \qquad (A.7)$$

と

$$\int_{-\infty}^{+\infty} f(x)dx \equiv \lim_{R \to +\infty} \int_{-R}^{+R} f(x)dx \qquad (A.8)$$

の 2 種類の定義が想定されるが，本書では式 (A.8) がその定義として用いられる．

B 斉次線形常微分方程式の級数表示

本付録では第 6 章のルジャンドルの微分方程式およびベッセルの微分方程式の級数解法において必要となる斉次線形常微分方程式の基礎知識を証明なしに結果のみ要約して与える．証明等の詳細は参考文献 [25]–[27] 等を参照されたい．

z を複素変数とし，z-平面上の領域 D において定義される関数 $w(z)$ に対する次の斉次線形常微分方程式 (homogenous linear ordinary differential equation) を考える．

$$\frac{d^2}{dz^2}w(z) + p(z)\frac{d}{dz}w(z) + q(z)w(z) = 0 \qquad \text{(B.1)}$$

ただし，$p(z)$，$q(z)$ は領域 D で定義された複素関数であり，領域 D に高々孤立特異点をもつだけとする．

関数 $p(z)$，$q(z)$ のすべてが正則な点 z を斉次微分方程式 (B.1) の**正則点** (regular point) と呼ぶ．$p(z)$，$q(z)$ の少なくともひとつの特異点である z を斉次微分方程式 (B.1) の**特異点** (singular point) と呼ぶ．もしも領域 D に無限遠点 $z = \infty$ が含まれているときには，$\zeta = 1/z$ として $\zeta = 0$ が特異点ならもとの式で $z = \infty$ がもとの斉次微分方程式 (B.1) の特異点である．

領域 D で正則な 2 つの関数 $w_1(z)$，$w_2(z)$ が少なくとも一方は 0 でない 2 つの複素数 c_1，c_2 ($|c_1| + |c_2| > 0$) について D 内のすべての z について $c_1 w_1(z) + c_2 w_2(z) = 0$ となるとき，$w_1(z)$ と $w_2(z)$ は互いに **1 次従属** (linear dependent) であるという．一次従属でないとき，互いに **1 次独立** (linear independent) であるという．斉次微分方程式 (B.1) の解 $w_1(z)$，$w_2(z)$ が領域 D において互いに一次独立なとき，その 2 つを領域 D における**斉次微分方程式 (B.1) の解の基本系**と呼ぶ．

斉次微分方程式 (B.1) に対して次の 3 つの重要な性質が知られている．

【基本性質 B.1】 $z = a$ が斉次微分方程式 (B.1) の正則点であるとする．このとき，$z = a$ 近傍における斉次微分方程式 (B.1) の解の基本系が

$w_1(z)$ と $w_2(z)$ とすると,この近傍における斉次微分方程式 (B.1) の任意の解 $w(z)$ は $w_1(z)$ と $w_2(z)$ の線形結合

$$w(z) = c_1 w_1(z) + c_2 w_2(z) \tag{B.2}$$

として一意的に表される.

【基本性質 B.2】 $z = a$ を斉次微分方程式 (B.1) が $|z-a| < R\ (R > 0)$ で正則であるとする.このとき,領域 $|z-a| < R$ での斉次微分方程式 (B.1) の解を整級数

$$w(z) = \sum_{n=0}^{+\infty} c_n (z-a)^n \tag{B.3}$$

とおいて解くことができる.

$z = a$ が $p(z)$ または $q(z)$ の孤立特異点であり,かつ $(z-a)p(z)$ と $(z-a)^2 q(z)$ がどちらも $z = a$ で正則であるとき[*1)],$z = a$ は斉次微分方程式 (B.1) の**確定特異点** (regular singular point) であるという.

【基本性質 B.3】(確定特異点の周りでの級数解) $z = a$ が微分方程式 (B.1) の確定特異点であり,$0 < |z-a| < R\ (R > 0)$ で正則であるとする.このとき,領域 $0 < |z-a| < R$ での斉次微分方程式 (B.1) の解は

$$w(z) = (z-a)^\rho \sum_{n=0}^{+\infty} c_n (z-a)^n \tag{B.4}$$

とおいて解くことができる.ここで ρ はある複素数である.

基本性質 B.2 および 基本性質 B.3 において,無限遠点 $a = \infty$ を考えるときには変数変換 $\zeta = 1/z$ によって ζ を変数とする斉次微分方程式で $\zeta = 0$ を考えればよい.

[*1)] 除去可能な特異点は正則点とみなす.

参 考 文 献

1) 廣池和夫, 守田徹, 田中實: 応用解析学, 共立出版, 1982.
2) 堀口剛, 海老澤丕道, 福井芳彦: 応用数学講義, 培風館, 2000.
3) E. C. Titchmarsh: The Theory of Functions, Oxford University Press, 1932.
4) E. T. Whittaker and G. N. Watson: A Course of Modern Analysis, Cambridge University Press, 1939.
5) L. V. Ahlfors: Complex Analysis: An Introduction to the Theory of One Complex Variable, New York : McGraw-Hill, 1953; 笠原乾吉訳: 複素解析, 現代数学社, 1982.
6) 高木貞治: 解析概論, 岩波書店, 1938.
7) 寺沢寛一: 自然科学者のための数学概論 (増訂版), 岩波書店, 1983.
8) 福山秀敏, 小形正男: 物理数学 I (基礎物理学シリーズ 3), 朝倉書店, 2003.
9) 塚田捷: 物理数学 II (基礎物理学シリーズ 4), 朝倉書店, 2003.
10) 佐藤利三郎: 通信工学 (電気工学基礎講座 10), 丸善, 1974.
11) 高木相: 通信工学 (電気・電子・情報工学基礎講座 22), 朝倉書店, 1992.
12) 安達文幸: 通信システム工学 (電気・電子工学基礎シリーズ 8), 朝倉書店, 2007.
13) 川又政征, 樋口龍雄: 多次元ディジタル信号処理, 朝倉書店, 1995.
14) 樋口龍雄, 川又政征: ディジタル信号処理 —MATLAB 対応—, 昭晃堂, 2000.
15) 末光眞希, 枝松圭一: 量子力学基礎 (電気・電子工学基礎シリーズ 15), 朝倉書店, 2007.
16) 中島康治: 量子力学 —概念とベクトル・マトリクス展開— (電気・電子工学基礎シリーズ 16), 朝倉書店, 2006.
17) C. Kittel: Introduction to Solid State Physics, New York, Wiley, 1956; 宇野良清, 津屋昇, 新関駒二郎, 森田章, 山下次郎訳, 固体物理学入門, 丸善, 1958.
18) 御子柴宣夫: 半導体の物理 (半導体工学シリーズ 2), 培風館, 1991.
19) 阿部健一, 吉澤誠: システム制御工学 (電気・電子工学基礎シリーズ 6), 朝倉書店, 2007.
20) 喜安善市, 斎藤伸自: 電気回路 (電気工学基礎講座 6), 朝倉書店, 1977.
21) 斎藤伸自, 電気回路 II (電気・電子・情報工学基礎講座 3), 朝倉書店, 1993.
22) 樋口龍雄: 自動制御理論 (電気工学入門シリーズ 14), 森北出版, 1989.
23) 太田昭男: 新しい電磁気学, 培風館, 1994.
24) 二村忠元: 電磁気学 (電子・通信・電気工学基礎講座 1), 丸善, 1972.
25) 犬井鉄郎: 特殊関数 (岩波全書 252), 岩波書店, 1962.
26) 永宮健夫: 応用微分方程式論, 共立出版, 1967.
27) 西本敏彦: 超幾何・合流型超幾何微分方程式, 共立出版, 1998.

索　引

ア　行

R　1

1 次従属　229
1 次独立　229
1 次分数関数　47
1 次分数変換　47
1 価関数　56

n 階微分　61
n 価関数　56
n 次導関数　61
n 次のノイマン関数　191
円環領域　46
円柱関数　191
円柱座標　197

オイラー定数　173
オイラーの公式　7
折れ線　45

カ　行

開曲線　71
開区間　1
開集合　45
解析接続　136
階段関数　161
外部　72
拡散方程式　214
確定特異点　230
重ね合わせの原理　197, 198
加法　42

関数項級数　98
ガンマ関数　163
ガンマ関数の倍角公式　196

逆三角関数　59
逆双曲線関数　59
共役複素数　44
極形式　43
極限　60
極限値　96
極座標　197
虚軸　43
虚数単位　42
虚部　42

区間　1
区分的に滑らかである　16
区分的に滑らかな曲線　73
区分的に連続である　16

原関数　139
原始関数　83
減法　42

広義積分　227
合成関数　33
項別積分　101
項別微分　101
コーシーの積分公式　87
コーシーの積分定理　79
コーシー・リーマンの関係式　62
弧長による積分　75
固定点　49
孤立特異点　109

サ 行

三角不等式　44

C　42, 43, 47
実軸　43
実部　42
始点　71
写像　47
収束円　99
収束する　96
収束半径　99
従属変数　47
終点　71
主値　44, 55
主要部　109
シュレーフリ積分　183
乗法　42
除去可能な特異点　109
除法　42
ジョルダン曲線　72
ジョルダンの補助定理　120
真性特異点　109

数列　96
スターリングの公式　172

正規直交関数系　38
斉次微分方程式の解の基本系　229
正則　61
正則点　229
正の向き　72
積分可能　5
積分路　74
絶対可積分　5, 228
絶対収束　97, 98, 138, 228
絶対積分可能　5, 228
絶対値　43
切断　58
z 変換　119

漸近形　171

像　47
増加指数　139
像関数　140
双曲形の偏微分方程式　219

タ 行

第 1 種のハンケル関数　191
第 1 種のベッセル関数　189
第 1 種のルジャンドル関数　177
第 1 種のルジャンドルの陪関数　184
第 3 種のベッセル関数　191
対数微分　174
第 2 種のハンケル関数　191
第 2 種のベッセル関数　191
第 2 種のルジャンドル関数　181
第 2 種のルジャンドルの陪関数　184
楕円形の偏微分方程式　204
畳み込み積分　33
ダランベールの解　223
単一開曲線　71
単一曲線　71
単一閉曲線　72
単連結領域　80

値域　47
超関数　37
調和関数　67
直交関数展開　39
直交座標　197

定義域　47
テイラー級数　102
テイラー展開　102
ディリクレの不連続因子　23
デルタ関数　35

導関数　61
特異点　61, 229

独立変数　47

ナ　行

内部　72
滑らかな曲線　73

2 階微分　61
2 次導関数　61

熱伝導方程式　214

ハ　行

パーセバルの等式　19, 35
発散する　97
波動方程式　219

p 位の極　109
微分可能　61
微分係数　61
微分する　61
標準形　204, 224

複素関数　47
複素級数　97
複素形のフーリエ級数　7
複素形のフーリエ積分　21
複素数　42
複素数列　96
複素積分　74
複素平面　43
不動点　49
負の向き　72
部分和　97
フーリエ級数　6
フーリエ係数　6
フーリエ正弦級数　8
フーリエ正弦積分　22
フーリエ正弦変換　26
フーリエ積分　20

フーリエ 2 重積分　21
フーリエ・ベッセルの展開　195
フーリエ変換　26
フーリエ変換の反転公式　27
フーリエ余弦級数　7
フーリエ余弦積分　21
フーリエ余弦変換　26
分岐点　57
分枝　55, 56

閉曲線　71
閉区間　1
閉領域　45
べき級数　98
ベッセルの微分方程式　188
ベッセルの不等式　19
偏角　43
変換　47
　z ——　119
　フーリエ——　26
　Möbius ——　47
　ラプラス——　140
変数分離　197

ポアッソンの方程式　204
放物形の偏微分方程式　214
母関数　118

マ　行

$(-\infty, +\infty)$ で区分的に滑らかである　22
$(-\infty, +\infty)$ で区分的に連続である　22

無限遠点　47
無限乗積表示　173
無限大　60
無限多価関数　55

Möbius 変換　47

モレラの定理　81

ヤ 行

有限区間　1
有理関数　154
有理形　154

ラ 行

ラプラス逆変換　140
ラプラス積分　138
ラプラスの演算子　197, 204
ラプラスの方程式　197
ラプラス変換　140
ラプラス変換の反転公式　148

リーマン・ルベーグの定理　15

留数　110
領域　45

ルジャンドルの多項式　177
ルジャンドルの微分方程式　175

連続　60
連続曲線　71

ロドリゲスの公式　182
ローラン級数　106
ローラン展開　107

ワ 行

ワイヤストラスの公式　173

著者略歴

田中和之 (たなかかずゆき)

- 1961 年 宮城県に生まれる
- 1989 年 東北大学大学院工学研究科博士課程修了
- 現 在 東北大学大学院情報科学研究科・教授
  工学博士
- ホームページ http://www.smapip.is.tohoku.ac.jp/~kazu/

林 正彦 (はやしまさひこ)

- 1966 年 福岡県に生まれる
- 1994 年 東京大学大学院理学系研究科博士課程修了
- 現 在 秋田大学教育文化学部・准教授
  博士（理学）

海老澤丕道 (えびさわひろみち)

- 1944 年 長野県に生まれる
- 1971 年 東京大学大学院理学系研究科博士課程修了
- 現 在 東北大学名誉教授
  理学博士

電気・電子工学基礎シリーズ 21
電子情報系の応用数学　　定価はカバーに表示

2007 年 4 月 15 日　初版第 1 刷
2016 年 4 月 25 日　　　第 8 刷

　　　著　者　田　中　和　之
　　　　　　　林　　　正　彦
　　　　　　　海 老 澤　丕　道
　　　発行者　朝　倉　誠　造
　　　発行所　株式会社　朝倉書店

東京都新宿区新小川町 6-29
郵便番号　162-8707
電　話　03(3260)0141
FAX　03(3260)0180
http://www.asakura.co.jp

〈検印省略〉

© 2007〈無断複写・転載を禁ず〉　　中央印刷・渡辺製本

ISBN 978-4-254-22891-5　C 3354　　Printed in Japan

JCOPY　〈(社)出版者著作権管理機構　委託出版物〉

本書の無断複写は著作権法上での例外を除き禁じられています．複写される場合は，そのつど事前に，(社)出版者著作権管理機構（電話 03-3513-6969, FAX 03-3513-6979, e-mail: info@jcopy.or.jp）の許諾を得てください．

東北大 松木英敏・東北大 一ノ倉理著
電気・電子工学基礎シリーズ2
電磁エネルギー変換工学
22872-4 C3354　　A 5 判 180頁 本体2900円

電磁エネルギー変換の基礎理論と変換上での基礎知識および代表的な回転機と速度制御法の基礎について解説。〔内容〕はじめに／電磁エネルギー変換の基礎／磁気エネルギーとエネルギー変換／変圧器／直流機／同期機／誘導機

東北大 安藤　晃・東北大 犬竹正明著
電気・電子工学基礎シリーズ5
高　電　圧　工　学
22875-5 C3354　　A 5 判 192頁 本体2800円

広範な工業生産分野への応用にとっての基礎となる知識と技術を解説。〔内容〕気体の性質と荷電粒子の基礎過程／気体・液体・固体中の放電現象と絶縁破壊／パルス放電と雷現象／高電圧の発生と計測／高電圧機器と安全対策／高電圧・放電応用

日大 阿部健一・東北大 吉澤　誠著
電気・電子工学基礎シリーズ6
システム制御工学
22876-2 C3354　　A 5 判 164頁 本体2800円

線形系の状態空間表現，ディジタルや非線形制御系および確率システムの制御の基礎知識を解説。〔内容〕線形システムの表現／線形システムの解析／状態空間法によるフィードバック系の設計／ディジタル制御／非線形システム／確率システム

東北大 山田博仁著
電気・電子工学基礎シリーズ7
電　気　回　路
22877-9 C3354　　A 5 判 176頁 本体2600円

電磁気学との関係について明確にし，電気回路学に現れる様々な仮定や現象の物理的意味について詳述した教科書。〔内容〕電気回路の基本法則／回路素子／交流回路／回路方程式／線形回路において成り立つ諸定理／二端子対回路／分布定数回路

東北大 安達文幸著
電気・電子工学基礎シリーズ8
通信システム工学
22878-6 C3354　　A 5 判 176頁 本体2800円

図を多用し平易に解説。〔内容〕構成／信号のフーリエ級数展開と変換／信号伝送とひずみ／信号対雑音電力比と雑音指数／アナログ変調（振幅変調，角度変調）／パルス振幅変調・符号変調／ディジタル変調／ディジタル伝送／多重伝送／他

東北大 伊藤弘昌編著
電気・電子工学基礎シリーズ10
フォトニクス基礎
22880-9 C3354　　A 5 判 224頁 本体3200円

基礎的な事項と重要な展開について，それぞれの分野の専門家が解説した入門書。〔内容〕フォトニクスの歩み／光の基本的性質／レーザの基礎／非線形光学の基礎／光導波路・光デバイスの基礎／光デバイス／光通信システム／高機能光計測

東北大 末光眞希・東北大 枝松圭一著
電気・電子工学基礎シリーズ15
量　子　力　学　基　礎
22885-4 C3354　　A 5 判 164頁 本体2600円

量子力学成立の前史から基礎的応用まで平易解説。〔内容〕光の歴史／原子構造の謎／ボーアの前期量子論／量子力学の誕生／シュレーディンガー方程式と波動関数／物理量と演算子／自由粒子の波動関数／1次元井戸型ポテンシャル中の粒子／他

東北大 中島康治著
電気・電子工学基礎シリーズ16
量　子　力　学
－概念とベクトル・マトリクス展開－
22886-1 C3354　　A 5 判 200頁 本体2800円

量子力学の概念や枠組みを理解するガイドラインを簡潔に解説。〔内容〕誕生と概要／シュレーディンガー方程式と演算子／固有方程式の解と基本的性質／波動関数と状態ベクトル／演算子とマトリクス／近似的方法／量子現象と多体系／他

前阪大 浜口智尋・阪大 谷口研二著
半導体デバイスの基礎
22155-8 C3055　　A 5 判 224頁 本体3600円

集積回路の微細化，次世代メモリ素子等，半導体の状況変化に対応させてていねいに解説。〔内容〕半導体物理への入門／電気伝導／pn接合型デバイス／界面の物理と電界効果トランジスタ／光電効果デバイス／量子井戸デバイスなど／付録

工学院大 曽根　悟訳
図解 電　子　回　路　必　携
22157-2 C3055　　A 5 判 232頁 本体4200円

電子回路の基本原理をテーマごとに1頁で簡潔・丁寧にまとめられたテキスト。〔内容〕直流回路／交流回路／ダイオード／接合トランジスタ／エミッタ接地増幅器／入出力インピーダンス／過渡現象／デジタル回路／演算増幅器／電源回路，他

上記価格（税別）は 2013 年 1 月現在